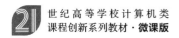
世纪高等学校计算机类
课程创新系列教材·微课版

C++面向对象程序设计导论
——从抽象到编程 微课视频版

张力生 王昆 / 主编

张化川 何睿 赵春泽 / 副主编

U0252673

清华大学出版社

北京

内 容 简 介

本书以"从抽象到编程"为主线，图文并茂地介绍了软件开发所需的语文知识、数学知识、软件建模知识和计算机语言知识。从概念抽象和数值计算两个层次，由浅入深地讨论了面向对象程序设计的基本知识、基本原理和基本方法，并使用 UML 描述软件模型，使用 C++语言编写示例代码。全书共 8 章，内容包含类与对象、封装与职责、关联与连接、继承与多态、设计与实现、运算与重载、模板与模板库、课程成绩管理应用案例。书中的每个知识点都包括分析思路、设计方法、编程技术、示例代码和编程要点。

本书适合作为全国高等学校计算机及相关专业的教材，也可供有意向学习 C++语言或从事软件开发的读者自学使用。

图书在版编目(CIP)数据

C++面向对象程序设计导论：从抽象到编程：微课视频版/张力生，王昆主编. —北京：清华大学出版社，2024.1

21 世纪高等学校计算机类课程创新系列教材：微课版

ISBN 978-7-302-63290-0

Ⅰ．①C… Ⅱ．①张…②王… Ⅲ．①C++语言－程序设计－高等学校－教材 Ⅳ．①TP312.8

中国国家版本馆 CIP 数据核字(2023)第 059328 号

责任编辑：陈景辉 薛 阳
封面设计：刘 键
责任校对：申晓焕
责任印制：沈 露

出版发行：清华大学出版社
    网 址：https://www.tup.com.cn，https://www.wqxuetang.com
    地 址：北京清华大学学研大厦 A 座   邮 编：100084
    社 总 机：010-83470000   邮 购：010-62786544
    投稿与读者服务：010-62776969，c-service@tup.tsinghua.edu.cn
    质量反馈：010-62772015，zhiliang@tup.tsinghua.edu.cn
    课件下载：https://www.tup.com.cn，010-83470236
印 装 者：三河市龙大印装有限公司
经 销：全国新华书店
开 本：185mm×260mm 印 张：19   字 数：462 千字
版 次：2024 年 1 月第 1 版   印 次：2024 年 1 月第 1 次印刷
印 数：1～1500
定 价：59.90 元

产品编号：096491-01

前 言

随着大数据、智能化应用不断深入人们的工作和生活,软件变得无处不在。为满足国家一流专业建设和应用型本科人才培养需要,以"从计算到编程"为主线编写了《C/C++程序设计导论——从计算到编程(微课视频版)》(ISBN:9787302592020),以"从抽象到编程"为主线编写了本书。本书按照面向对象思想组织程序设计的内容,内容的组织思路和主要范围如图0.1所示。

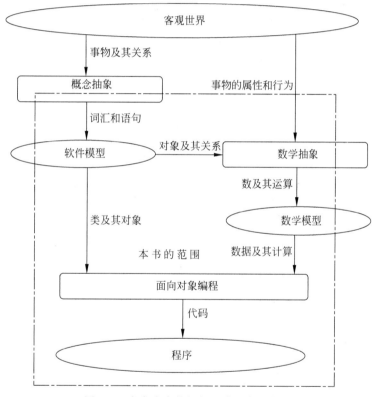

图 0.1 本书内容的组织思路和主要范围

编程具有较强的科学性和系统性。本书针对我国学生基础知识好但应用知识训练不足的特点,以概念抽象和数学抽象为基础,融入计算理论、程序理论和计算机系统等基本原理,强调抽象思维的培养,旨在塑造能够理解软件模型和数学模型的优秀编程人才。

编程具有很强的工程性,涉及分析、设计、编码、测试等各个阶段的工作。本书按照模型及模型转换的思想将各个阶段内容整合在一起,先介绍面向对象分析设计的思想和方法,然后讨论编程知识、编程技术和编程方法,使用图形语言和计算机语言进行描述,突出编程的思路和方法,避免读者迷失在编程的细节中。

编程是一种能力,需要通过大量训练来获得。本书从实际应用和基础计算两个层次选择经典案例,针对目前的主流应用场景由浅入深地设计了大量的示例代码,难易区分度明显。本书的示例代码全部选择 C++语言编写,大部分示例可改写为 Java 等其他语言,可供不同层次读者学习。

本书主要内容

本书共有 8 章,每章先介绍面向对象分析设计的基本知识和基本原理,再讨论相应的编程方法和实现技术。各章之间的关系如图 0.2 所示。

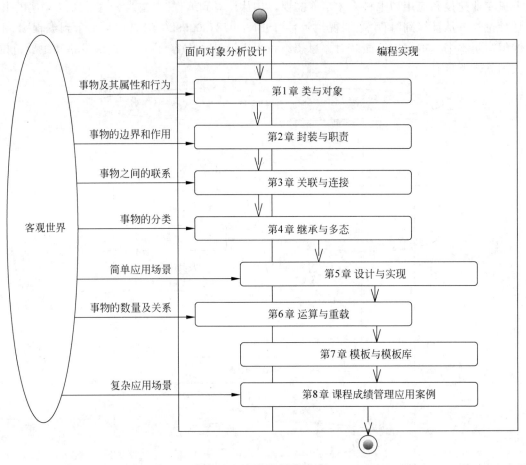

图 0.2　各章之间的关系

第 1 章类与对象。以认识和理解客观事物中形成的概念为基础,主要从抽象视角介绍抽象类及对象的基本原理,声明类和定义对象的编程方法,从计算视角介绍成员函数调用的实现原理,创建和删除对象的实现过程,最后讨论程序设计思想和描述工具。

第 2 章封装与职责。从客观事物的边界和作用引入封装和职责两个概念,主要介绍根据职责封装类的基本原理和编程方法,最后介绍自定义日期数据类型和管理员工信息两个应用案例。

第 3 章关联与连接。从客观事物之间的关系引入关联及连接的概念,主要介绍使用关联及连接描述客观事物之间关系的基本原理,介绍一般关联、组合关联和聚合关联的编程实现技术和方法,重点介绍使用组合关联描述客观事物的内部结构,最后介绍字符串和链表两个应用案例。

第 4 章继承与多态。从客观事物的分类和抽象引入继承及其相关概念,主要介绍使用继承描述事物之间层次关系的基本原理,以及继承、多态、多重继承的实现技术和编程方法,最后介绍银行账户案例。

第 5 章设计与实现。主要介绍综合运用编程知识和技术解决实际问题的步骤和方法。以 *Josephus* 游戏为例介绍分析设计、编码实现和程序维护阶段的主要工作及其基本方法,以矩阵乘法为例介绍根据数学模型编程的技术和方法,最后介绍异常处理技术及其编程方法。

第 6 章运算与重载。以自然数的基数理论为基础,主要介绍使用自然数进行计数和度量的基本原理,以及抽象和定义运算的方法,重点介绍定义运算的基本思路和重载运算的编程技术,最后介绍货币和 *R* 进制计算机两个应用案例。

第 7 章模板与模板库。主要介绍类模板和模板类的概念,以及使用类模板编程的主要技术和基本方法。介绍标准模板库,重点介绍容器类和流类的使用方法,最后介绍持久化对象应用案例。

第 8 章课程成绩管理应用案例。以课程成绩管理为例,主要介绍综合运用面向对象的知识、原理和技术开发实际应用程序的主要步骤和基本方法。本案例可作为编程训练的项目,也可作为后续学习的案例。

本书特色

(1)抽象思维与计算思维有机融合。将语文、数学课程中培养抽象思维、计算思维及其表达方式有机融合起来,用于解决软件开发过程中有关抽象和计算的问题,从而降低学习编程的门槛和难度。

(2)分析设计与编程实现有机融合。按照模型转换思想,以分析设计中建立的模型作为编程实现的背景和前提,将编程实现的代码作为模型转换的结果,有机融合了分析设计与编程实现两个阶段的内容,更加明确编程的学习重点和方向。

(3)图形语言与计算机语言有机融合。本书按照元模型表示模型的思想,把 UML 图形语言作为描述语义的通用工具,便于读者能够直观地理解代码和将 C++ 代码修改为 Java、C♯ 等其他计算机语言的代码,从而适应混合式语言编程的要求。

配套资源

为便于教与学,本书配有微课视频、源代码、数据集、教学课件、教学大纲、教学日历、习题答案、期末试卷及参考答案。

(1)获取微课视频方式:先刮开并用手机版微信 App 扫描本书封底的文泉云盘防盗码,授权后再扫描书中相应的视频二维码,观看教学视频。

(2)获取源代码、数据集方式:先刮开并用手机版微信 App 扫描本书封底的文泉云盘防盗码,授权后再扫描下方二维码,即可获取。

源代码

数据集

（3）其他配套资源可以扫描本书封底的"书圈"二维码，关注后回复本书书号，即可下载。

读者对象

本书适合作为全国高等学校计算机及相关专业的教材，也可供有意向学习 C++语言或从事软件开发的读者自学使用。

在本书的编写过程中，作者结合多年的教学经验和学生反馈的学习心得，参考了诸多相关资料，在此表示衷心的感谢。限于个人水平和时间有限，书中难免存在疏漏之处，欢迎读者批评指正。

作　者

2023 年 5 月

目　录

第1章　类与对象

人们认识客观世界是从认识客观世界中的事物开始的,按照这个观点提出了面向对象思想。面向对象是从英文 Object Oriented 翻译而来,其中的对象(Object)可以代表任何一个事物,Oriented 的原意是"以……为方向""以……为导向",顾名思义,面向对象的核心思想就是围绕客观事物进行分析设计,围绕代表客观事物的对象进行编程。

1.1　抽象

视频讲解

抽象指从众多的事物中抽取出共同的、本质性的特征的过程,是人们认识客观世界的一种思维活动,其目的是反映事物的本质和规律。

1.1.1　语文中的抽象

抽象有概念、判断、推理等思维形式,语文中一般使用词语或语句来记录(或表示)抽象的过程。

例如,判断语句"张三是一个人"记录了一次抽象过程。其中,抽象名词"人"记录了"人"这个概念的抽象过程,个体名词"张三"记录了一个具体事物的抽象过程。"人"这个概念是判断语句的关键,根据"人"这个概念判断出"张三"所代表的这个事物具有"人"的特征,因此,使用这条判断语句记录这次判断过程。"人"这个概念的抽象过程如图 1.1 所示。

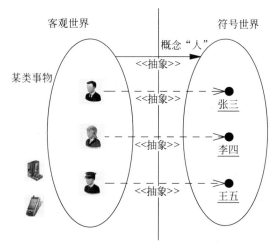

图 1.1　"人"这个概念的抽象过程

如图 1.1 所示,判断语句"张三是一个人"记录了对张三这个人的抽象过程,也可以将这个抽象过程理解为,从客观世界到符号世界的映射过程。首先,通过"人"这个概念将客观世界中的所有人映射为符号世界中的名词"人";然后,将客观世界中的三个人分别映射为符号世界中的"张三""李四""王五";最后,根据"人"这个概念判断出"张三""李四""王五"所代表的事物都是人,并将对张三这个人的判断结果映射为符号世界中的"张三是一个人"。

如果将抽象理解为从客观世界到符号世界的映射,就可以将图 1.1 中的映射反过来,理解"张三是一个人"的含义。"张三是一个人"的含义如图 1.2 所示。

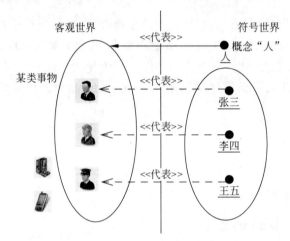

图 1.2　"张三是一个人"的含义

如图 1.2 所示,通过"人"这个概念将名词"人"映射到人构成的集合,将"张三""李四""王五"分别映射到客观世界中的三个人,这三个人都是"人"这个集合中的元素。按照这些映射,很容易理解"张三是一个人"的含义,判断出"李四是一个人",推导出"王五不是一个计算机"。

> 名词是语文中经常使用的词汇,顾名思义,名词就是用于命名事物的词语。

综上所述,"人"这个名词记录了对"人"这类事物的抽象,可以将这个名词理解为符号世界中的一个符号,也可以将这个名词理解为意识中的一个概念。通过"人"这个概念可以进行判断和推理,使用"人"这个符号可以记录判断的结果和推理的过程。

1.1.2　数学中的抽象

语文中一般将客观世界中的事物抽象为名词,而数学中一般将客观世界中的事物抽象为数。

例如,"8 是一个自然数",其中,"自然数"是一个概念,代表一个集合,"8"是自然数这个集合中的一个元素。"8 是一个自然数"的含义如图 1.3 所示。

自然数"8"是一个符号,可以使用这个符号"8"代表客观世界中的一个事物,也可以代表一组事物的数量。

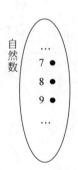

图 1.3　"8 是一个自然数"的含义

实际上,自然数这个概念的抽象程度比较高,具体抽象方法在第6章中讨论。

总之,概念是人们认识客观世界的基础,一般通过概念将客观事物抽象为名词、数等符号,然后再使用这些符号来描述客观世界中的事物。

1.2 类和对象的概念

类和对象是面向对象思想中的两个基本概念。对象是对客观事物的抽象,是客观事物在计算机世界中的反映,类是对对象的抽象,是一类事物在计算机世界中的反映。

类往往与意识中的概念联系在一起。一般通过一个概念将一类事物抽象为一个类,并使用这个概念来识别客观世界中的事物,最终抽象出这个类的对象。

例如,通过"人"这个概念可将"人"这类事物抽象为一个类,并将这个类命名为"人",此时"人"这个类与"人"这个概念就建立了一个联系,然后再使用"人"这个概念来识别客观世界中的张三、李四和王五三个人,最终抽象出"人"这个类的三个对象,即"张三""李四"和"王五"。

类和对象是客观事物在计算机世界中的反映,可从属性和行为两方面刻画所代表的客观事物。

1.2.1 属性与属性值

事物的属性(Attribute)是指事物固有的性质,能够反映事物的本质。语文中,一般使用形容词表示事物的属性,例如,可使用性别、年龄、身高、体重来形容一个人,性别、年龄、身高、体重表示了人的固有性质,它们都是人的属性。

事物的属性一般可以度量,属性的度量值简称为属性值。例如,人的年龄可用周岁来度量,身高可用 cm 来度量,体重可用 kg 来度量,这些属性的度量值都是数。性别比较特殊,常用"男"或"女"来表示,此时,其度量值为"男"或"女"。

属性是某类事物共同具有的,属性值主要反映某个事物在某一时刻的状态。例如,张三今年 18 岁,明年 19 岁,每过一年就长一岁。

1.2.2 行为与函数

行为(Behavior)主要指动物的活动过程,广义上,也指事物的变化过程。语文中,一般使用动词表示事物的行为,例如,吃饭、睡觉、跑步、读书指人的活动过程,都是人的行为,每个人都能够做出这些行为。树要生长、铁要生锈、会议要召开,生长是树的行为、生锈是铁的行为、召开是会议的行为,这些行为反映了事物的变化过程。

从理论上讲,可以通过数学中的函数来刻画事物的行为,反映事物的变化过程。例如,定义一个函数,该函数通过当前日期和出生日期计算一个人的年龄,从年龄上反映人的变化过程。

需要注意的是,事物的变化一般是连续的,也千变万化,因此,刻画事物的行为比度量事物的属性困难得多,有些行为至今都没有找到刻画它的函数。

1.2.3　类的结构及其表示方法

类由属性和行为构成,类的属性用于描述事物的属性,类的行为用于描述事物的行为。

例如,姓名、性别、年龄、身高、体重、民族、文化程度是人的属性,吃东西、睡觉是人的行为,如果对这些属性和行为有兴趣,可将这些属性和行为组合在一起,组成一个类"人"。

类"人"由7个属性和2个行为构成,这7个属性是姓名、性别、年龄、身高、体重、民族和文化程度,2个行为是吃东西和睡觉。

　　表示类的主要思路是:首先使用抽象名词命名类,使用形容词命名类的属性,使用动词命名类的行为,以反映客观事物的属性和行为;然后,借助数学中的表达方式将这些词语组合起来,以说明类的结构;最后,增加程序设计语言中的元素,以描述类的计算特性。

类的表示方法主要来源于语文和数学,常用的表示方法有列举法和图形法。列举法使用文本方式,方便书写;图形法形象,方便理解,两者各有所长。

1. 列举法

列举法的基本思路是使用文本方式列举类及其属性和行为。可借鉴向量的表示方法,按照如下格式列举类及其属性和行为。

　　　　　　　　类名{属性列表;行为列表}

其中,类名标识类,属性列表中列举这个类的所有属性,行为列表中列举这个类的所有行为。

按照上述方法,可将类"人"表示如下。

人{姓名,性别,年龄,身高,体重,民族,文化程度;吃(东西),睡觉()}

上述表示中,清楚表达了类"人"有哪些属性和行为。其中,直接使用人的属性名命名类的属性,但在行为的表述中,借鉴了数学函数的表示方式,在动词后增加了一对括号,括号中可以列举动词的宾语。

如果希望表示出计算方面的特性,可将属性视为计算机中的变量,并参照变量的定义语法列举属性;将行为视为函数,并参照函数原型的声明语法列举行为,则将类"人"表示如下。

人{char 姓名[20],bool 性别,int 年龄,float 身高,float 体重;void 吃(char 东西[]),void 睡觉()}

上述表示中,已经包含编写程序代码所需的信息,为编写代码做了准备。

2. 图形法

图形法是指采用图形方式列举类的属性和行为。一般使用一个矩形来表示类,并在矩形中列举类的属性和行为。类"人"如图1.4所示。

图1.4中的矩形表示一个类"人"。矩形中包含3个区域,顶部区域列举类的名称"人",中间区域列举属性,底部区域列举行为。

认识事物有一个逐步深入的过程,一般在分析设计的后期才考虑类的计算特性。但为了突出属性和行为,可将属性的数据类型调整到属性名的后面,将函数的返回类型也调整到函数名的后面,并用冒号(:)分隔。包含计算特性的类"人"如图1.5所示。

如图1.5所示的类"人",不仅包含"人"这个概念的信息,还使用数据类型、函数等计算机中的术语描述类的计算特性,变成了计算机世界中的一个"类"。

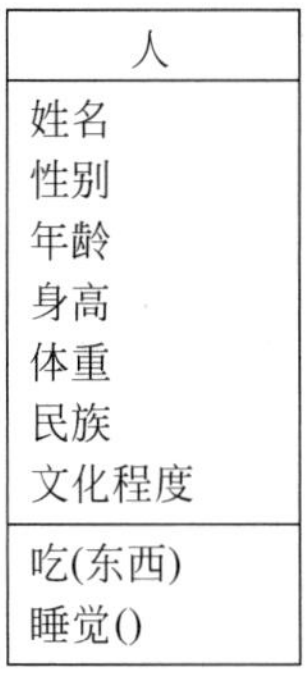

图 1.4 类"人"

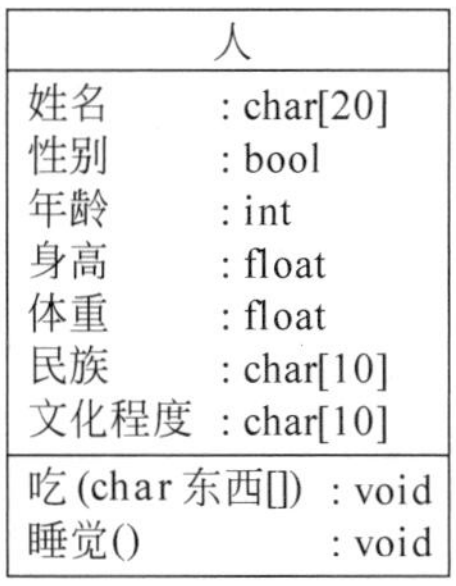

图 1.5 包含计算特性的类"人"

1.2.4 对象的结构及其表示方法

对象由一组属性值构成,这组属性值刻画了一个事物在某个时刻的状态。

例如,张三是一个人,男性(1),年龄 18 岁,身高 180.5cm,体重 65.3kg,汉族,大学本科毕业。

可将人抽象为类"人",将张三抽象为这个类的对象"张三"。对象"张三"由张三、1、18、180.5、65.3、汉族、大学本科毕业 7 个属性值构成,其中每个属性值都对应类"人"中的一个属性,通过这 7 个属性值能够刻画张三在某个时刻的状态。

表示一个对象时,只需说明对象属于哪个类,以及属性值。对象的常用表示方法主要有表格法、列举法、图形法。

1. 表格法

类和对象是对客观事物的抽象,因此,可使用常见的表格来表示类及其对象。

例如,使用一张二维表来表示类"人"及其对象。表名中说明表示的类及其对象,表头中列举了类的属性及其度量单位(如果需要),表的一行表示一个对象,一列表示一个属性,表中的一个单元表示一个对象的一个属性值。类"人"及其对象如表 1.1 所示。

表 1.1 类"人"及其对象

人	姓名	性别	年龄/周岁	身高/cm	体重/kg	民族	文化程度
张三	张三	1	18	180.5	65.3	汉族	大学本科
李四	李四	0	16	165	46.5	汉族	普通高中

2. 列举法

按照如下格式列举对象所属的类以及属性值。

对象名(属性值列表):类名

其中,对象名标识对象,属性值列表中列举这个对象的属性值,类名表示这个对象属于哪个类。

按照上述方法,可将"张三"表示如下。

张三(1,18,180.5,65.3,"汉族","大学本科"):人

在计算机程序中,一般不会使用姓名来命名"人"的对象,而为对象另外指定一个名称。例如,为对象"张三"另外指定一个名称 p1,则有如下表示。

p1("张三",1,18,180.5,65.3,"汉族","大学本科"):人

其中,p1为计算机中的对象名,张三不再是对象"张三"的名称,而是姓名这个属性的一个值。

3. 图形法

与类的表示方法类似,也常使用矩形来表示对象。例如,使用矩形表示类"人"的对象"张三"和"李四",其图形表示如图1.6所示。

张三:人
姓名　　　　="张三"
性别　　　　=1
年龄　　　　=18
身高　　　　=180.5
体重　　　　=65.3
民族　　　　="汉族"
文化程度　="大学本科"

李四:人
姓名　　　　="李四"
性别　　　　=0
年龄　　　　=16
身高　　　　=165
体重　　　　=46.5
民族　　　　="汉族"
文化程度　="普通高中"

图1.6　对象"张三"和"李四"的图形表示

图1.6中的两个矩形,分别表示了人的两个对象"张三"和"李四"。矩形的顶部以"对象名：类名"的格式表示对象及所属的类。矩形的下面部分列举了"人"的属性名及对象的属性值,属性名与属性值之间用"="分隔。

前面讨论了对象的3种表示方法,每种方法都有适合的场景。

表格法来源于日常生活,更多地用于理解需求。列举法来源于数学,可方便增加计算机方面的特性,更多地用于面向对象程序设计。图形法便于人们理解,更多地用于面向对象分析设计。

不管选用什么表示方法都不能忘记初心,都要遵循"由浅入深"的认知规律,"由粗到细"地描述类及其对象,并以团队成员能够相互理解为限。

1.3　类的声明和对象的定义

面向对象程序设计的基本思路是：先按照面向对象思想,抽象出类及其对象,然后再使用面向对象程序设计语言描述这些类和对象,最终编写出程序代码。

大多数计算机语言不支持中文编程,或支持不好,因此,在抽象类及其对象中,仍然使用中文进行思考和表示,但在编写代码时,再将其中的中文词语转换为英语词语。

1.3.1　类的声明

C++语言是经典的面向对象程序设计语言,是对C语言的扩展。在C++语言中,声明类的方法与C语言中声明结构的方法非常类似,主要区别在于,结构中只能声明属性,而类中还能声明或定义行为,即函数。

例如,使用C++语言声明类"人"(Person)时,先声明其属性和行为,然后再为类定义对象。声明类Person并定义其对象的示例代码如例1.1所示。

【例1.1】　声明类Person并定义其对象。

```
# include < string. h >
using namespace std;
```

```
//声明类"人"(Person)
class Person                    //人
{
public:
    void eat(char obj[]){};     //吃(东西)
    void sleep(void){};         //睡觉()

public:
    char name[20];              //姓名
    bool sex;                   //性别
    int age;                    //年龄
    float height;               //身高
    float weight;               //体重
};
//定义类 Person 的对象 p1(张三)
Person p1;                      //全局对象
void main(){
    //设置张三("张三",1,18,180.5,65.3)的属性
    strncpy(p1.name,"张三",sizeof(p1.name));
    p1.sex = 1;                 //男
    p1.age = 18;
    p1.height = 180.5;
    p1.weight = 65.3;

    //定义类 Person 的对象 p2,并设置对象 p2 的属性值
    Person p2;                  //李四("李四",0,16,165,46.5)
    strncpy(p2.name, "李四", sizeof(p2.name));
    p2.sex = 0;                 //女
    p2.age = 16;
    p2.height = 165;
    p2.weight = 46.5;
}
```

例 1.1 中,首先声明了一个类"人"(Person),其中,"class Person"表示声明一个类 Person。类 Person 中,使用定义函数的语法定义了 eat()和 sleep()两个行为,使用定义变量的语法声明了类 Person 的 5 个属性。声明的类 Person 如图 1.7 所示。

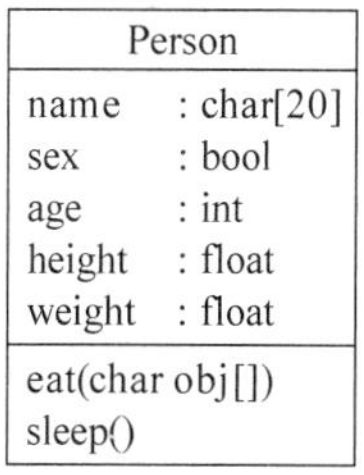

Person	
name	: char[20]
sex	: bool
age	: int
height	: float
weight	: float
eat(char obj[])	
sleep()	

图 1.7 类 Person

1.3.2 定义对象

可将对象视为结构变量的扩展,按照定义结构变量的方法定义全局对象和局部对象。

例 1.1 中,定义了类 Person 的两个对象 p1 和 p2,其中 p1 是为张三("张三",1,18,180.5,65.3)定义的全局对象,p2 是为李四("李四",0,16,165,46.5)定义的局部对象。对象 p1 中的属性值如图 1.8 所示,对象 p2 中的属性值如图 1.9 所示。

语句 Person p1 定义了 Person 的一个全局对象 p1,并在全局数据区为对象 p1 分配内存。对象 p1 的内存中包含 name、sex、age、height 和 weight 共计 5 个内存区域,用于存储张三的 5 个属性值,相当于对象 p1 中包含 5 个变量。

p1:Person	
name	= "张三"
sex	= true
age	= 18
height	= 180.5
weight	= 65.3

图 1.8　对象 p1 中的属性值

p2:Person	
name	= "李四"
sex	= false
age	= 16
height	= 165
weight	= 46.5

图 1.9　对象 p2 中的属性值

为了与普通的变量区别,一般将对象中包含的变量称为**成员变量**,简称**成员**。

语句 Person p1 后面的 5 条表达式语句,分别将张三的 5 个属性值赋值给对象 p1。赋值后,对象 p1 的成员变量及其值如图 1.10 所示。

Person p1				
char name[20]	bool sex	int age	float height	float weight
"张三"	true	18	180.5	65.3

图 1.10　对象 p1 的成员变量及其值

图 1.8 中,主要描述了对象 p1 内部包含的属性值及其关系,一般将对象内部的属性值及其关系称为对象的**逻辑结构**(Logical Structure)。图 1.10 中,主要描述了对象 p1 的属性值及其关系在内存中的存储形式,一般将这种内存中的存储形式称为对象的**物理结构**(Physical Structure)。

语句 Person p2 定义了 Person 的一个局部对象 p2,并在栈区为对象 p2 分配内存。后面的 5 条表达式语句,分别将李四("李四",0,16,165,46.5)的属性值赋值给对象 p2。对象 p2 的物理结构如图 1.11 所示。

Person p2				
char name[20]	bool sex	int age	float height	float weight
"李四"	false	16	165	46.5

图 1.11　对象 p2 的物理结构

对比图 1.8 和图 1.9 会发现,除了对象名和具体的属性值不同外,其他完全相同,这说明,对象 p1 和 p2 的逻辑结构相同。对比图 1.10 和图 1.11 也会发现,对象 p1 和 p2 的物理结构相同,但对象 p1 在全局数据区,p2 在栈区。

1.3.3　访问对象的成员变量

可按照访问结构变量中成员的方法,使用选择成员(对象)运算来访问对象的成员变量。例如,表达式 p1.sex=1 中,使用选择成员(对象)运算来访问对象 p1 的成员变量 sex。

表达式 p1.sex=1 的计算顺序如图 1.12 所示。

按照如图 1.12 所示的计算顺序,可写出表达式 p1.sex=1 的运算序列如下。

① 计算 p1.sex 中的选择成员运算(.)得到 p1 的成员变量 p1.sex。

② 将整数 1 转换为 bool 类型值 true,然后将 true 赋值给

```
①  ②
p1.sex=1
    bool
    bool true
```

图 1.12　表达式 p1.sex=1 的计算顺序

成员变量 p1.sex。

其中,将点运算视为一种命名方法,使用 p1.sex 命名对象 p1 的成员变量 sex。

1.4 成员函数的定义和调用

类的行为通过函数来实现,并在类中声明或定义。一般将类中声明或定义的函数称为类的**成员函数**。

行为用来描述客观事物的变化过程,属性值用来描述一个客观事物在某个时刻的状态。当一个对象完成一个行为后,一般会改变该对象的属性值,因此,在成员函数中,一般会访问对象的**成员变量**。

1.4.1 定义成员函数

定义成员函数的方法与定义函数非常类似。定义成员函数的方法是,按照定义函数的方法来定义类的成员函数,并在成员函数中直接使用类的属性名访问属性的值。

创建一个对象时,一般需要初始化对象中的成员变量,可定义一个成员函数来承担这个功能。

例如,为类 Person 定义一个成员函数,用于初始化其对象中的成员变量。例 1.1 中,先创建一个对象,然后使用代码逐个给这个对象的属性赋值。为了方便,可为类 Person 定义 setValue()成员函数,然后调用这个成员函数一次性地将多个属性值赋值给对象。同样,也定义 print()成员函数,用于输出对象中存储的属性值。使用成员函数初始化对象的类 Person,如图 1.13 所示。

Person		
+ name : char[20]		
+ sex : bool		
+ age : int		
+ height : float		
+ weight : float		
+ setValue (char nameV[], bool sexV, int ageV, float heightV, float weightV)		: void
+ eat(char obj[])		: void
+ sleep()		: void
+ print()		: int

图 1.13 使用成员函数初始化对象的类 Person

如图 1.13 所示的类 Person,包含 setValue()成员函数,其函数原型为:

void setValue(char nameV[], bool sexV, int ageV, float heightV, float weightV)
其中,setValue()成员函数有 5 个参数,用于传递类 Person 的 5 个属性值。

按照类 Person 的语义,先声明类 Person,然后定义 setValue()和 print()等成员函数,并编写成员函数的实现代码,最后创建张三和李四两个对象,并调用定义的成员函数。定义和调用成员函数的示例代码,如例 1.2 所示。

【**例 1.2**】 定义和调用成员函数。

```
# include < iostream >
# include < string.h >
```

```cpp
using namespace std;
class Person//人
{
public:
    void setValue(char nameV[ ], bool sexV, int ageV, float heightV, float weightV){
        cout << "我知道怎么设置人的属性,我已完成!" << endl;
        strncpy(name, nameV, sizeof(name));    //姓名
        sex = sexV;                             //性别
        age = ageV;                             //年龄
        height = heightV;                       //身高
        weight = weightV;                       //体重
    }
    void print(){
        cout << "我是一个人,我的属性值为:"<< name << ","
            << sex << ","
            << age << ","
            << height << ","
            << weight << endl;
    }
    void eat(char obj[]){//吃(东西)
        cout << "我是一个人" << name << ",但我还没有学会怎么吃:" << obj << endl;
    };
    void sleep(void){//睡觉()
        cout << "我是一个人" << name << ",我会睡觉,但还说不清楚是怎么睡觉的." << endl;
    }

public:
    char name[20];                              //姓名
    bool sex;                                   //性别
    int age;                                    //年龄
    float height;                               //身高
    float weight;                               //体重
};
Person p1;                                      //张三

void main(){
    //设置张三("张三",1,18,180.5,65.3)的属性
    p1.setValue("张三", 1, 18, 180.5, 65.3);
    p1.eat("西瓜");
    p1.sleep();
    p1.print();

    Person p2;                                  //李四
    cout << endl;
    p2.setValue("李四", 0, 16, 165, 46.5);
    p2.print();
}
```

如例 1.2 所示,类 Person 的代码中,不仅声明了类的属性和成员函数,还包含 4 个成员函数的实现代码,并通过这些代码实现了成员函数的预期功能。其中,setValue()成员函数将通过参数传递来的值分别赋值给相应的成员变量;print()成员函数输出对象的成员变量,真正实现了预期功能;但另外两个函数只简单显示了一些信息,没有实质性的功能,这是因为,在抽象时,对吃(东西)和睡觉()分析不充分,抽象出的属性不足以支撑这两个行为,没有达到通过计算来描述行为的条件。

1.4.2 调用成员函数

从语法上讲,使用选择成员(对象)运算来调用成员函数,比较简单。从语义上讲,调用成员函数的含义与调用普通函数有很大区别。下面通过分析例 1.2 的运行过程来讨论成员函数调用的含义。

运行例 1.2 的程序时,操作系统(OS)将其可执行代码装入内存并运行,主要步骤为:首先为程序分配代码区、全局数据区、栈区和堆区 4 个内存区域,将程序的可执行代码装入代码区,并完成一些初始化工作,为运行程序代码做好准备;然后,调用程序的 main()函数,逐条执行 main()函数的代码。执行结束后,退出程序返回到操作系统。例 1.2 程序的主要执行过程,如图 1.14 所示。

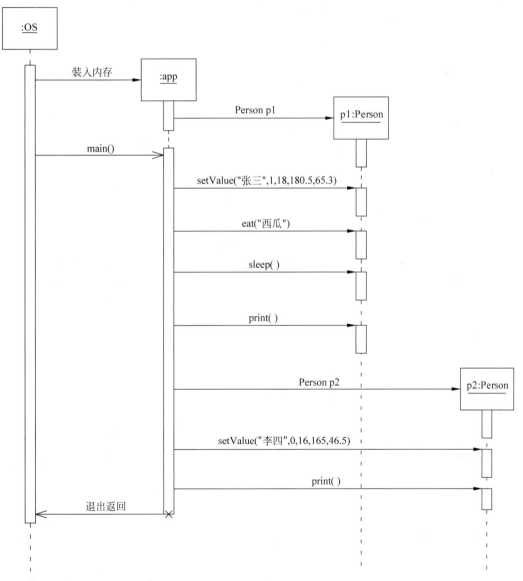

图 1.14　例 1.2 程序的主要执行过程

如图 1.14 所示,调用 main()函数前,按照 Person p1 的语义,先在全局数据区中创建全局对象 p1;调用 main()函数过程中,先执行函数调用 p1.setValue("张三", 1, 18, 180.5, 65.3),初始化全局对象 p1,然后,执行三个函数调用 p1.eat("西瓜")、p1.sleep()和 p1.print(),输出 p1 中的属性值,以及一些提示信息。

例 1.2 程序的输出结果如下。

```
我知道怎么设置人的属性,我已完成!
我是一个人张三,但我还没有学会怎么吃:西瓜
我是一个人张三,我会睡觉,但还说不清楚是怎么睡觉的.
我是一个人,我的属性值为:张三,1,18,180.5,65.3

我知道怎么设置人的属性,我已完成!
我是一个人,我的属性值为:李四,0,16,165,46.5
```

例 1.2 中,使用函数调用 p1.eat("西瓜")来表示"张三吃西瓜",使用函数调用 p1.sleep()表示"张三睡觉"。

从语法上讲,这种表示方式是将表示主语的对象 p1 放在点(.)运算的前面,将表示行为的函数名放在点(.)运算的后面。从语义上讲,成员函数的一次调用表示一个对象的一次具体行为过程,即作为主语的对象做一件事的过程。

同样,函数调用 p2.eat("西瓜")表示"p2 吃西瓜",函数调用 p2.sleep()表示"p2 睡觉",其中 p2 代表客观世界中的一个人"李四"。

前面从客观事物的视角,按照"动宾"结构命名成员函数,按照"主谓宾"结构调用成员函数。也可以从计算机的视角使用计算机的术语命名成员函数。例如,setValue()和 print()两个成员函数,使用"设置值"和"打印"术语命名成员函数。

还可以从计算机视角命名成员函数,按照**被动语态**来理解调用这类成员函数的语义。例如,p1.setValue("张三", 1, 18, 180.5, 65.3)的语义为,对象 p1(的属性值)**被设置**为("张三", 1,18,180.5,65.3)。同样,p1.print()的语义为,对象 p1(的属性值)**被打印**输出。

> 类"人"的成员函数,表示"人吃东西""人睡觉"等人的共同行为;成员函数调用,表示"一个人吃什么东西""一个人睡觉"等某个人的一个具体行为。

1.4.3　成员函数与普通函数的区别

调用成员函数时,采用"对象.成员函数名"的格式,指明了是哪个对象的行为。但普通函数不具有这个特性,它没有"绑定"一个对象,不能直接描述一个对象的行为。

解决这个问题的方法是,为普通函数多定义一个参数,通过这个参数将当前对象传递给函数,函数中使用这个参数访问对象的成员变量。例如,将类 Person 的 setValue()成员函数改成普通函数,可增加一个指向类 Person 对象的指针。setValue()普通函数的原型为:

void setValue(Person * p,char nameV[], bool sexV, int ageV, float heightV, float weightV)

setValue()普通函数中,通过指针 p 访问对象的成员变量,示例代码如例 1.3 所示。

【例 1.3】　通过普通函数实现类 Person 的行为。

```
# include < iostream >
# include < string. h >
using namespace std;
class Person                                        //人
{
public:
    void print(){
        cout << "我是一个人,我的属性值为:" << name << ","
            << sex << ","
            << age << ","
            << height << ","
            << weight << endl;
    }
    void eat(char obj[]){                            //吃(东西)
        cout << "我是一个人" << name << ",但我还没有学会怎么吃." << obj << endl;
    }
    void sleep(void){                                //睡觉()
        cout << "我是一个人" << name << ",我会睡觉,但还说不清楚是怎么睡觉的." << endl;
    }

public:
    char name[20];                                   //姓名
    bool sex;                                        //性别
    int age;                                         //年龄
    float height;                                    //身高
    float weight;                                    //体重
};
Person p1;                                           //张三

void setValue(Person * p,char nameV[], bool sexV, int ageV, float heightV, float weightV){
    cout << "我知道怎么设置人的属性,我已完成!" << endl;
    strncpy(p-> name, nameV, sizeof(p-> name));      //姓名
    p-> sex = sexV;                                  //性别
    p-> age = ageV;                                  //年龄
    p-> height = heightV;                            //身高
    p-> weight = weightV;                            //体重
}

void main(){
    //设置张三("张三",1,18,180.5,65.3)的属性
    setValue(&p1,"张三", 1, 18, 180.5, 65.3);
    p1.print();

    Person p2;                                       //李四
    cout << endl;
    setValue(&p2,"李四", 0, 16, 165, 46.5);
    p2.print();
}
```

setValue()普通函数的函数体中,使用表达式 p-> name 访问当前对象的成员变量 name,使用表达式 p-> sex 访问当前对象的成员变量 sex 等。表达式 p-> name 中的符号"->"是选择成员运算的运算符,表达式 p-> name 的语义等价于(* p). name。

例 1.3 程序的输出结果如下。

我知道怎么设置人的属性,我已完成!
我是一个人,我的属性值为:张三,1,18,180.5,65.3

我知道怎么设置人的属性,我已完成!
我是一个人,我的属性值为:李四,0,16,165,46.5

比较例 1.2 和例 1.3 程序的输出结果,setValue()函数与 setValue()成员函数都能按照预期初始化两个对象 p1 和 p2,两者的功能相同。

> 普通函数也能实现成员函数的功能,但普通函数中需要增加一个参数来传递对象,并通过这个参数访问对象的成员变量和调用成员函数。

1.4.4　成员函数调用的内部实现

创建对象和调用函数的层次上,例 1.2 和例 1.3 两个程序的执行过程非常类似,区别在于调用不同的 setValue()函数。

例 1.2 的 main()函数中,使用表达式 setValue("张三",1,18,180.5,65.3)调用 setValue()成员函数,例 1.3 中使用表达式 setValue(&p1,"张三",1,18,180.5,65.3)调用 setValue()普通函数,普通函数比成员函数多一个实参 &p1,用于传递对象的地址。普通函数调用 setValue(&p1,"张三",1,18,180.5,65.3)中的参数传递情况,如图 1.15 所示。

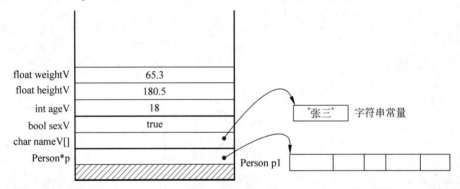

图 1.15　普通函数调用 setValue(&p1,"张三",1,18,180.5,65.3)中的参数传递情况

普通函数调用 setValue(&p1,"张三",1,18,180.5,65.3)中,通过形参 p 接收指向全局对象 p1 的指针,在函数体中,使用指针 p 将接收到的属性值分别赋值给相应的属性。

普通函数中的语句

strncpy(p-> name, nameV, sizeof(p-> name));　　//姓名

调用 strncpy()库函数,将形参 nameV 指向的字符串,复制给 p 指向的成员变量 name,最多复制 sizeof(p-> name)个字符,即将常量字符串"张三"复制给对象 p1 的成员变量 name。需要注意的是,当字符串的长度大于或等于 sizeof(p-> name)时,应考虑成员变量 name 中是否包含字符串的结束标志。

后面的语句

$$p\text{-> sex} = \text{sexV};　　//性别$$

将形参 sexV 的值赋值给指针 p 指向的成员变量 sex。按照运算(->)的语义,p-> sex 实际上

是对象中的一块内存区域,用于存储属性 sex 的值。

同样,使用指针 p 将接收到的属性值分别赋值给当前对象的成员变量 age、height 和 weight。

函数调用 setValue(&p1,"张三",1,18,180.5,65.3)的功能是,给对象 p1 的各个成员变量赋值。成员函数调用 p1.print()的功能是,输出对象 p1 中各个成员变量的值。

函数调用 setValue(&p2,"李四",0,16,165,46.5)的功能是,给局部对象 p2 赋值,其参数传递情况如图 1.16 所示。

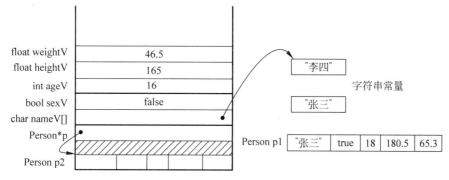

图 1.16　函数调用 setValue(&p2,"李四",0,16,165,46.5)中的参数传递情况

如图 1.16 所示,调用 setValue(&p2,"李四",0,16,165,46.5)中,形参指向的是局部对象 p2,而不是全局对象 p1,从而实现了对局部对象 p2 的成员变量赋值。给对象 p2 的成员变量赋值后的内存状态如图 1.17 所示。

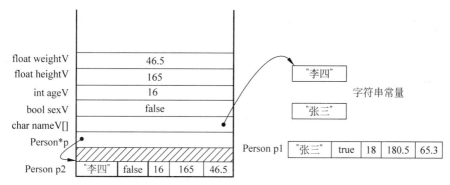

图 1.17　给对象 p2 的成员变量赋值后的内存状态

函数调用 setValue(&p2,"李四",0,16,165,46.5)结束时,会按照与声明顺序相反的顺序回收形参的内存,并返回到 main()函数继续执行。函数调用结束返回到 main()函数时的内存状态,如图 1.18 所示。

前面详细讨论了调用 setValue()普通函数的内部实现过程,其主要思路是通过一个指针 p 指向要赋值的对象,然后再使用指针 p 给对象的成员变量赋值。

实际上,上述思路也是 setValue()成员函数调用的内部实现思路,其内部也自动定义了一个指向当前对象的指针 this,并使用指针 this 访问当前对象的成员变量。

例如,使用如下语句调用 setValue()成员函数。

p1.setValue("张三", 1, 18, 180.5, 65.3)

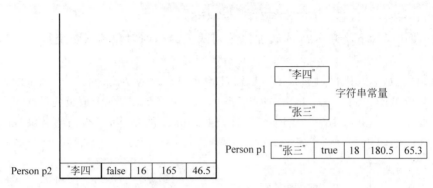

图 1.18　函数调用结束返回到 main( )函数时的内存状态

编译 setValue( )成员函数时,会生成一个指向对象 p1 的指针 this,然后通过指针 this 访问对象 p1 的成员变量。编译后的目标代码与下面的代码在语义上等价。

```
strncpy(this->name, nameV, sizeof(this->name));        //姓名
this->sex = sexV;                                      //性别
this->age = ageV;                                      //年龄
this->height = heightV;                                //身高
this->weight = weightV;                                //体重
```

其中,在每个成员变量前面增加了指针 this,并用它指向当前对象的成员变量。

类是对客观事物群体的抽象,对象是对客观事物中一个个体的抽象,但从计算机实现角度讲,类就是数据类型,对象就是变量,因此,需要牢记一个编程原则。

像数据类型一样使用类,像变量一样使用对象。

视频讲解

1.5　创建和删除对象

一个人有生老病死,同样,一个客观事物也有产生、发展和消亡的过程,因此,每个对象也应有创建和删除两个行为,即在计算机中创建一个对象和删除一个对象。

1.5.1　构造对象

在计算机中创建一个对象时,应该同时指明这个对象代表的是哪个客观事物,这就要求在定义一个对象时设置对象的属性值。

针对上述情况,面向对象程序设计中规定,每个类都有一类称为**构造函数**(Constructor)的特殊成员函数,专门用于初始化对象。构造函数的函数名与类名相同,不能有返回值,在创建对象时系统自动被调用。

与构造函数对应,每个类都有一个称为**析构函数**(Destructor)的特殊成员函数,专门用于处理一些善后工作。析构函数的函数名中也包含类名,但为了与构造函数区别,在类名前增加了符号"~"。析构函数没有参数,也没有返回值,当删除对象时系统自动调用析构函数。

例 1.2 中声明了一个类 Person,只需要将 setValue( )成员函数的名称换成类的名称 Person,并去掉返回值类型 void,就能将它改变成为类 Person 的构造函数。按照规定的命

名规则,也可以为类 Person 定义～Person()析构函数。具有构造函数和析构函数的类 Person 如图 1.19 所示。

Person
name : char[20] sex : bool age : int height : float weight : float
Person (char nameV[], bool sexV, int ageV, float heightV, float weightV) ~Person () eat (char obj[]) : void sleep () : void print () : int

图 1.19 具有构造函数和析构函数的类 Person

如图 1.19 所示,类 Person 有一个构造函数,其函数原型为:

Person(char nameV[], bool sexV, int ageV, float heightV, float weightV)

其中,Person()构造函数没有函数的返回类型,不需要任何返回值。需要注意的是,构造函数不能有返回类型。

在创建对象时,希望将实参传递给构造函数,因此,在定义对象的语法中增加了实参列表,使用实参列表将对象的属性值传递给构造函数。例如,为张三创建一个对象 p1,其语句为:

Person p1(" 张三", 1, 18, 180.5, 65.3)

其中,包含一个实参列表,其语义为:①为对象 p1 分配内存;②按照 p1.Person("张三",1, 18,180.5,65.3)的语义调用构造函数,作用是给对象 p1 的成员变量赋值。

按照上述思路修改例 1.2 中的代码,为类 Person 定义构造函数,并在定义对象时自动调用构造函数初始化对象,示例代码如例 1.4 所示。

【例 1.4】 自动调用构造函数初始化类 Person 的对象。

```cpp
# include < iostream >
# include < string. h >
using namespace std;
class Person//人
{
public:
    Person(char nameV[], bool sexV, int ageV, float heightV, float weightV){
        cout << "构造:我知道怎么设置人的属性,我已完成!" << endl;
        strncpy(name, nameV, sizeof(name));       //姓名
        sex = sexV;                                //性别
        age = ageV;                                //年龄
        height = heightV;                          //身高
        weight = weightV;                          //体重
    }
    ~Person(){
        cout << "析构:" << name << endl;
    }
    void print(){
        cout << "我是一个人,我的属性值为:" << name << ","
            << sex << ","
            << age << ","
            << height << ","
            << weight << endl;
```

```
        }
        void eat(char obj[]){//吃(东西)
            cout << "我是一个人" << name << ",但我还没有学会怎么吃." << obj << endl;
        }
        void sleep(void){//睡觉()
            cout << "我是一个人" << name << ",我会睡觉,但还说不清楚是怎么睡觉的." << endl;
        }
public:
    char name[20];                      //姓名
    bool sex;                           //性别
    int age;                            //年龄
    float height;                       //身高
    float weight;                       //体重
};

Person p1("张三", 1, 18, 180.5, 65.3);      //张三

void main(){
    p1.print();

    cout << endl;
    Person p2("李四", 0, 16, 165, 46.5);     //李四
    p2.print();
}
```

例 1.4 中,语句 Person p1("张三", 1, 18, 180.5, 65.3)的语义是创建一个全局对象 p1。在执行 main()函数的代码前,先在全局数据区为全局对象 p1 分配内存,然后再按照 p1.Person("张三", 1, 18, 180.5, 65.3)的语义调用类 Person 的构造函数,以设置对象 p1 的属性值,然后再跳转执行 main()函数的代码。

main()函数中,语句 Person p2("李四", 0, 16, 165, 46.5)的语义是创建一个局部对象 p2。先在栈区为局部对象 p2 分配内存,然后再按照 p2.Person("李四", 0, 16, 165, 46.5)的语义调用类 Person 的构造函数,以设置对象 p2 的属性值。例 1.4 中对象的创建过程,如图 1.20 所示。

例 1.4 程序的输出结果如下。

```
构造:我知道怎么设置人的属性,我已完成!
我是一个人,我的属性值为:张三,1,18,180.5,65.3

构造:我知道怎么设置人的属性,我已完成!
我是一个人,我的属性值为:李四,0,16,165,46.5
析构:李四
```

分析例 1.4 程序的输出结果会发现,在创建对象时系统都自动调用了类 Person 的构造函数,退出 main()函数过程中,也调用了类 Person 的析构函数,输入了"析构:李四",但输出结果中没有"析构:张三",关于这个问题,后面再深入讨论。

图 1.20 中,使用三个消息(分为三个步骤)描述创建一个对象的过程,比较详细,但在实际应用中,一般使用一个消息表示创建一个对象,其表示方法如图 1.21 所示。

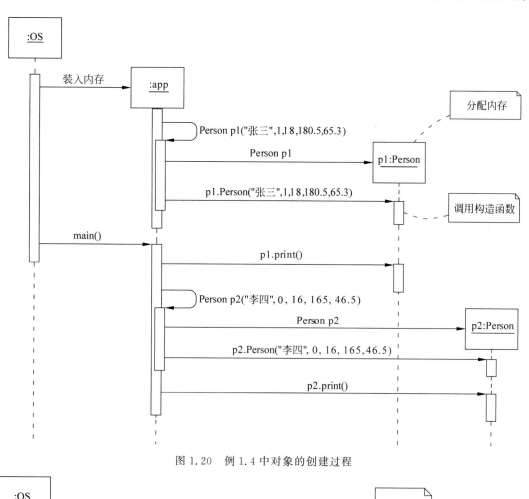

图 1.20 例 1.4 中对象的创建过程

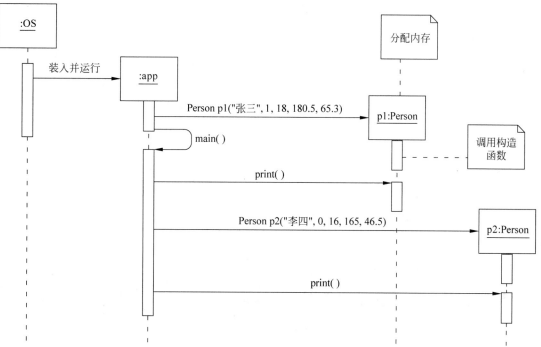

图 1.21 使用一个消息表示创建一个对象

图 1.20 和图 1.21 都能准确描述构造对象的过程,但图 1.21 中将创建一个对象视为一个整体,用一个消息同时表示分配内存和调用构造函数两个步骤,比图 1.20 更简洁。

1.5.2　全局对象和静态对象

在编程实现时,类就是数据类型,对象就是变量,可以像数据类型一样使用类,像变量一样使用对象。

变量可分为全局变量、静态变量和局部变量,对象也可分为全局对象、静态对象和局部对象。例 1.4 介绍了全局对象和局部对象的创建过程。下面以类 Point 为例介绍创建静态对象。

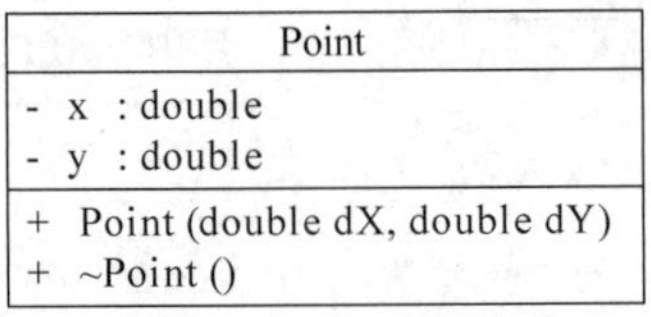

Point
- x : double
- y : double
+ Point (double dX, double dY)
+ ~Point ()

图 1.22　类 Point

类 Point 非常简单,但点是构成图像的基本单元,是图像处理的基础,类 Point 有较强的实际应用价值。类 Point 如图 1.22 所示。

按照定义变量的方法,定义类 Point 的全局对象、静态对象和局部对象,示例代码如例 1.5 所示。

【例 1.5】 全局对象、静态对象和局部对象。

```cpp
#include <iostream>
using namespace std;

class Point
{
public:
    Point(double dx, double dy){
        cout << "调用 Point("<< dx <<","<< dy <<")" << endl;
        x = dx;
        y = dy;
    }
    ~Point(){
        cout << "析构 Point(" << x << "," << y << ")"<< endl;
    }
private:
    double x;
    double y;
};


Point g(0, 0);                  //全局对象
void fn()
{
    static Point sf(1,1);       //静态局部对象
    Point f(2,2);               //局部对象
}
int main(){
    cout << endl << "第一次调用 fn()函数" << endl;
    fn();
    cout << endl << "第二次调用 fn()函数" << endl;
    fn();
    cout << endl << "退出 main()函数" << endl;

}
```

例 1.5 中,语句 Point g(0,0)定义了类 Point 的一个全局对象 g,fn()函数中的语句 static Point sf(1,1)定义了一个静态对象 sf,语句 Point f(2,2)定义了一个局部对象 f。 main()函数中,调用了 fn()函数两次,通过这两次调用可以观察到创建对象的过程,以理解 定义各类对象的语义。创建和删除对象的过程,如图 1.23 所示。

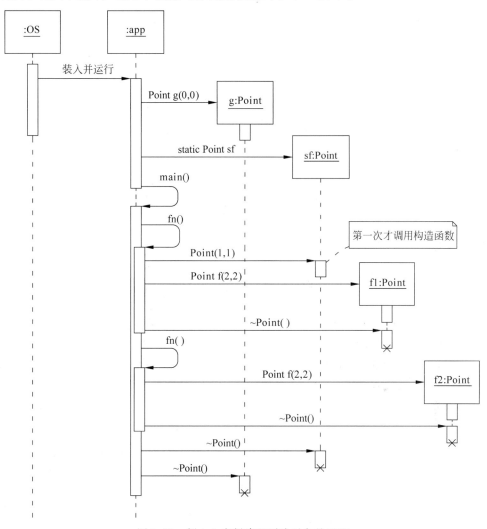

图 1.23 例 1.5 中创建和删除对象的过程

语句 Point g(0,0)定义了类 Point 的一个全局对象 g,在执行 main()函数的代码前,先 在全局数据区为全局对象 g 分配内存,然后按照 g.Point(0,0)的语义调用构造函数。

语句 static Point sf(1,1)定义了类 Point 的一个静态对象 sf,也是在执行 main()函数 的代码前,在全局数据区为其分配内存,但不会调用构造函数。

第一次调用 fn()函数中,先按照 sf.Point(1,1)的语义调用 Point 的构造函数,初始化 静态对象 sf,然后执行语句 Point f(2,2),创建局部对象 f。在退出 fn()函数前,删除局部对 象 f,具体步骤是,先按照 f.~Point()的语义调用析构函数,然后再回收其内存。

第二次调用 fn()函数中,因静态对象 sf 已经初始化,不再调用 Point 的构造函数,而是 直接执行语句 Point f(2,2)创建局部对象 f。在退出 fn()函数前,也要删除局部对象 f。

在退出 main()函数前,先删除静态对象 sf,然后删除全局对象 g。

例 1.5 的输出结果如下。

```
调用 Point(0,0)

第一次调用 fn()函数
调用 Point(1,1)
调用 Point(2,2)
析构 Point(2,2)

第二次调用 fn()函数
调用 Point(2,2)
析构 Point(2,2)

退出 main()函数
析构 Point(1,1)
析构 Point(0,0)
```

同变量一样,在执行 main()函数体之前,为全局对象和静态对象分配了内存,并立即调用构造函数初始化全局对象,但执行到定义该静态对象的位置才调用构造函数,并且只调用一次。

局部对象也是按照堆栈的方式来管理,创建一个局部对象时,都要调用一次构造函数初始化对象,退出调用前也会自动删除函数中创建的局部对象。

在退出 main()函数返回到操作系统过程中也要删除全局对象和静态对象,按照与创建相反的顺序先调用析构函数,然后再回收内存。

在调试器中能够跟踪程序的运行过程,不仅能观察到变量的值,也能观察对象的值,但跟踪到全局对象和静态对象的删除过程需要一些技巧。第一个技巧是,在命令状态下运行程序,会显示所有的输出结果,并通过分析其输出结果推断全局对象和静态对象的删除过程。例 1.5 中的输出结果“析构 Point(1,1)”和“析构 Point(0,0)”,在命令状态下运行程序时能够显示出来,从输出结果可以推断,退出程序时删除这两个对象,调用了构造函数,并回收了内存。第二个技巧是,在 Point 的构造函数和析构函数中打上断点,采用调试方式运行程序就能观察到对象中的数据。

1.5.3　堆对象和对象数组

一个程序的内存分为代码区、全局数据区、栈区和堆区。全局数据区用于存储全局数据,栈区用于存储局部数据,这两个内存区域是由编译器管理,而堆区由程序员管理。

在 C 语言中,提供了 malloc()和 free()两个库函数,C++提供了 new 和 delete 两个运算来管理堆区中的内存。运算 new 和 delete 是按照面向对象程序设计思想定义的运算,运算 new 的作用是在堆区中创建对象,delete 的作用是从堆区中删除对象。

下面以类 Point 为例,介绍使用 new 和 delete 两个运算在堆区中创建和删除对象的基本方法,并演示创建和删除对象与对象数组的过程。示例代码如例 1.6 所示。

【例 1.6】　堆区中创建和删除对象与对象数组。

```
# include < iostream >
using namespace std;

class Point
{
public:
    Point(){
        cout << "调用 Point()" << endl;
    }
    Point(double dx, double dy){
        cout << "调用 Point("<< dx <<","<< dy <<")" << endl;
        x = dx;
        y = dy;
    }
    ~Point(){
        cout << "析构 Point(" << x << "," << y << ")"<< endl;
    }

private:
    double x;
    double y;
};

int main(){
    cout << endl <<"创建对象" << endl;
    Point * ph = new Point(3,3);          //堆对象

    cout << endl << "创建对象数组" << endl;
    Point mA[3];                          //局部对象数组
    Point * phA = new Point[5];           //堆中对象数组

    cout << endl << "释放堆对象" << endl;
    delete[] phA;                         //释放堆中对象数组
    delete ph;                            //释放堆对象
}
```

　　例 1.6 中，使用函数重载（Overload）技术为类 Point 新增了一个 Point()构造函数，类 Point 共有 Point()和 Point(double dx，double dy)两个构造函数。由于两个构造函数的参数不同，在调用时可通过其参数，确定调用哪个函数。类 Point 中重载的构造函数，如图 1.24 所示。

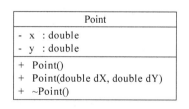

Point
- x : double
- y : double
+ Point()
+ Point(double dX, double dY)
+ ~Point()

图 1.24　类 Point 中重载的构造函数

　　main()函数中，语句 Point * ph = new Point(3,3)的语义为，在堆区中创建一个无名对象 Point(3,3)，并用指针 ph 指向创建的无名对象；语句 Point mA[3]的语义为，在栈区中创建一个包含 3 个元素的对象数组，即创建一个对象数组 mA[3]；语句 Point * phA = new Point[5] 的语义为，在堆区中创建了一个包含 5 个元素的对象数组，并用指针 ph 指向创建的对象数组，即动态创建了一个对象数组 ph[5]。

　　堆区中的对象不会自动删除，需要程序员使用运算 delete 来删除。语句 delete[] phA 从堆中删除对象数组 phA，语句 delete ph 从堆中删除对象 ph。创建和删除对象的过程，如图 1.25 所示。

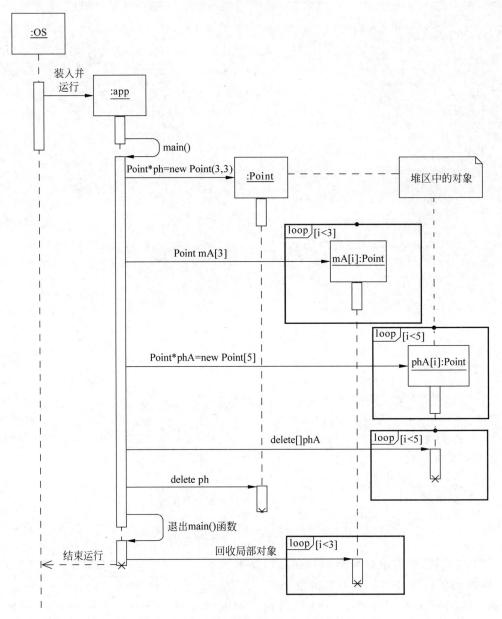

图 1.25　堆区中创建和删除对象及对象数组的过程

例 1.6 程序的输出结果如下。

```
创建对象
调用 Point(3,3)

创建对象数组
调用 Point()
调用 Point()
调用 Point()
调用 Point()
```

```
调用 Point()
调用 Point()
调用 Point()
调用 Point()

释放堆对象
析构 Point(-6.27744e+066,-6.27744e+066)
析构 Point(-6.27744e+066,-6.27744e+066)
析构 Point(-6.27744e+066,-6.27744e+066)
析构 Point(-6.27744e+066,-6.27744e+066)
析构 Point(-6.27744e+066,-6.27744e+066)
析构 Point(3,3)
```

如图 1.25 所示,执行语句 Point * ph = new Point(3,3)中,调用了 Point(double dx,double dy) 构造函数,执行语句 delete ph 时自动调用了～Point()析构函数。

执行语句 Point mA[3]中,针对对象数组中的每个对象都调用了 Point()构造函数一次,3 个对象总共调用 3 次。同样,执行语句 Point * phA = new Point[5]中,创建了 5 个对象,调用 Point()构造函数 5 次。程序的输出结果也反映了上述调用过程,但创建对象数组时,调用无参数的构造函数,一般不会初始化数组中的对象。

在调用构造函数时,使用了函数的重载技术。从编程实现角度讲,构造函数也是函数,成员函数也是函数,因此,可以按照使用函数的方法使用成员函数,使用构造函数。

像使用函数一样,使用成员函数和构造函数。

1.5.4　语义的实现和优化

前面按照语义介绍了创建和删除对象的过程,但在跟踪调试代码时会发现,计算机中实际执行的流程与前面介绍的流程有所不同,为什么?

实际上,每个编译器都首先按照代码的语义进行编译,但由于实现技术的限制以及对目标代码执行效率的考虑,往往会对编译出的目标代码进行调整和优化,这就出现了实际执行的流程与前面介绍的流程有所不同的情况。

例如,创建局部对象或变量时,一般会在执行函数体前一次性地为多个局部对象或变量分配所需的内存,然后在其定义的位置调用构造函数进行初始化,这种编译方法能够提高目标代码执行效率。

在函数调用过程中,一般也会一次性地为多个形参分配内存,然后再依次将实参传递给形参。

编译非常复杂,不同的编译器可能采用不同的编译方法和优化技术,编译出不同的目标代码,因此,不建议根据反汇编指令理解高级语言的代码,而应该根据标准文本中规定的语义理解代码,以避免本末倒置的错误。

正确理解每条代码的语义是读懂程序的基础,也是编写代码的前提。

本书根据 C++标准文本中规定的语义介绍代码的执行过程,也按照编译的基本原理讨论语义的实现,没有考虑不同编译器之间的差异,也没有考虑优化,也建议读者以后再专门学习。

1.6　程序设计思想和描述工具

面向对象程序设计思想是随着程序设计思想的变迁而逐步产生的,是结构化程序设计思想的继承和发展,更符合人们认识和理解客观世界的思维方式。

1.6.1　程序设计思想的变迁

在计算机出现时,计算机功能弱,主要用于解决比较简单的计算问题,涉及的数据量比较小,程序代码规模也非常小,因而涉及不到程序设计思想。但随着计算机功能越来越强大,解决的计算问题越来越复杂,涉及的数据量越来越大,程序代码规模也越来越大,在实际应用中出现了很多问题,为了解决出现的问题而产生了结构化程序设计思想。

1. 结构化程序设计思想

按照结构化程序设计思想,程序由算法和数据结构构成,即

程序 = 算法 + 数据结构

算法和数据结构是相互独立的部分,主张从算法开始设计程序,并强调程序结构的重要性。编程的基本单位为函数,主要任务是使用数学和自然学科中的基本知识抽象函数,使用自然语言、数学语言和图形语言等工具描述函数及其关系,并要求按照模块方式组织程序的函数及其代码。编码实现的主要任务是使用程序设计语言描述程序的函数及其计算过程,并要求按照结构化方式组织函数的实现代码。结构化程序的结构如图 1.26 所示。

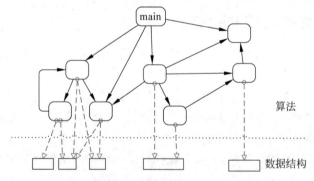

图 1.26　结构化程序的结构

随着程序规模越来越大,处理的数据越来越复杂,人们意识到数据越来越重要,最终提出了从数据结构开始设计程序的观点,即

程序 = 数据结构 + 算法

上述观点是结构化程序设计发展到后期提出的,不仅促进了面向对象程序设计思想的产生,还对信息产业的发展产生了深远的影响。例如,目前流行的"大数据智能化",也是将"大数据"放在"智能化"的前面,强调"大数据"在各种"智能化"算法中的重要性。

2. 面向对象程序设计思想

按照面向对象程序设计思想,程序是由对象构成,即

程序＝对象(数据结构＋算法)＋对象(数据结构＋算法)＋……

一个程序由若干对象构成,每个对象具有自己的数据结构,以及基于这个数据结构的若干算法。面向对象程序的结构如图1.27所示。

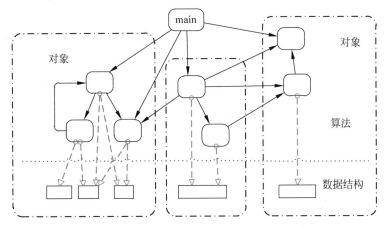

图1.27 面向对象程序的结构

面向对象程序中,使用类来描述对象中的数据结构,以及处理其中数据的算法,因此,编码实现的主要工作就从编写函数的代码转换为编写类的代码,程序的代码结构也随之发生了巨大改变。面向对象程序的代码结构如图1.28所示。

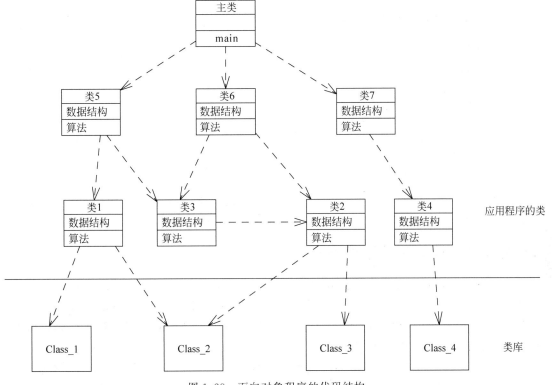

图1.28 面向对象程序的代码结构

从代码角度讲,一个程序包含若干个类,每个类包含描述数据结构和算法的代码,因此,编程的主要工作是编写类,而不再是编写函数。

如图 1.28 所示,一个程序一般包含一个主类,以及若干自定义类和系统类。

主类是对程序的抽象,可将程序的 main()函数和其他普通函数视为主类的成员函数,将程序的全局变量(对象)视为主类的属性。主类非常特殊,可理解为面向对象程序设计语言预先规定的类,其对象为程序的一次执行过程。为了方便描述,在没有说明的情况下本书都使用 app 来命名程序的主类。

自定义类是指为了解决一个具体问题而专门设计的类。自定义类是程序的主体,编程的主要工作也是设计自定义类并编码实现。

系统类是指系统提供的类,用于解决公共的问题,一般通过类库提供,也称为库类。C 语言提供了功能强大的函数库,编写程序过程中,可以直接调用其中的函数。同样,C++语言也提供了功能强大的类库,也可以直接使用其中的类。

面向对象编程主要涉及分析设计和编码实现。分析设计的主要任务是,从客观世界中抽象出类和对象,以及类之间的关系。分析设计的结果是描述类及其关系的文档。

编码实现的主要任务是使用一种面向对象程序设计语言描述类及其属性和成员函数。编码实现的结果是代码。

设计文档中最核心的内容是描述类及其关系的图表,程序员常说的一句话是:

设计就是画图、写文档,编程就是敲代码。

1.6.2 UML 图形语言

统一建模语言(Unified Modeling Language,UML)是国际标准化组织 OMG(Object Management Group)制定的一种图形语言,是目前常用的图形工具,并广泛应用于软件的分析设计。

UML 中,定义了类图、对象图、时序图、状态图、活动图等一系列的图及图标,并规定图的作用及图标的语义,可用这些图及图标从不同角度、不同层次上描述程序及其运行过程。

本书主要使用类图、对象图、时序图描述程序的类、对象和程序运行过程。有关 UML 的知识,可查阅标准文本或其他资料。

图形语言也是一种语言,其根本作用是人与人之间交流,因此,在画 UML 图时,应专注于表达自己的想法,而不能过度追求图形的美观,应以别人能够理解为度。

1.6.3 面向对象程序设计语言

视频讲解

面向对象程序设计语言有很多,常用的有 C++、Java、C♯等,但它们都是按照面向对象思想人为设计的,基本语法主要源于英语和数学,功能大同小异,描述能力也没有本质上的区别。因此,在学习中,应主要关注怎样描述类,怎样描述类的属性,怎样描述实现成员函数的算法,将精力放在学习编程方法上。

特别是在学习编程入门阶段,主要培养面向对象思想,了解面向对象设计的基本思路,理解分析设计的成果,重点学习使用面向对象程序设计言编程的基本方法,还涉及不到各种面向对象程序设计语言在细节上的区别。

因此,本书仅仅是因为必须选择一个程序设计语言而选择了 C++。从理论上讲,本书中的示例代码都可以按照其语义改写为其他面向对象程序设计语言描述的代码,如改写为 Java 代码。

小结

本章以认识和理解客观事物中形成的概念为基础,主要从抽象视角学习了抽象类及对象的基本原理,声明类和定义对象的编程方法,从计算视角学习了成员函数调用的实现原理,创建和删除对象的实现过程,最后讨论程序设计思想和描述工具。

学习了抽象的概念,以及抽象客观事物的基本思路和表示方法,希望读者能够初步建立抽象的概念,了解抽象在认识和理解客观世界中的作用。

学习了类和对象的概念,以及从属性和行为两个角度刻画客观事物的思路,使用文字、数学符号和图形描述类及对象的原理和方法。希望读者能够运用中学语文和数学中的知识理解类及对象的语义。

学习了声明类和定义对象的编程方法,以及描述对象的逻辑结构和物理结构的方法。希望读者能够从抽象及其表示的角度理解声明类和定义对象的语法,从计算角度理解类和对象的语义,读懂类图中的类,学会描述对象的逻辑结构和物理结构。

学习了定义和调用成员函数的编程方法,以成员函数调用为粒度举例说明了程序的运行过程,以及成员函数调用的内部实现机制。希望读者能够从语义和内部实现两个层次上理解成员函数和普通函数的区别,学会以成员函数调用为粒度描述程序的运行过程。

学习了创建和删除对象的步骤和方法,主要学习了构造函数和析构函数,并针对全局对象、局部对象、静态对象和对象数组等场景讨论了构造函数和析构函数的编程方法。希望读者能够理解构造函数和析构函数的作用,以及在创建和删除对象中的调用过程。

最后,学习了编程思路的变迁过程,以及 UML 等图形语言和面向对象程序设计语言的作用。希望读者对面向对象思想有初步理解,能够从结构化程序设计顺利过渡到面向对象程序设计。

练习

1. 从下面的文字描述中发现其中的一个主要概念,然后使用一个类来描述这个概念,使用对象描述概念包含的个体,最后,使用两种及以上的方法表示抽象出的类及对象,并画出对象的逻辑结构。

张三是一个大学生,学习计算机科学与技术专业,李四与张三同一个年级,但学习软件工程专业,他们都是去年入学的,张三今年 18 岁,李四比张三大一岁,喜欢唱歌,张三是男的,比较高。

2. 例 1.2 的程序中创建了 Person 的两个对象 p1 和 p2,请画出这两个对象的物理结构,即内存中的结构。

3. 例 1.3 的程序中使用普通函数给对象赋值,请使用时序图描述创建对象和调用函数的过程。

4. 例 1.5 的程序中创建和删除了全局对象、局部对象和静态对象,请用文字简述其创建和删除的过程,并画出第二次调用 fn( )函数中返回前的内存状态,包括全局数据区和栈区中的对象,以及对象中的数据。

5. 例 1.6 的程序中使用语句 Point * phA＝new Point[5]在堆中创建了一个对象数组,请画出这个对象数组的物理结构。

6. 使用 C++语言描述如图 1.29 所示的类 Desk,并编写出构造函数的代码。如果还有其他熟悉的面向对象,可使用另一种程序设计语言描述类 Desk,写出其代码。

Desk
- length ： double
- weight ： double
- high ： double
- width ： double
+ Desk (double lengthV, double weightV, double highV, double widthV)
+ ~Desk()

图 1.29 类 Desk

7. 请根据如下代码,画出类 Name 的类图。

```
class Name
{
    Name(const char * myp){
        m_len = strlen(myp);
        m_p = (char * )malloc(m_len + 1);
        strcpy(m_p, myp);
    }
    Name(const Name&obj1){
        m_len = obj1.m_len;
        m_p = (char * )malloc(m_len + 1);
        strcpy(m_p, obj1.m_p);
    }
    ~Name(){
        if (m_p != NULL){
            free(m_p);
            m_p = NULL;
            m_len = 0;
        }
    }

    char * m_p;
    int  m_len;
};
```

8. 在网上查阅资料,了解程序设计思想的发展历史,各个发展阶段所使用的主要设计方法以及主流设计工具和程序设计语言,总结面向对象程序设计的特点和主要应用场景。

第2章

封装与职责

封装(Encapsulation)是面向对象思想的重要概念,其目的不仅是划分对象的边界 (Boundary),也是给对象赋予相应的职责(Responsibility)。

2.1 类的封装

视频讲解

封装与事物的边界紧密相关。在介绍封装的概念之前,先讨论事物的边界。

2.1.1 事物的边界

事物的边界是指一个事物与其他事物的界限。从逻辑上讲,每一个事物都有自己的边界,并可通过自己的边界划分客观世界中的事物,边界内的事物称为该事物的内部事物,边界外的事物称为该事物的外部事物。事物的边界,如图 2.1 所示。

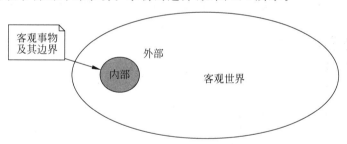

图 2.1　事物的边界

边界是从认识事物过程中逐步划分出来的,划分边界的目的是区分不同的事物,这就要求不同事物的边界所围成的区域不能重合。例如,张三有张三的边界,李四有李四的边界,张三和李四是两个不同的个体,张三和李四的边界所围成的区域不应该有重合部分,否则会导致概念不清楚,引起理解上的混乱。

一般会从多个侧面来划分事物的边界。例如,教师常常对学生说,身体是自己的,身外之物不是自己的;具备的能力是自己的,不具备的能力不是自己的;掌握的知识是自己的,书本上的知识不是自己的;等等。

实际上,教师从身体、知识和能力 3 个侧面来划分学生的边界,显然,划分出的边界不清楚。划分边界如图 2.2 所示。

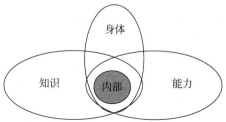

图 2.2　从身体、知识和能力 3 个侧面来划分学生的边界

边界的作用是将一个事物从所处的具体场景中区分出来,一般不要求边界非常清晰,但应保证能够识别客观事物。例如,如果一个森林中只有一只动物,以能否移动作为划分标准,就能将这只动物从森林这个场景中区分出来。如果考虑风的影响,可将移动的范围作为划分标准,能够在较大范围内移动的部分就是这只动物的内部事物,否则,就是动物的外部事物。

> 事物的边界不需要太清晰,只要够用就行。

综上所述,事物的属性和行为是对其内部事物的抽象,通过属性和行为能将一个事物从所处的具体场景中区分出来。因此,事物的属性和行为能够反映事物的边界。

2.1.2　封装的概念

封装是指从客观世界中抽象出类的过程。顾名思义,通过属性和行为将一个事物"包装"起来,并通过这些属性和行为反映这个事物的内部事物。

封装类的基本原理是从不同的侧面划分事物的边界,并使用属性和行为来反映划分出的边界。一般将类的属性和行为称为该类的边界。

例如,将人封装为一个类 Person。封装的思路为,先从姓名、性别、年龄、身高、体重、民族、文化程度,以及吃东西、睡觉等多个侧面划分一个人的边界,然后抽象出类的 7 个属性和两个行为,最后使用 7 个属性值和 2 个成员函数调用反映一个人的边界。封装的类 Person 及其对象 p1 和 p2,详见 1.3 节,成员函数调用,详见 1.4 节。

对象 p1 中的一个属性值从一个侧面反映了张三这个人的边界,成员函数一次调用反映了张三这个人的一次变化,也从另一个侧面反映了张三这个人的边界。

对象的属性值和成员函数调用共同反映一个事物的完整边界,但在实际编程中,主要还是使用对象的属性值来区分不同的事物。这是因为,属性值比较简单,相对比较稳定。

封装类的基本方法主要是通过意识中的概念来划分事物的边界,并抽象出类的属性和行为。建议读者从封装的视角,重新阅读第 1 章的内容,理解封装的概念,学习类的封装方法。

2.1.3　接口的声明

客观世界中,事物的内部事物需要通过边界与外部事物进行交互,一般将内部事物与外部事物进行交互的这部分边界,称为事物的接口。

具体到编程中,类的接口(Interface)是指能够从外部访问的属性和行为,也就是说,能够从外部访问的属性和行为构成了类的接口。

声明一个类时,一般需要指明,属性值是否允许从所属对象的外部访问,是否允许从外部调用成员函数。属性和行为的这种特性被称为**可见性**(Visibility)。

C++语言中,通过 public(公开的)、private(私有的)和 protected(保护的)关键字设置属性和行为的可见性。

客观世界中,事物之间一般通过行为来进行交互。因此,常常将属性设置为私有的,也就是将属性值隐藏起来不允许从外部访问;将行为设置为公开的,从外部能够见到这个行为(成员函数),并允许从外部调用。

例如,将类 Person 中的所有属性设置为私有的,隐藏起来不允许其他对象访问,而将所有成员函数设置为公开的,允许其他对象调用。5 个成员函数构成了类 Person 的接口,其接口如图 2.3 所示。

Person
- name : char[20] - sex : bool - age : int - height : float - weight : float
+ Person(char nameV[], bool sexV, int ageV, float heightV, float weightV) + ~Person() + eat(char obj[])   : void + sleep()   : void + print()   : int

图 2.3 类 Person 的接口

如图 2.3 所示的类 Person 中,使用减号"-"表示私有(private),使用加号"+"表示公开(public)。类 Person 的声明代码如例 2.1 所示。

【例 2.1】 类 Person 的声明。

```
class Person//人
{
public:
    Person(char nameV[ ], bool sexV, int ageV, float heightV, float weightV);
    ~Person();
    void eat(char obj[]);
    void sleep(void);
    void print();

private:
    char name[20];          //姓名
    bool sex;               //性别
    int age;                //年龄
    float height;           //身高
    float weight;           //体重
};
```

其中,将所有成员函数声明为 public,所有普通函数或其他类的成员函数中都能够调用这些成员函数,调用这些成员函数不受限制,但所有属性被声明为 private,除了类 Person 的成员函数外,都不能访问这些属性。

例如,下面的代码,在编译时会报错。

```
void f(){
    Person p1("张三", 0, 18, 180.5, 65.3);    //张三
    p1.sex = 1;                              //编译错误
    Person * ptr,&p2 = p1;
    ptr -> age = 18;                         //编译错误
    p2.height = 178;                         //编译错误
}
```

编译器通过限制选择成员运算(.或->)来实现成员的可见性。成员函数中可直接使用属性名来访问当前对象的属性,如果要访问其他对象的属性,或者在普通函数中访问对象的属

性,必定会使用选择成员运算。例如,表达式 p1.sex=1 将 1 赋值给对象 p1 的成员 sex,表达式 ptr-> age=18 将 18 赋值给 ptr 指向对象的成员 age,这两个表达式都使用了选择成员运算。

例 1.3 中,将类 Person 的所有属性都声明为 public,setValue()普通函数中可以访问其对象的成员变量,如果将其属性声明为 private,因限制了选择成员运算(. 或->)的使用而不能访问 Person 对象的成员变量。

封装一个类时,一般会优先考虑接口,但在学习编程过程中,可先不设置成员的可见性,而简单地将类的声明当成这个类的接口。当对类的作用和功能有深入的理解后,再确定其成员的可见性,声明类的接口,控制对成员的访问。

2.1.4　接口与实现分离

在结构化程序设计中,函数原型是函数的接口,函数体是函数的实现,通过分离函数实现和函数接口的方法,将使用函数和编写函数的工作分开,为重用代码提供了解决方案,从而明显降低了编写程序的成本,提高了编写应用程序的效率。

按照上述思路,也可将类的接口和实现相分离,以重用类的代码,从而提高编程效率。

在面向对象程序设计语言中,一般用两个源文件(Source File)存储一个类的代码,一个源文件存储类的接口代码,一般将这个源文件称为头文件(Head File),另一个源文件存储类的实现代码,常常将这个源文件称为 cpp 文件。

例如,将类 Person 的接口代码存储在头文件 Person. h 中,将类 Person 的实现代码存储在源文件 Person. cpp 中,将使用类 Person 的主程序代码存储在主文件 ch2-2. cpp 中。源文件 Person. cpp 和 ch2-2. cpp 中,使用 ♯ include"Person. h"预编译命令引入头文件 Person. h。类 Person 的源文件及依赖关系,如图 2.4 所示。

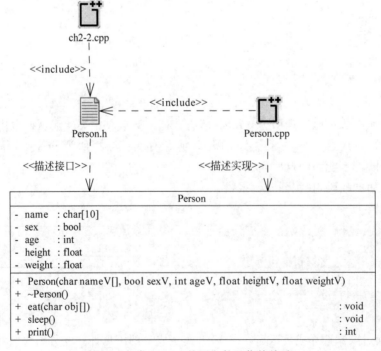

图 2.4　类 Person 的源文件及依赖关系

按照如图 2.4 所示的依赖关系,应先编写类 Person 的头文件 Person.h 中的代码,再编写源文件 Person.cpp 中的代码,最后编写主文件中的代码,构成一个多源文件结构,其代码如例 2.2 所示。

【例 2.2】 多源文件结构示例。

```cpp
// Person.h
class Person//人
{
public:
    Person(char nameV[], bool sexV, int ageV, float heightV, float weightV);
    ~Person();
    void print();
    void eat(char obj[]);
    void sleep(void);

private:
    char name[20];      //姓名
    bool sex;           //性别
    int age;            //年龄
    float height;       //身高
    float weight;       //体重
};
```

头文件 Person.h 中,声明类 Person 具有的属性和成员函数,但只有成员函数的原型,没有成员函数的函数体。

```cpp
// Person.cpp

#include <iostream>
#include <string.h>
#include"Person.h"
using namespace std;
Person::Person(char nameV[], bool sexV, int ageV, float heightV, float weightV){
    cout << "我知道怎么设置人的属性,我已完成!" << endl;
    strncpy(name, nameV, sizeof(name)); //姓名
    sex = sexV;                         //性别
    age = ageV;                         //年龄
    height = heightV;                   //身高
    weight = weightV;                   //体重
}
Person::~Person(){
    cout << "析构:" << name << endl;
}
void Person::print(){
    cout << "我是一个人,我的属性值为:" << name << ","
        << sex << ","
        << age << ","
        << height << endl;
}
void Person::eat(char obj[]){//吃(东西)
    cout << "我是一个人" << name << ",但我还没有学会怎么吃." << obj << endl;
}
```

```
void Person::sleep(void){//睡觉()
    cout << "我是一个人" << name << ",我会睡觉,但还说不清楚是怎么睡觉的." << endl;
}
```

源文件 Person.cpp 中,定义了类 Person 的所有成员函数,实现类的功能。首先引入了类 Person 的头文件 Person.h,然后再逐个定义成员函数。

在定义成员函数时,使用作用域运算(::)指明定义的函数是哪个类的成员函数。例如,代码

Person::Person(char nameV[], bool sexV, int ageV, float heightV, float weightV)
其中,作用域运算表明 Person()函数是类 Person 的成员函数。同样,void Person::print()中的作用域运算表明 print()函数是类 Person 的成员函数。

编译时,源文件 Person.cpp 将生成一个目标代码文件 Person.obj,供链接程序时使用。

```
//主程序:ch2-2.cpp
# include < iostream >
# include"Person.h"
using namespace std;

Person p1("张三", 0, 18, 180.5, 65.3);      //张三
void main(){
    p1.print();

    cout << endl;
    Person p2("李四", 1, 16, 165, 46.5);     //李四
    p2.print();
}
```

主程序文件 ch2-2.cpp 中,使用类 Person 完成一些事情。代码中,首先引入了类 Person 的头文件 Person.h,然后定义了一个全局对象 p1,后面是 main()函数的代码。

编译时,为源文件 ch2-2.cpp 和 Person.cpp 分别生成目标代码文件 ch2-2.obj 和 Person.obj。链接程序时,再将 ch2-2.obj 和 Person.obj 两个目标代码文件,与系统提供的目标代码链接起来,生成一个可执行文件 ch2-2.exe。

视频讲解

2.2 封装的作用

从计算的角度,封装主要有保护内部数据和屏蔽内部计算两个作用。

2.2.1 保护内部数据

日常生活中,一般使用直角坐标表示一个事物所处的位置,但有时也会用到极坐标。下面仍然以类 Point 为例,介绍封装类的作用和封装类的一般原则。

封装类的一个原则是,尽量将类的属性声明为 private,以保护对象中的数据。将类的属性声明为 private,可以有效保护对象中的数据,但也带来一个问题,从外部怎样访问对象中的数据?

解决这个问题的基本方法是,使用成员函数来访问对象中的数据。例如,在类 Point

中,声明 4 个成员函数,其中,xOffset()和 yOffset()成员函数提取点的直角坐标,angle()和 radius()提取点的极坐标。类 Point 中访问数据的 4 个成员函数如图 2.5 所示。

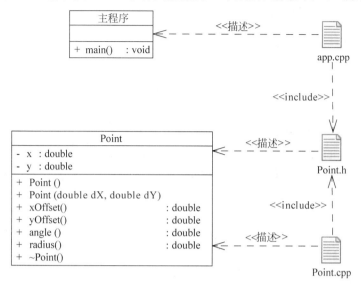

图 2.5　类 Point 中访问数据的 4 个成员函数

图 2.5 中,包含两个类 Point 和"主程序",其中,类"主程序"是对所有程序的抽象,表示程序的集合。图 2.5 中还使用依赖关系规定了类 Point 存储在源使用文件 Point.h 和 Point.cpp 中,程序的主模块的代码存储在 app.cpp 中。

按照图 2.5 中的依赖关系,应先编写头文件 Point.h 中的代码。

```cpp
//Point.h
class Point
{
public:
    Point();
    Point(double dX, double dY);
    double xOffset();
    double yOffset();
    double angle();
    double radius();
    ~Point();
private:
    double x;
    double y;
};
```

再按照每个成员函数的功能,逐个编写类 Point 的成员函数的代码,并存储到源文件 Point.cpp 中。

```cpp
//Point.cpp
# include "Point.h"
# include < math.h >
using namespace std;
```

```
Point::Point(){
}
Point::Point(double dX, double dY){
    x = dX;
    y = dY;
}
double Point::xOffset(){
    return x;
}
double Point::yOffset(){
    return y;
}
double Point::angle(){
    return (180 / 3.14159) * atan2(y, x);
}
double Point::radius(){
    return sqrt(x * x + y * y);
}
Point::~Point(){
}
```

最后编写程序的主模块 app.cpp,示例代码如例 2.3 所示。

【例 2.3】 程序的主模块 app.cpp。

```
//ch2 - 3.cpp
# include "Point.h"
# include < iostream >
using namespace std;

void main(){
    double x, y;
    cout << "输入 x 和 y : \n";
    cin >> x >> y;
    Point p(x, y);
    cout << "极坐标:Point(" << p.angle() << "," << p.radius() << ")" << endl;
    cout << "直角坐标:Point(" << p.xOffset() << "," << p.yOffset() << ")" << endl;
}
```

在例 2.3 的 main()函数中,需要调用成员函数来访问点 p 的 x 和 y 坐标,而不能直接访问,以避免 Point 对象中的数据被随意修改。在实际应用中,可在构造函数中增加检验坐标的逻辑,以保证数据的正确性。

2.2.2 屏蔽内部计算

使用 public 成员函数封装类的属性,不仅能隐藏属性中的数据,还能屏蔽类的内部计算过程,彻底将内部和外部分开。

例如,类 Point 中存储点的极坐标,但不改变其成员函数的原型和功能,类 Point 的接口保持不变。存储极坐标的类 Point 如图 2.6 所示。示例代码如

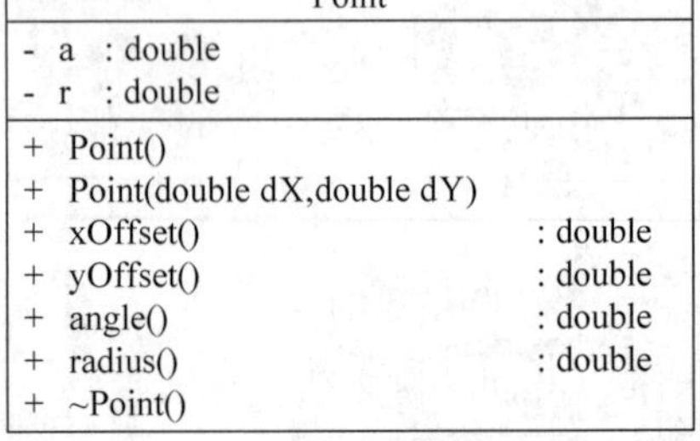

Point	
- a : double	
- r : double	
+ Point()	
+ Point(double dX,double dY)	
+ xOffset()	: double
+ yOffset()	: double
+ angle()	: double
+ radius()	: double
+ ~Point()	

图 2.6 存储极坐标的类 Point

例 2.4 所示。

【**例 2.4**】 存储极坐标的类 Point。

```cpp
//Point.h
class Point
{
public:
    Point();
    Point(double dX, double dY);
    double xOffset();
    double yOffset();
    double angle();
    double radius();
    ~Point();
private:
    double a;
    double r;
};
```

为了保证成员函数的功能都不变,需要改写成员函数的代码。

```cpp
//Point.cpp
# include "Point.h"
# include < math.h >
Point::Point(double ix, double iy){
    a = atan2(iy, dX);
    r = sqrt(ix * ix + iy * iy);
}
double Point::xOffset(){
    return r * cos(a);
}
double Point::yOffset(){
    return r * sin(a);
}
double Point::angle(){
    return (180 / 3.14159) * a;
}
double Point::radius(){
    return r;
}
Point::~Point(){}
```

类 Point 的接口没有改变,因此,不需要修改 ch2-3.cpp 中的代码,例 2.3 程序仍然能够正确运行。

但需要重新编译类 Point 的代码,生成新的目标代码文件 Point.obj,再与原来生成的目标代码 ch2-3.obj 链接起来,程序才能正确运行。

从 main()函数的角度,通过类 Point 的接口屏蔽类 Point 的内部实现,包括对象中的坐标存储方式和成员函数的实现算法,从而可以按照类的接口独立编写类的实现代码。

例如,直角坐标和极坐标之间的转换,总共有 4 个公式。可以将这 4 个公式封装为 4 个私有成员函数,并重新编写实现接口的成员函数。具有坐标转换的类 Point 如图 2.7 所示。

Point	
- x : double	
- y : double	
+ Point()	
+ Point(double dX, double dY)	
+ Point(double dA, double dR, int flag)	
+ xOffset()	: double
+ yOffset()	: double
+ angle()	: double
+ radius()	: double
- getX(double dA, double dR)	: double
- getY(double dA, double dR)	: double
- getA(double dX, double dY)	: double
- getR(double dX, double dY)	: double
+ ~Point()	

图 2.7   具有坐标转换的类 Point

如图 2.7 所示,类 Point 重载了 3 个构造函数,其中,Point(double dX,double dY)要求传递直角坐标位置,Point(double dA,double dR,int flag)要求传递极坐标位置,参数 flag 是为了满足重载的条件而专门设置的标志,在传递极坐标位置时需要多传递一个 int 类型的实参。

还声明了 4 个 private 成员函数,其中,double getX(double dA,double dR)和 double getY(double dA,double dR)的参数为极坐标值,分别返回直角坐标值;double getA(double dX,double dY)和 double getR(double dX,double dY)的参数为直角坐标值,分别返回极坐标值。这 4 个函数是 private 的,只能内部使用,其他成员函数可以调用这 4 个函数完成预期的功能。

视频讲解

2.3   对象的职责

每个事物在客观世界中都有存在的价值,需要发挥自己的作用,承担相应的职责。同样,代表客观事物的对象也有存在的价值,需要发挥自己的作用,承担相应的职责。

对象是对客观事物的抽象,需要代表客观事物承担客观世界中的职责。对象也是计算机世界中的事物,也需要承担计算机世界中的职责。

归纳起来,一个对象应承担两个基本职责。为了完成这两个基本职责,还应具备两个基本能力。两个基本职责为:①管理自己的数据,以反映客观事物;②完成特定的任务,承担客观事物的职责。两个基本能力为:①参与计算的能力;②与其他对象共存与协作的能力。

封装一个类时,应从基本职责和基本能力两方面给对象赋予职责和能力,并以职责为导向评价属性和行为的完备性与合理性。

2.3.1   管理自己的数据

管理自己的数据是对象的基本职责,初始化对象是完成这个基本职责的重要手段。从封装角度讲,初始化对象有两个作用:①建立对象与客观事物之间的联系,说明该对象代表哪个客观事物;②初始化对象中的成员变量。

1.5 节中介绍了通过构造函数来初始化对象的方法,使用这些方法可赋予对象管理自己数据的职责。下面再介绍一种称为拷贝构造函数的特殊构造函数,并使用拷贝构造函数初始化对象。

像数据类型一样使用类,像变量一样使用对象,是人们不断追求的目标。例如,人们希望按照如下代码的风格定义和使用对象。

```
int a = 1,c;
int * pa = &a;
c = a;
```

按照上述代码的风格及语法定义并访问 Person 的对象,像变量一样定义对象、初始化对象,也像变量一样进行对象的赋值、取内容、取地址等基本运算。

```
Person init;
Person a = init,c;
Person * pa = &a;
c = a;
```

其中,语句 Person a＝init 使用对象 init 来创建类 Person 的另一个对象 a。

1. 使用对象创建对象

创建一个对象时会自动调用构造函数进行初始化,除了通过属性值初始化对象外,还可以使用类的一个对象来创建另一个对象。

例如,使用一个点来创建另一个点。

在类 Point 中声明一个构造函数,其函数原型为:

$$Point(const\ Point\&\ oldPoint)$$

其中,只有一个参数,这个参数是 Point 对象的引用,在调用时要求传递一个类 Point 的对象,并通过这个对象来初始化新创建的对象。这个构造函数比较特殊,将它称为类 Point 的拷贝构造函数。

调用拷贝构造函数创建另一个对象时不会修改原对象(实参)的值,因此,前面增加 const。类 Point 的拷贝构造函数,如图 2.8 所示。

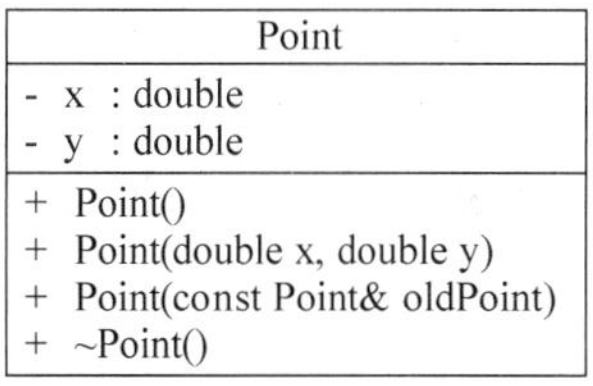

Point
- x : double
- y : double
+ Point()
+ Point(double x, double y)
+ Point(const Point& oldPoint)
+ ~Point()

图 2.8　类 Point 的拷贝构造函数

按照如图 2.8 所示的类 Point,在例 1.5 的代码中增加拷贝构造函数,并在 main() 函数中使用类 Point 的对象来创建另外的对象,示例代码如例 2.5 所示。

【例 2.5】　使用类 Point 的对象来创建另外的对象。

```
# include < iostream >
# include < string.h >
using namespace std;

class Point{
public:
    Point(){
        cout << "调用 Point()" << endl;
    };
    Point(double dx, double dy){
```

```
            cout << "调用 Point(" << dx << "," << dy << ")" << endl;
            x = dx;
            y = dy;
        };
        Point(const Point& oldPoint) {
            cout << "调用拷贝构造函数 Point(const Point&)" << endl;
            memcpy(this, &oldPoint, sizeof(Point));
            cout << "新创建点(" << this->x << "," << this->y << ")" << endl;
        };
        ~Point(){
            cout << "析构 Point(" << x << "," << y << ")" << endl;
        };

private:
        double x;
        double y;
};
void main(){
        cout << "创建点 a(1.2, 2.3)" << endl;
        Point a(1.2, 2.3);
        cout << endl << "创建点 b,并通过 a 初始化" << endl;
        Point b = a;        //等价于 Point b ( a)
}
```

Point(const Point& oldPoint)拷贝构造函数中,语句

$$memcpy(this, \&oldPoint, sizeof(Point))$$

调用了 memcpy()库函数,其功能是将 &oldPoint 指向的内存数据"复制"到 this 指向的内存,总共"复制"sizeof(Point)个字节。

拷贝构造函数的功能是将一个对象内存中的数据"拷贝"给新创建的对象,因此,将这个构造函数形象地称为拷贝构造函数。

main()函数中,语句 Point a(1.2, 2.3)创建一个类 Point 的对象 a,并使用坐标(1.2, 2.3)初始化对象 a。语句 Point b = a 创建一个类 Point 的对象 b,并使用对象 a 初始化对象 b,其中按照 b.Point(a)的语义自动调用了拷贝构造函数。创建对象 a 和 b 的过程,如图 2.9 所示。

语句 Point b = a 是 C 语言的代码风格,Point b(a)是 C++的代码风格,两者的语义完全相同,在编程时都可以使用。

如图 2.9 所示,例 2.5 的 main()函数中创建了两个对象 a 和 b,两个对象的数据相同,但内存区域不同。对象 a 和 b 及其属性值,如图 2.10 所示。

例 2.5 程序的输出结果如下。

```
创建点 a(1.2, 2.3)
调用 Point(1.2,2.3)

创建点 b,并通过 a 初始化
调用拷贝构造函数 Point(const Point&)
新创建点(1.2,2.3)
```

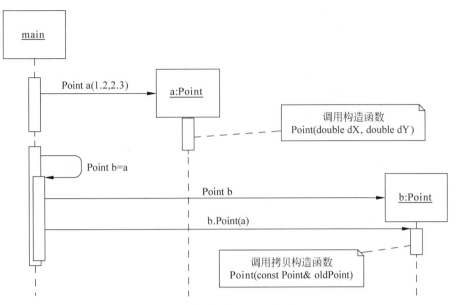

图 2.9　创建对象 a 和 b 的过程

a:Point	b:Point
x =1.2 y =2.3	x =1.2 y =2.3

图 2.10　对象 a 和 b 及其属性值

2．使用字符数组创建对象

定义变量涉及分配内存和初始化变量，同样，定义对象也涉及分配内存和初始化对象。初始化对象常常会涉及内部存储格式，比较复杂。先以学生为例，介绍使用字符数组创建和删除对象的过程。学生类 Student 如图 2.11 所示。

如图 2.11 所示，类 Student 的属性 name 是字符数组，可通过一个指向字符数组的指针将姓名传递给构造函数，构造函数通过这个指针初始化属性 name。

类 Student 中，重载了两个构造函数，这两个构造函数都通过参数 pName 传递学生的姓名，其原型为：

Student(char ＊ pName)；

Student(char ＊ pName, int xHours, float xgpa)；

每个程序都应该有一个称为"主类"的类，主类有唯一一个 main()函数，还包含 fn()函数，主类如图 2.12 所示。

Student
- name   : char[20] - semesHours : int - gpa   : float
+ Student() + Student(char ＊ pName) + Student(char ＊ pName, int xHours, float xgpa) + ~Student()

图 2.11　学生类 Student

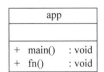

app
+ main()   : void + fn()   : void

图 2.12　主类

主类中使用字符数组创建类 Student 的两个对象，示例代码如例 2.6 所示。

【例2.6】 使用字符数组创建类 Student 的对象。

```cpp
// Student.h
class Student{
public:
    Student(char * pName);
    Student(char * pName, int xHours, float xgpa);
    ~Student();

private:
    char name[20];            //字符数组
    int semesHours;
    float gpa;
};
```

```cpp
// Student.cpp
# include "Student.h"
# include < string.h >
# include < iostream >
using namespace std;

Student::Student(char * pName)
{
    cout << "constructing student " << pName << endl;
    strncpy(name, pName, sizeof(name));
    name[sizeof(name) - 1] = '\0';
}
Student::Student(char * pName, int xHours, float xgpa)
{
    cout << "constructing student " << pName << endl;
    strncpy(name, pName, sizeof(name));
    name[sizeof(name) - 1] = '\0';
    semesHours = xHours;
    gpa = xgpa;
}
Student ::~Student()
{
    cout << "destructing " << name << endl;
}

void fn(){
    Student ss("Jenny");
}
void main()
{
    fn();
    Student s1("Randy ", 22, 3.5);
}
```

例 2.6 中,为了方便调试,有意将类 Student 的实现代码和创建对象的代码放在一个源
文件 Student.cpp 中,但从逻辑上讲,这个程序仍然由类 Student 的声明(包含接口)、类
Student 的实现和使用类 Student 三部分组成。在实际应用中一般不会这样组织代码。

main()函数中调用 fn()函数,fn()函数中使用 Student ss("Jenny")创建了一个对象 ss,创建了对象 ss 时,按照 ss. Student("Jenny")的语义自动调用了构造函数。使用字符数组创建类 Student 对象的过程,如图 2.13 所示。

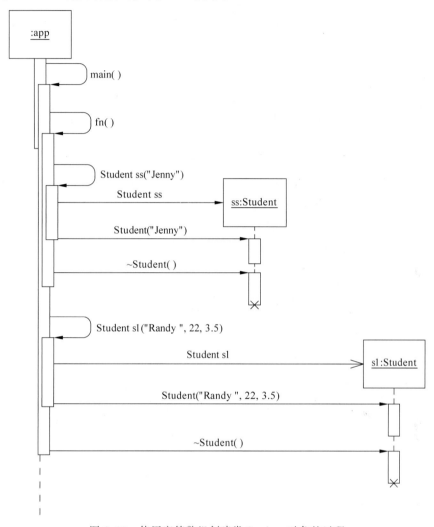

图 2.13　使用字符数组创建类 Student 对象的过程

如图 2.13 所示,main()函数中调用 fn()函数,fn()函数中使用语句 Student ss("Jenny")创建对象 ss。创建对象 ss 过程中,先为对象 ss 分配内存,在图中用"Student ss"表示,然后按照 ss. Student("Jenny")的语义调用 Student(char * pName)构造函数。当退出 fn()函数时,先调用~Student()析构函数,然后再回收对象 ss 的内存。

按照 ss. Student("Jenny")的语义调用的构造函数中,使用实参"Jenny"初始化了对象 ss 的成员变量 name,这个功能由如下两条表达式语句实现。

$$strncpy(name,pName,sizeof(name));$$
$$name[sizeof(name)-1] = '\backslash 0';$$

其中,第一个表达式将接收到的实参"Jenny"复制到成员变量 name,第二个表达式在字符数组的最后位置增加一个结束标志。两个表达式的计算顺序如图 2.14 所示。

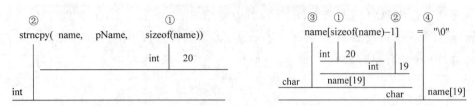

图 2.14　两个表达式的计算顺序

执行这两条表达式语句后,成员变量 name 的物理结构如图 2.15 所示。

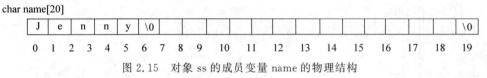

图 2.15　对象 ss 的成员变量 name 的物理结构

图 2.15 中,最后的字符串结束标志'\0'是语句 name[sizeof(name)−1] = '\0'设置的,其作用是解决形参 pName 指到的字符串超过字符数组 name 的长度 20 而带来的问题,以确保 name 中存储了字符串的结束标志。

main()函数的语句 Student s1("Randy",22,3.5)定义对象 s1,并按照 s1.Student("Randy",22,3.5)的语义调用了 Student(char * pName,int xHours,float xgpa)构造函数,其中,先将形参 pName 指到的"Randy"赋值给对象 s1 的成员变量 name,然后再将 xHours 中的 22 和 xgpa 中的 3.5 分别赋值给对象 s1 的成员变量 semesHours 和 gpa。对象 s2 和 s1 及成员变量的值如图 2.16 所示。

ss:Student	
name	= "Jenny"
semesHours	
gpa	

s1:Student	
name	= "Randy"
semesHours	= 22
gpa	= 3.5

图 2.16　对象 s2 和 s1 及成员变量的值

例 2.6 程序的输出结果如下。

```
constructing student Jenny
destructing Jenny
constructing student Randy
destructing Randy
```

创建一个对象时,都要调用构造函数。为了与 C 语言兼容,也为了从结构化程序设计平稳过渡到面向对象程序设计,C++的编译器会为没有构造函数的类自动提供无参数的构造函数,以保证代码能够通过编译。自动提供的无参数构造函数,称为**默认构造函数**。

例如,下面的代码在创建对象时,将自动调用系统提供的默认构造函数。

```
class Student
{
    //无构造函数
protected:
    char name[20];
};
```

```
int main(){
    Student noName;              //调用 Student()构造函数
    Student s = noName;          //调用拷贝构造函数
}
```

默认构造函数主要是为了满足语法上的要求,不会做任何事情,类 Student 的默认构造函数等价于:

$$Student()\{\}$$

同样,当没有定义拷贝构造函数时,编译器也会提供一个默认拷贝构造函数。例如,下面的代码在创建对象时,将自动调用默认拷贝构造函数。

```
class Student
{
public:
    Student(char* pName, int xHours, float xgpa);
    //无拷贝构造函数
protected:
    char name[20];
};
int main(){
    Student s1("Randy ", 22, 3.5);
    Student s = s1;          //调用拷贝构造函数
}
```

默认拷贝构造函数 Student(Student& oldStudent)的功能与下面的代码等价。

```
Student(Student& oldStudent){
    memcpy(this, &oldStudent,sizeof(Student))
}
```

2.3.2 完成特定的任务

对象是对客观事物的抽象,因此,对象应该代表客观事物完成特定的任务。

例如,日期是人们日常生活和工作中经常使用的概念,可将日期封装为类 Tdate,给其对象赋予管理日期的职责,并完成判断闰年、输出日期等特定任务。类 Tdate 如图 2.17 所示。

如图 2.17 所示,类 Tdate 中按照"日月年"的格式存储日期,并使用函数重载技术声明了 4 个构造函数。采用传递引用的方式声明了 bool getDate(int& d,int& m,int& y)成员函数,用于取日期。声明了 bool isLeapYear()成员函数,用于判断对象中存储的日期是否为闰年。声明了 void print()成员函数,用于输出对象中存储的日期。

为了重用代码,声明了一个私有的 void init (int m , int d , int y)成员函数,构造函数中调

Tdate	
- day : int	
- month : int	
- year : int	
+ Tdate()	
+ Tdate(int d)	
+ Tdate(int d, int m)	
+ Tdate(int d, int m, int y)	
+ getDate(int& d, int& m, int& y)	: bool
+ isLeapYear()	: bool
+ print()	: void
+ ~Tdate ()	
- init(int m, int d, int y)	: void

图 2.17 类 Tdate

用这个成员函数初始化对象。类 Tdate 的声明代码和实现代码如例 2.7 所示。

【例 2.7】 类 Tdate 的声明代码和实现代码。

```cpp
// Tdate.h
#ifndef TDATE
#define TDATE
class Tdate
{
public:
    Tdate();
    Tdate(int d);
    Tdate(int d, int m);
    Tdate(int d, int m, int y);
    bool getDate(int& d, int& m, int& y);
    bool isLeapYear(void);
    void print(void);
    ~Tdate();

private:
    void init(int m, int d, int y);

    int day;
    int month;
    int year;
};
#endif

// Tdate.cpp
#include <iostream>
#include"Tdate.h"
using namespace std;

void Tdate::init(int d, int m, int y){
    day = d;
    month = m;
    year = y;
    cout << "构造:";
    print();
}
Tdate::Tdate(){
    init(23, 7, 2021);
}
Tdate::Tdate(int d){
    init(d, 7, 2021);
}
Tdate::Tdate(int d, int m){
    init(d, m, 2021);
}
Tdate::Tdate(int d, int m, int y){
    init(d, m, y);
}
bool Tdate::getDate(int& d, int& m, int& y){
    d = day;
```

```
    m = month;
    y = year;
    return true;
}

bool Tdate::isLeapYear(){
    return (year % 4 == 0 && year % 100 != 0) || (year % 400 == 0);
}

void Tdate::print(){
    cout << month << "/" << day << "/" << year << endl;
}
Tdate::~Tdate(){
    cout << "析构:";
    print();
}
```

其中,4 个构造函数中调用 init()私有成员函数,重用其中的代码。可编写一个 main()
函数创建对象,观察成员函数的运行过程。

```
#include"Tdate.h"

void main()
{
    Tdate a;
    Tdate b(8);
    Tdate c(2, 6);
    Tdate d(1, 2, 2000);
    d. isLeapYear();
}
```

其中,语句 d. isLeapYear()是一次函数调用,这次函数调用完成对象 d 的一个特定任
务,即判断对象 d 中存储的日期是否为闰年。

例 2.7 程序的输出结果如下。

```
构造:7/8/2021
构造:6/2/2021
构造:2/1/2000
```

除了使用 init()重用代码外,还可以使用参数默认值重用代码,示例代码如例 2.8
所示。

【例 2.8】 使用参数默认值重用代码。

```
#include < iostream. h >

class Tdate{
public:
    Tdate( int m = 4, int d = 15, int y = 1995)
    {
        month = m; day = d; year = y;
```

```
        cout << month << "/" << day << "/" << year << endl;
    }
    //其他公共成员
private:
    int month;
    int day;
    int year;
};
```

编译器在编译上述 Tdate 类的代码时,只生成了一个构造函数。在编译函数调用 Tdate()时,先将 Tdate()转换为 Tdate(4,15,1995),然后再将 Tdate(4,15,1995)编译成可执行代码。

同样,先将函数调用 Tdate(m)转换为 Tdate(m,15,1995),将函数调用 Tdate(m,d)转换为 Tdate(m,d,1995),然后再进行编译,最终都是调用三个参数的构造函数。

2.3.3　参与计算的能力

一个对象应具备有效参与计算的能力,这是对对象的基本要求。计算机就是计算的机器,一个对象必须能够有效地参与计算。从本质上讲,所有计算最终都能通过函数来实现。因此,要求一个对象能够在函数调用中正确传递,包括传值、传地址、传引用 3 种方式。除此之外,还希望对象像变量一样能够正确参与各种基本的运算,包括赋值、取地址、引用等计算机中特有的运算。

在封装一个类时,必须充分考虑其对象参与计算的能力,幸运的是,编译器为对象赋予了一些基本的计算能力。

例如,例 2.7 中的类 Tdate,其对象能够在函数调用中正确传递,并能正确参与取地址、引用等运算,具备了参与计算的基本能力。可编写一个程序验证 Tdate 对象参与计算的能力,示例代码如例 2.9 所示。

【例 2.9】　验证 Tdate 对象参与计算的能力。

```
#include <iostream>
#include"Tdate.h"
using namespace std;

void f(Tdate obj){
    cout << "传对象,地址:" << &obj << ",值";
    obj.print(); //obj 是对象
    if (obj.isLeapYear())
        cout << "是闰年\n";
    else
        cout << "不是闰年\n";
}
void fRef(Tdate& ref){
    cout << "传引用,地址:" << &ref << ",值";
    ref.print(); //ref 是对象的引用
}
void fAddress(Tdate * ptr){
    cout << "传指针,地址:" << ptr << ",值";
```

```
    ptr - > print(); //ptr 是对象的指针
}

void main(){
    cout << endl << "创建对象 d" << endl;
    Tdate d(1, 1, 2000);
    cout << "地址:" << &d << ",值:" << endl;

    cout << endl << "创建对象 dd" << endl;
    Tdate dd;
    cout << "地址:" << &dd << ",值:" << endl;

    cout << endl << "将对象 d 赋值给对象 dd" << endl;
    dd = d;        //将一个对象赋值给另一个对象
    cout << "地址:" << &dd <<",值:";
    dd.print();

    cout << endl << "对象作为参数传递" << endl;
    fAddress(&d);
    cout << endl;
    f(d);
    cout << endl;
    fRef(d);
}
```

例 2.9 程序的输出结果如下。

```
创建对象 d
构造:1/1/2000
地址:00AFF9B8,值:

创建对象 dd
构造:7/23/2021
地址:00AFF9A4,值:

将对象 d 赋值给对象 dd
地址:00AFF9A4,值:1/1/2000

对象作为参数传递
传指针,地址:00AFF9B8,值 1/1/2000

传对象,地址:00AFF8C4,值 1/1/2000
是闰年
析构:1/1/2000

传引用,地址:00AFF9B8,值 1/1/2000
```

例 2.9 程序的输出结果说明,计算机内部按照处理变量的方法处理了对象,说明 Tdate 的对象具备了参与计算的基本能力。

2.3.4 与其他对象共存的能力

对象作为一个独立的个体,应该能够在一个程序中与其他对象共存,这是对对象的基本要求,也是一个对象应该具备的基本能力。

　　例如,桌子和凳子常常在一起使用,可将桌子和凳子封装为两个类 Desk 和 Stool,其对象应该能够在一个程序中共同存在。桌子和凳子的类图如图 2.18 所示。

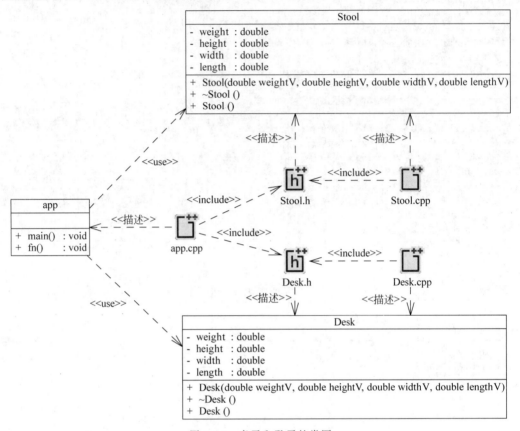

图 2.18　桌子和凳子的类图

　　按照如图 2.18 所示的类图,可编写类 Desk 和 Stool 的代码,并在 fn()函数中分别创建类 Desk 和 Stool 的对象,示例代码如例 2.10 所示。

　　【例 2.10】　创建类 Desk 和 Stool 的对象。

```
# include "Desk"
# include "Stool"
void fn(){
    Desk da(10, 5, 5, 5);      //创建 Desk 的对象 da
    Stool sa(6, 3, 3, 3);      //创建 Stool 的对象 sa
}
void main(){
    fn();
}
```

　　fn()函数中,先使用 Desk da(10,5,5,5)创建类 Desk 的对象 da,然后使用 Stool sa(6,3,3,3)创建类 Stool 的对象 sa。退出 fn()函数过程中,按照与创建对象相反的顺序,先删除对象 sa,再删除对象 da。两个对象的创建和删除过程,如图 2.19 所示。

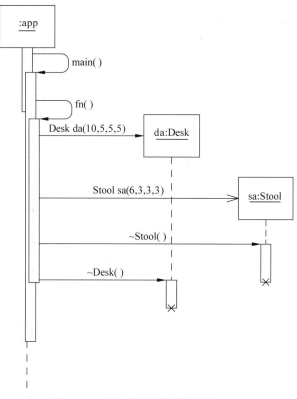

图 2.19　两个对象的创建和删除过程

创建对象的过程中,按照声明顺序为对象的成员变量分配存储空间。创建的对象 da 和 sa 在栈中的物理结构,如图 2.20 所示。

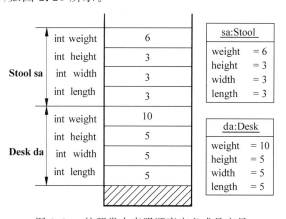

图 2.20　按照类中声明顺序定义成员变量

如图 2.20 所示,先在栈中为 Desk 的 da 分配内存,再为 Stool 的 sa 分配内存,其成员变量的顺序是从下到上的,与类中声明顺序一样。

例 2.10 程序的输出结果如下。

```
10 5 5 5
6 3 3 3
```

2.4　自定义数据类型

视频讲解

对象是对客观事物的抽象,它具有两方面的特性:描述客观事物,参与计算。下面进一步讨论对象在计算方面的特性,即计算特性。

在实际编程中,有一类对象的抽象程度非常高,甚至远离了客观世界,很难与具体的客观事物联系起来,从而淡化了描述客观事物的特性,表现出更多的计算特性。例如,各种基本数据类型,描述的是数学中的各种数集,抽象程度非常高,一般很难与具体事物直接联系起来。

数据类型中的整数 int 是计算机中抽象程度最高的数据集合之一,将它应用到一个具体场景中才会体现其实际含义。

Tdate
- day 　　: int
- month : int
- year 　: int
+ Tdate ()
+ Tdate (int d, int m, int y)
+ getDate(int& d,int& m,int& y) : bool
+ print () 　　　　　　　　　: void
+ ~Tdate ()
+ Tdate (Tdate& oldTdate)
+ add (int ad) 　　　　　　: Tdate

图 2.21　将 3 个整数封装为类 Tdate

例如,使用整数表示日期中的年月日,将 3 个整数封装为类 Tdate。类 Tdate 如图 2.21 所示。

如图 2.21 所示的类 Tdate,包含 year、month 和 day 3 个属性,通过这 3 个属性分别存储一个整数,此时,每个整数都有了实际含义,一个表示年,一个表示月,一个表示日,当表示年月日的整数离开了类 Tdate 的对象,也就失去了实际含义。

另外,表示年月日的整数与类 Tdate 的一个对象具有相同的生命周期,并且每个整数可以出现在多个日期中,例如,整数 2021 可以出现在多个日期中,都表示该日期中的年。也就是说,整数 2021 没有与具体事物**直接**联系起来,可以无限次"复制"整数 2021。

在计算过程中,会对数进行一系列的变换,每次变换的结果都用数来表示,相当于从数集中"复制"一个数出来。

因此,整数是面向计算的。推而广之,数据类型也是面向计算的,需要赋予强大的计算能力。

2.4.1　定义数据类型 Tdate

日期的抽象程度比较高,使用很广泛,已成为事实上的数据类型。与基本数据类型一样,日期也有加法和减法运算,一个日期加一个整数得到一个日期,两个日期相减得到一个整数。因此,可将日期的加法封装到类 Tdate,并完善其构造函数,以增强类 Tdate 的计算能力,示例代码如例 2.11 所示。

【例 2.11】 增强类 Tdate 的计算能力。

```
// Tdate.h
class Tdate
{
public:
    Tdate();
    Tdate(int d, int m, int y);
    Tdate(const Tdate& oldTdate);
```

```
        bool getDate(int& d, int& m, int& y) const;
        void print() const;
        Tdate add(int id);
        ~Tdate();
private:
        int day;
        int month;
        int year;
};
```

在成员函数的声明代码中增加了关键字 const，以限制成员函数内部修改对象中的数据。

```
// Tdate.cpp
#include <iostream>
#include"Tdate.h"
using namespace std;

Tdate::Tdate(){
}
Tdate::Tdate(int d, int m, int y){
    day = d;
    month = m;
    year = y;
    cout << "构造:"<< this <<" -> ";
    print();
}
bool Tdate::getDate(int& d, int& m, int& y)const {
    d = day;
    m = month;
    y = year;
    return true;
}

void Tdate::print()const {
    cout << month << "/" << day << "/" << year << endl;
}
Tdate::~Tdate(){
    cout << "析构:";
    print();
}
Tdate::Tdate(const Tdate& oldTdate){
    cout << "拷贝构造:" << this << " -> ";;
    oldTdate.print();
    memcpy(this, &oldTdate, sizeof(Tdate));
}
Tdate Tdate::add(int id){
    Tdate rt( * this);
    rt.day += id;        //省略增加日期的逻辑,读者自己完善
    return rt;
}
```

拷贝构造函数中,使用语句 memcpy(this，&oldTdate，sizeof(Tdate))复制对象,实际

上是将对象 oldTdate 内存中的数据复制到当前对象(＊this)的内存中。

　　Tdate add(int ad)成员函数实现日期的加法,其功能为一个日期与一个整数相加,得到一个新的日期。add()成员函数中,先使用语句 Tdate rt(＊this)创建了一个新的对象 rt,其中,＊this 为当前对象;然后使用 rt.day＋＝id 将参数 ad 中的整数加到 Tdate 的对象 rt,显然,这条语句没有准确实现日期加法的语义,读者可自己完善;最后返回对象 rt。

```cpp
#include"Tdate.h"
#include <iostream>
using namespace std;

Tdate fadd(Tdate d11, int ad){
    return d11.add(ad);
}

Tdate fn(Tdate d){// fn(d2)时按照 Tdate d(d2)的语义传递对象
    return d;        //按照 Tdate(d)的语义返回无名对象
}
void main(){
    cout << "＊＊＊＊创建 d1(1, 2, 2000) ＊＊＊＊" << endl;
    Tdate d1(1, 2, 2000);
    cout << endl << "＊＊＊＊t 创建 d2(d1) ＊＊＊＊" << endl;
    Tdate d2(d1);
    cout << endl << "＊＊＊＊fn(d2).print() ＊＊＊＊" << endl;
    fn(d2).print();
    cout << endl << "＊＊＊＊d2.add(3).print() ＊＊＊＊" << endl;
    d2.add(3).print();
    cout << endl << "＊＊＊＊fadd(d2, 3) ＊＊＊＊" << endl;
    fadd(d2, 3).print();
    cout << "＊＊＊＊main 语句结束 ＊＊＊＊" << endl;
}
```

例 2.11 程序的输出结果如下。

```
 ＊＊＊＊创建 d1(1, 2, 2000) ＊＊＊＊
构造:004FFDEC－> 2/1/2000

 ＊＊＊＊t 创建 d2(d1) ＊＊＊＊
拷贝构造:004FFDD8－> 2/1/2000

 ＊＊＊＊fn(d2).print() ＊＊＊＊
拷贝构造:004FFC98－> 2/1/2000
拷贝构造:004FFCD0－> 2/1/2000
析构:2/1/2000
2/1/2000
析构:2/1/2000

 ＊＊＊＊d2.add(3).print() ＊＊＊＊
拷贝构造:004FFC6C－> 2/1/2000
拷贝构造:004FFCE4－> 2/4/2000
析构:2/4/2000
```

```
2/4/2000
析构:2/4/2000

 **** fadd(d2, 3) ****
拷贝构造:004FFC94 -> 2/1/2000
拷贝构造:004FFB68 -> 2/1/2000
拷贝构造:004FFD04 -> 2/6/2000
析构:2/6/2000
析构:2/1/2000
2/6/2000
析构:2/6/2000
 **** main 语句结束 ****
析构:2/1/2000
析构:2/1/2000
```

从例 2.11 程序的输出结果中可以发现,对象 d1 和 d2 中的值完全相同,但地址不同,说明对象 d1 和 d2 是两个不同的对象。创建对象 d1 时调用了构造函数,创建对象 d2 时调用拷贝构造函数,创建对象 d1 和 d2 的过程如图 2.22 所示。

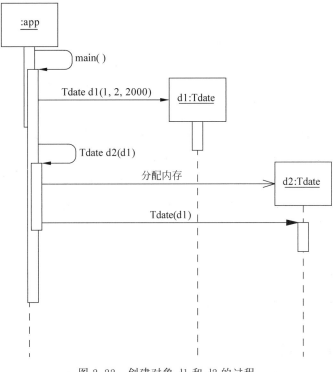

图 2.22　创建对象 d1 和 d2 的过程

1. 函数调用中传递对象和返回对象

执行语句 fn(d2). print()时,先执行函数调用 fn(d2),返回一个类 Tdate 的无名对象 R1,然后再执行函数调用 R1. print(),语句执行结束后,再删除无名对象 R1。返回的无名对象没有名称,为了叙述方便,用一个符号 R1 来表示这个无名对象。语句 fn(d2). print()中参数和返回值的传递过程如图 2.23 所示。

图 2.23 比较详细地描述了函数调用 fn(d2)的过程。总共分为 3 个步骤:①先按照 Tdate

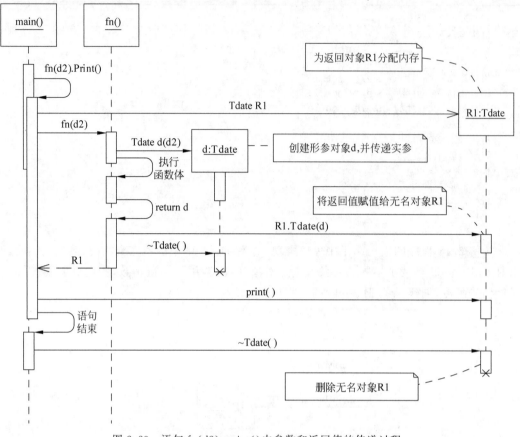

图 2.23　语句 fn(d2).print()中参数和返回值的传递过程

R1 的语义创建对象 R1,用于存储返回值,此时只分配内存,不调用构造函数,然后按照 **Tdate d (d2)** 的语义创建了形参对象 d,并将实参对象 d2 的值传递给形参对象 d。②执行函数体中语句 return d,按照 **R1. Tdate(d)** 的语义调用拷贝构造函数,将返回值存储到对象 R1 中,此时完成了返回函数值。③退出 fn()函数返回到 main()函数,其中,删除了形参对象 d。

函数调用 fn(d2)中,调用拷贝构造函数将实参对象传递给形参对象,也通过拷贝构造函数返回对象,实际上,也可以通过构造函数传递对象和返回对象。

函数调用中,通过(拷贝)构造函数传递对象和返回对象。

函数调用 fn(d2)的上述执行过程,为形参和返回值分别创建了一个中间 Tdate 对象,先按照 Tdate d(d2)的语义将实参对象 d2 中的值复制到形参对象 d,然后使用 return 语句将形参对象 d 中的值复制到返回的对象 R1,相当于按照 Tdate(d)的语义返回无名对象。传递对象的过程如图 2.24 所示。

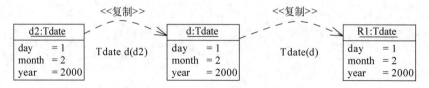

图 2.24　fn(d2)中传递对象的过程

语句 d2.add(3).print()中使用 d2.add(3)调用了 add()成员函数。在执行函数体前,为函数值创建了一个对象,函数体中语句 Tdate rt(*this)创建了一个对象 rt,总共创建了两个对象。

2. 函数调用中的传值方式

函数调用中传递对象和返回对象的过程,揭示了传值方式的内部实现机制。函数调用 fadd(d2,3)有两个参数,一个为对象,另一个为整数,对比分析这两个参数传递过程,有助于理解传值方式的内部实现机制。

语句 fadd(d2,3).print()的执行过程中,先执行函数调用 fadd(d2,3),返回类 Tdate 的一个无名对象 R,然后执行函数调用 R.print(),输出对象 R 中存储的日期。函数调用 fadd(d2,3)中参数和返回值的传递过程如图 2.25 所示。

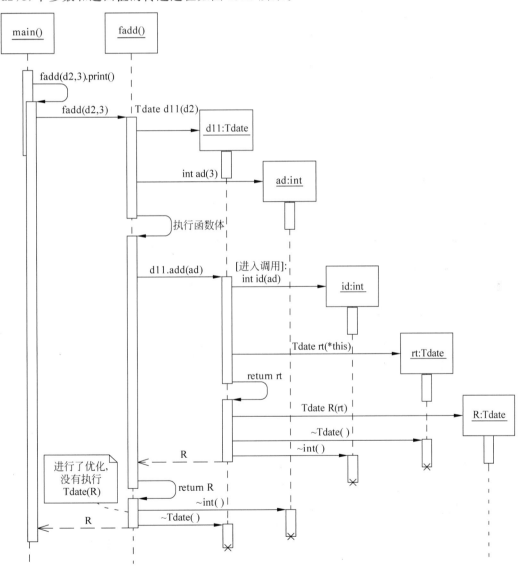

图 2.25 函数调用 fadd(d2,3)中参数和返回值的传递过程

如图 2.25 所示,执行函数调用 fadd(d2,3)过程中,先按照 Tdate d11(d2)的语义创建形参 d11,按照 int ad(3)的语义创建了形参 ad,再执行函数体。执行函数体的过程中,执行了成员函数调用 d11.add(ad)。

执行函数调用 d11.add(ad)过程中,先按照 int id(ad)的语义创建了形参 id,并将整数 3传递给形参 id,然后执行 add()的函数体。

从 add()成员函数返回过程中,先按照 Tdate R(rt)的语义创建返回的对象 R,然后删除 add()成员函数中创建的对象,以及形参变量 id,最后返回到 fadd()函数。

从 fadd()函数返回到 main()函数过程中,按照 return d11.add(ad)的语义应该使用add(ad)返回的对象 R 再创建一个返回对象,但分析 VS2013 上的输出结果会发现,没有创建这个返回对象,说明编译器进行了优化,将函数调用 add(ad)返回的对象直接返回到main()函数。

如图 2.25 所示的参数传递过程中,Tdate 对象和整数的传递过程一样,说明采用了相同的参数传递方法。

可以按照传递和返回对象的方式来理解函数调用的传值方式。

2.4.2　Tdate 的对象作为成员对象

一个类具有良好的计算特性后就可以作为数据类型来使用。为了与计算语言提供的数据类型区别,一般将作为数据类型来使用的类,称为自定义数据类型。

可将类的属性声明为类,该属性对应的成员就不再是变量,而是一个对象,一般将作为成员的对象称为成员对象。

例如,类 Person 中,将属性 birthday 声明为类 Tdate,类 Person 的对象包含成员对象birthday。包含成员对象的类 Person 如图 2.26 所示。

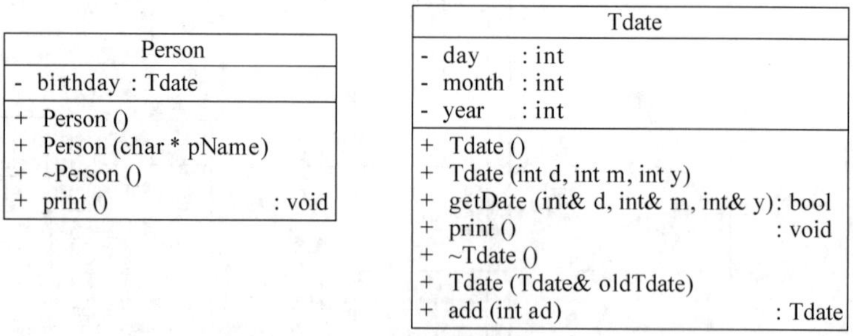

图 2.26　包含成员对象的类 Person

如图 2.26 所示,类 Person 只有一个属性 birthday,其数据类型为类 Tdate,类 Person的对象中包含成员对象 birthday,示例代码如例 2.12 所示。

【例 2.12】　包含成员对象的类 Person。

```
# include < iostream >
# include "Tdate. h"
# include < iostream >
using namespace std;
```

```
class Person
{
public:
    Person(){};
    Person(Tdate d) :birthday(d){};
    ~Person(){};
    void print(){
        cout << "Person:";
        birthday.print();
    };
private:
    Tdate birthday;     //类 Tdate 作为数据类型
};
```

类 Person 的代码中,语句 Tdate birthday 声明了一个成员对象 birthday,语句

$$Person(Tdate\ d)\ :birthday(d)\{\}$$

定义了一个构造函数。其中,代码 birthday(d)的语义为,按照 Tdate birthday(d)的语义初始化成员对象 birthday,调用了类 Tdate 的拷贝构造函数。

```
Person fn(Person p){
    return p;
}
Person * fnPtr(Person * p){
    return p;
}
void main(){
    Tdate d1(1, 2, 2000);
    Tdate d2(1, 2, 2021);

    cout << "**** Person 对象 **** " << endl;
    Person p1(d1);
    Person p2 = d2;          //正确,但概念不清

    cout << "**** 传递 * Person 对象 **** " << endl;
    fn(p1).print();
    fnPtr(&p2) -> print();

    cout << "**** 匹配参数中进行数据类型转换 **** " << endl;
    fn(d1).print();          //等价于 fn(Person(d1)).print()

    cout << "**** main 语句结束 **** " << endl;
}
```

其中,语句 Person p1(d1)使用 Tdate 对象 d1 创建 Person 的对象 p1,创建对象 p1 过程中,使用对象 d1 创建了一个 Tdate 成员对象 birthday,对象 birthday 作为成员包含在对象 p1 中。同样,语句 Person p2 = d2 使用 Tdate 对象 d2 构造 Person 的对象 p2,对象 p2 的内存中也包含一个 Tdate 对象 birthday。Person 对象 p1 和 p2 的创建过程,如图 2.27 所示。

例 2.12 程序的输出结果如下。

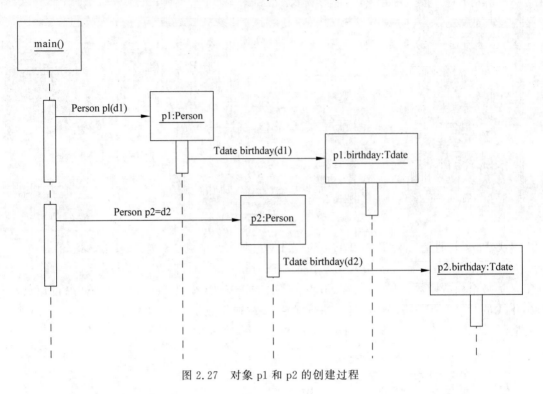

图 2.27 对象 p1 和 p2 的创建过程

```
构造:00D9F784 -> 2/1/2000
构造:00D9F770 -> 2/1/2021
 **** Person 对象 ****
拷贝构造:00D9F5F0 -> 2/1/2000
拷贝构造:00D9F75C -> 2/1/2000
析构:2/1/2000
拷贝构造:00D9F5F0 -> 2/1/2021
拷贝构造:00D9F748 -> 2/1/2021
析构:2/1/2021
 **** 传递 * Person 对象 ****
拷贝构造:00D9F5F0 -> 2/1/2000
拷贝构造:00D9F648 -> 2/1/2000
析构:2/1/2000
Person:2/1/2000
析构:2/1/2000
Person:2/1/2021
 **** 匹配参数中进行数据类型转换 ****
拷贝构造:00D9F5E4 -> 2/1/2000
拷贝构造:00D9F5F0 -> 2/1/2000
析构:2/1/2000
拷贝构造:00D9F674 -> 2/1/2000
析构:2/1/2000
Person:2/1/2000
析构:2/1/2000
 **** main 语句结束 ****
析构:2/1/2021
析构:2/1/2000
析构:2/1/2021
析构:2/1/2000
```

例 2.12 程序中,在创建 Person 对象的同时创建了其包含的 Tdate 对象,在函数调用过程中,将 Person 对象及其包含的对象视为一个整体,传递 Person 对象的同时也传递了所包含的 Tdate 对象,而不必考虑 Person 对象中包含的对象,这样就减轻了程序员的负担。

视频讲解

2.5 应用举例:员工信息管理

多维表在日常生活中很常见。例如,员工信息表除了包含员工的基本信息外,一般还会包含电话、QQ 号和邮件等多种联系方式,如表 2.1 所示。

表 2.1 员工信息表

姓名	职工编号	工资	地址	联系方式		
				电话	QQ 号	邮件
张三	1	×××	×××	×××		
李四	2	×××	×××	×××		

总人数　　　168

按照软件的开发流程,应先进行分析设计,再进行编码实现。

2.5.1 分析设计

在面向对象开发过程中,分析设计的主要任务是发现类,并给类赋予相应的职责。分析设计的结果一般以图表加文字说明的方式呈现。

1. 发现类及其属性

分析员工信息表的结构,从其结构中发现类。如表 2.1 所示的员工信息表由 4 部分组成,第一部分表名,往往说明了一张表的用途;第二部分表头,说明了每一列存储的信息,往往能体现表的结构,对发现类有比较重要的作用;第三部分表体,每一行存储一个员工的信息,是实际存储数据的地方;第四部分汇总数据,这里只有员工总数,实际上也可以有平均工资等统计数据。

按照上述分析,可用类 Table 描述员工信息表,用类 Employee 描述表中的员工信息,用类 ContactInf 描述员工信息中的联系信息。最后,设计一个主类 app 描述要编写一个程序。发现的类及其依赖关系,如图 2.28 所示。

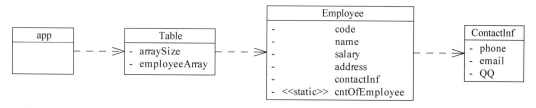

图 2.28 描述员工信息表的类

找出所需的类后,再发现每个类的属性。如表 2.1 所示,员工信息表的表头说明了每一列存储的信息,实际上也说明了类 Employee 和 ContactInf 的属性,直接将其增加到相应的类即可。

员工信息表的表体中包含若干行,每行可存储一个员工的信息,但因员工的人数是动态变化的,往往预留一些空白行,以便增加新员工的信息。因此,为类 Table 设置一个属性arraySize,用于描述一张表的行数(包括空白行),拟用一个动态对象数组存储所有员工的信息,设置一个属性 employeeArray,用于指向这个对象数组。

如表 2.1 所示的员工信息表中,还包含统计信息"总人数"。总人数比较特殊,有两个特点:一张表只有一个数据;其值随着员工的增减而变化。在平时使用的表中,一般将其视为一张表 table 的属性,但为了在创建类 Employee 的对象时更新总人数,编程中往往选择将总人数 cntOfEmployee 作为类 Employee 的属性,并用 static 标注这个属性,说明与其他属性的区别。描述员工信息表的类如图 2.28 所示。

2. 根据类的职责设计成员函数

在给类设置属性时,实际上也给这个类赋予了管理其数据的职责。类 Table 负责动态管理对象数组,类 Employee 负责管理每一个员工的数据,类 ContactInf 负责管理一个员工的联系信息数据。

一般会将管理数据的职责进行分解,分别赋予构造函数和析构函数,约定构造函数和析构函数功能。对需要编写代码的构造函数和析构函数,应列举出来,以便后面细化。3 个类的构造函数和析构函数,如图 2.29 所示。

除了给每个类赋予自我管理方面的职责外,还要赋予其解决实际问题方面的职责。例如,查找一个员工的信息,是在整张表中寻找。因此,将其赋予类 Table,设置 find()成员函数,将管理表中的行赋予类 Table,设置了 getLine()和 setLine()两个成员函数。

将管理和维护总人数 cntOfEmployee 的职责赋予类 Employee,设置 getCnt()成员函数,并约定在其构造函数和析构函数中维护属性 cntOfEmployee 中的值。

最后,按照各负其责的原则,为类 Table、Employee 和 cntOfEmployee 赋予了输出自己数据的职责,为每个类设置了 print()成员函数,也为主类 app 设计了 main()函数。按照职责设计的成员函数,如图 2.29 所示。

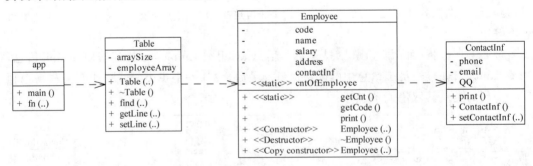

图 2.29 按照职责设计的成员函数

如图 2.29 所示的类 Employee 中,将属性 cntOfEmployee 设置为静态(static)属性,静态属性的语义为,类 Employee 的所有对象共享一个成员变量 cntOfEmployee,也就是说,整个程序中成员变量 cntOfEmployee 只有一个,而不是每个 Employee 对象有一个。无论有没有类 Employee 的对象,成员变量 cntOfEmployee 都是存在的,并且只有一个,因此,可通过类名来访问静态成员变量 cntOfEmployee,即

$$Employee::cntOfEmployee$$

getCntOfEmployee()成员函数的职责是取静态成员变量 cntOfEmployee 中的值,也需要将 getCntOfEmployee()成员函数设置为静态,允许使用类名来调用这个成员函数,即

$$Employee::getCntOfEmployee()$$

3. 增加程序设计语言细节

根据职责设计出类及属性和成员函数后,再增加数据类型、函数参数等程序设计语言方面的细节,细化设计出的各个类。增加程序设计语言细节的类,如图 2.30 所示。

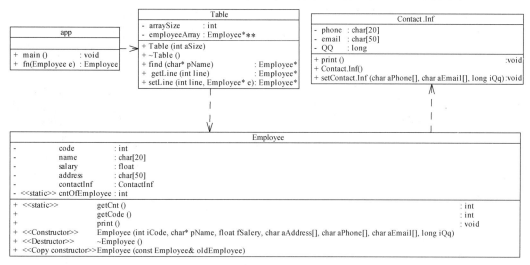

图 2.30　增加程序设计语言细节的类

2.5.2　编码实现

编码实现的主要任务是,根据设计编写代码并调试通过,最终得到满足设计要求的程序。编码实现一般分为编码、编译链接和运行调试三个步骤。

1. 编码

编码的主要任务有两个:①使用程序设计语言声明各个类;②按照各个成员函数的职责(功能)编写成员函数的实现代码。

在编写代码时,应按照与依赖关系相反的顺序逐个编写类的代码,即依次编写类 ContactInf、Employee 和 Table 的代码,最后编写主类 app 的代码。也可以最先编写主类 app 中的 main()函数用于调试,最后再完善主类 app 的代码。按照这个顺序,有助于快速编写代码,也可及时发现代码中的错误。

先依次编写类 ContactInf 和 Employee 的代码,并将类 ContactInf 的代码存储到类 Employee 的头文件 Employee.h 和实现文件 Employee.cpp 中,然后编写主类 app 的代码。这时,主类 app 的代码主要用于调试类 ContactInf 和 Employee。类 ContactInf 和 Employee 的代码如例 2.13 所示。

【例 2.13】　类 ContactInf 和 Employee。

```
// Employee.h
class ContactInf
{
```

```cpp
public:
    void print(void);
    void setContactInf(char aPhone[], char aEmail[], long iQq);
private:
    char phone[20];
    char email[50];
    long QQ;
};

class Employee
{
public:
    static int getCnt();
    int getCode(void);
    Employee(int iCode, char * pName, float fSalery, char aAddress[], char aPhone[], char
aEmail[], long iQq);
    void print(void);
    Employee();
    ~Employee();
    Employee(const Employee& oldEmployee);
private:
    int code;
    char name[20];
    float salary;
    char address[50];
    ContactInf contactInf;
    static int cntOfEmployee;
};
```

```cpp
// Employee.cpp
# include "Employee.h"
# include < iostream >
using namespace std;
// *********************** ContactInf ***********************
void ContactInf::print(){
    cout << phone << "," << email << "," << QQ;
}
void ContactInf::setContactInf(char aPhone[], char aEmail[], long iQq){
    strncpy(phone, aPhone, sizeof(phone));
    phone[sizeof(phone) − 1] = '\0';

    strncpy(email, aEmail, sizeof(email));
    email[sizeof(email) − 1] = '\0';
    QQ = iQq;
}

// *********************** Employee ***********************
int Employee::cntOfEmployee = 0;    //初始化静态成员变量

int Employee::getCnt(){                 //初始化静态成员函数
    return cntOfEmployee;
}
int Employee::getCode(){
```

```
        return code;
    }
Employee::Employee(int iCode, char * pName, float fSalery, char aAddress[],
    char aPhone[], char aEmail[], long iQq)
{
    cntOfEmployee++;
    cout << "增加一个员工" << endl;

    code = iCode;
    strncpy(name, pName, sizeof(name));
    name[sizeof(name) - 1] = '\0';
    salary = fSalery;

    strncpy(address, aAddress, sizeof(address));
    address[sizeof(address) - 1] = '\0';

    strncpy(address, aAddress, sizeof(address));
    address[sizeof(address) - 1] = '\0';

    contactInf.setContactInf(aPhone, aEmail, iQq);
}

void Employee::print(){
    cout << code << "," << name << "," << salary << "," << address;
    contactInf.print();
}
Employee::Employee(){
    cntOfEmployee++;
    cout << "增加一个员工" << endl;

}
Employee::~Employee()
{
    cntOfEmployee -- ;
    cout << "减少一个员工" << endl;
}
Employee::Employee(const Employee& oldEmployee){
    memcpy(this, &oldEmployee, sizeof(Employee));

    cntOfEmployee++;
    cout << "增加一个员工" << endl;
}
```

编写一个主程序验证编写的两个类 ContactInf 和 Employee,示例代码如例 2.14 所示。

【例 2.14】 验证类 ContactInf 和 Employee。

```
//app.cpp
# include "Employee.h"

# include <iostream>
using namespace std;
```

```
Employee fn(Employee e){
    return e;
}
void main(){
    cout << "员工数:" << Employee::getCnt() << endl;

    cout << "**** 增减 Employee 对象 ****" << endl;
    Employee e1(100, "张三", 5000 + rand() * 3000 / RAND_MAX, "重庆", "", "", 1234);
    e1.print();
    cout << endl << "员工数:" << Employee::getCnt() << endl;
    Employee * ep = new Employee(200, "李四", 5000 + rand() * 3000 / RAND_MAX, "上海", "",
"", 1234);
    ep->print();
    cout << endl << "员工数:" << Employee::getCnt() << endl;
    delete ep;
    cout << "员工数:" << Employee::getCnt() << endl;

    cout << "**** 传递 Employee 对象 ****" << endl;
    fn(e1).print();
    cout << "员工数:" << Employee::getCnt() << endl;

    cout << "**** main 语句结束 ****" << endl;
}
```

例 2.14 程序的输出结果如下。

```
员工数:0
 **** 增减 Employee 对象 ****
增加一个员工
100,张三,5003,重庆,,1234
员工数:1
增加一个员工
200,李四,6690,上海,,1234
员工数:2
减少一个员工
员工数:1
 **** 传递 Employee 对象 ****
增加一个员工
增加一个员工
减少一个员工
100,张三,5003,重庆,,1234 减少一个员工
员工数:1
 **** main 语句结束 ****
减少一个员工
```

编写类 ContactInf 和 Employee 的代码并调试通过后,再编写类 Table 和主类 app 的代码,示例代码如例 2.15 所示。

【例 2.15】 类 Table 和主类 app 的代码。

```
// Table.h
# include "Employee.h"
class Table
```

```
{
public:
    Table(int aSize);
    ~Table();
    Employee * getLine(int line);
    Employee * find(const long code) const;
    Employee * setLine(int line, Employee * e);
private:
    int arraySize;
    Employee ** employeeArray;
};
```

```
// Table.cpp
# include "Table.h"
# include "Employee.h"

Table::Table(int lines){
    arraySize = lines;
    employeeArray = new Employee * [arraySize];
    for (int i = 0; i < arraySize; i++)
        employeeArray[i] = NULL;          //标识为空行
}

Table::~Table(){
    for (int i = 0; i < arraySize; i++){
        if (employeeArray[i] )
            delete employeeArray[i];      //删除非空行
    }
    delete[] employeeArray;               //删除表
}
Employee * Table::find(const long code) const {
    Employee * rt = NULL;
    for (int i = 0; i < arraySize; i++){
        if (employeeArray[i]&&(employeeArray[i] -> getCode() == code)){
            rt = employeeArray[i];
            break;
        }
    }
    return rt;
}
Employee * Table::setLine(int line,Employee * e){
    if (line < arraySize)
        return employeeArray[line] = e;
    else
        return NULL;
}
Employee * Table::getLine(int line){
    if (line < arraySize)
        return employeeArray[line];
    else
        return NULL;
}
```

```cpp
// EmployeeApp.cpp
# include "Employee.h"
# include "Table.h"
# include < iostream >
using namespace std;

Employee fn(Employee e){
    return e;
}
void main(){
    cout << " ******** 创建员工信息表 ******** " << endl;
    int cnt = 20;
    Table t(cnt);
    cout << "表的行数:" << cnt << ",员工数:" << Employee::getCnt() << endl;

    cout << endl << " ******** 填写员工信息表 ******** " << endl;
    Employee * e;
    for (int i = 0; i < 10; i++){
        e = new Employee(i + 100, "noName", 5000 + rand() * 3000 / RAND_MAX, "", "", "",
1234);
        t.setLine(i, e);
        t.getLine(i) -> print();
        cout << endl;
    }

    cout << endl << " ******** 查找一个员工 ******** " << endl;
    t.find(103) -> print();

    cout << endl << " ******** main 语句结束 ******** " << endl;
}
```

例 2.15 程序的输出结果如下。

```
******** 创建员工信息表 ********
表的行数:20,员工数:0

******** 填写员工信息表 ********
增加一个员工
100,noName,5003,,,1234
增加一个员工
101,noName,6690,,,1234
增加一个员工
102,noName,5579,,,1234
增加一个员工
103,noName,7426,,,1234
增加一个员工
104,noName,6755,,,1234
增加一个员工
105,noName,6439,,,1234
增加一个员工
106,noName,6050,,,1234
增加一个员工
```

```
107,noName,7687,,,1234
增加一个员工
108,noName,7468,,,1234
增加一个员工
109,noName,7239,,,1234

******** 查找一个员工 ********
103,noName,7426,,,1234
******** main 语句结束 ********
```

例 2.15 程序主要实现了创建员工信息表、新员工信息和按照编号 code 查找一个员工的功能。如果需要增加功能，应先对新增的功能进行分解，然后按照各负其责的原则，给各个类赋予相应的职责。例如，增加修改员工信息，可给类 Table 赋予修改一行的职责，给类 Employee 赋予修改一个员工信息的职责，给类 ContactInf 赋予修改一个员工联系信息的职责，并定义相应的成员函数。

2. 编译链接

编码实现的过程，可视为程序员和计算机之间的交流过程。程序员使用程序设计语言告诉计算机做什么事情、怎样做，计算机也会告诉程序员哪些没有听懂、哪些做不了。

程序员和计算机的交流是通过一个集成开发环境（IDE）来进行的，因此，熟悉一个集成开发环境，熟练使用常用功能对编码实现有重要作用。

目前，集成开发环境智能化程度越来越高，能分担的事务性工作也越来越多，编码实现过程中，应充分发挥其作用，减轻自己的工作。

例如，将语言方面的细节工作交给集成开发环境承担，而将精力放在代码结构和处理逻辑方面。常用方法是，先按照分析设计得到的类构思代码的结构，按照类及成员函数的职责设计主要的处理逻辑，然后直接在集成开发环境中编写代码。集成开发环境能及时检查语法错误和简单的逻辑错误，并针对具体代码给予信息提示，能自动规范代码格式，这样可减轻记忆负担和降低工作量，也能明显减少编码中的错误，显著提高编码的效率和质量。

编写出代码后，再实施编译、链接、运行和调试等开发环节。每个开发环节中会生成相应的中间产物，各个中间产物之间存在一定的依赖关系，程序员应该清楚编译、链接、运行和调试过程中的中间产物及其依赖关系。例 2.15 中的中间产物及其依赖关系，如图 2.31 所示。

如图 2.31 所示，编译后生成了 app. obj、table. obj 和 Employee. obj 3 个 obj 文件，分别存储 app. cpp、table. cpp 和 Employee. cpp 3 个源文件生成的可执行代码。链接程序时，将 app. obj、table. obj 和 Employee. obj 3 个 obj 文件与所需的其他目标代码链接起来，构成一个可执行文件 app. exe。

3. 运行调试

运行调试是一个反复迭代的过程，其主要任务是发现代码中的逻辑错误，并根据发现的错误修改设计或源代码。

根据对象的职责，可判断对象能否正确管理自己的生命周期，能否有效参与计算，每个成员函数是否正确实现了约定的功能。

如果发现错误，可按照如图 2.31 所示的依赖关系，找到相应的类及成员函数，修改其中

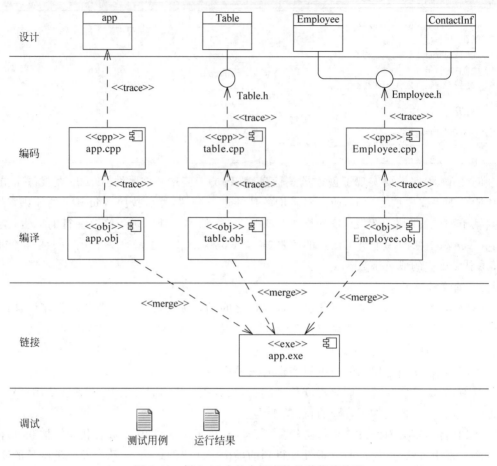

图 2.31　例 2.15 中的中间产物及其依赖关系

的代码,再编译、链接生成新的可执行文件,继续运行调试程序,直到没有发现错误为止。

　　编码实现的大多时间花费在运行调试过程中,因此,熟练使用集成开发环境中的调试工具非常重要。

小结

　　本章从客观事物的边界和作用引入封装和职责两个概念,主要学习了根据对象的职责封装类的基本原理,以及相关的编程技术和编程方法,最后学习自定义日期数据类型和管理员工信息两个应用案例。

　　学习了封装及其相关概念,主要学习了访问控制技术和多源文件结构,以及相应的编程方法。希望读者能够从抽象的角度理解边界、接口和封装的概念,能够声明类的接口,以及分离类的接口代码和实现代码。

　　围绕保护内部数据和屏蔽内部计算这两个作用,举例说明了封装类及其属性和成员函数的编程方法。希望读者能够从计算角度理解封装的作用,掌握封装类的编程技术。

　　学习了对象的两个基本职责和应具体的两个基本能力,并围绕基本职责和能力学习了拷贝构造函数及其编程方法,进一步学习了使用构造函数的编程方法,以及重用成员函数的方法。希望读者能够从客观世界视角理解对象的职责、从计算机世界视角理解对象的能力,树立根据对象的职责和能力封装类的意识,掌握封装类的基本方法,并了解其内部实现机制。

学习了自定义数据类型的概念,举例说明了按照数据类型的要求封装类,以及作为数据类型使用类的思路和方法。希望读者能够从计算角度理解类及对象的作用,掌握封装类和使用对象的方法。

学习了分析设计和编码实现中的主要步骤,以员工信息表为例说明了各个步骤的主要任务、方法以及成果。希望读者对面向对象程序设计的开发过程和基本方法有一个整体的了解。

练习

1. 2.1 节中的类 Person,将其所有属性设置为 private,不允许从其对象的外部访问对象的成员变量。为了从对象外部访问属性 age 的值,专门设计了 setAge(int newAge) 和 getAge()两个成员函数,用于从对象外部存取成员 age 中的值。增加两个成员函数后的类 Person 如图 2.32 所示。

Person
- name : char[10] - sex : bool - age : int - height : float - weight : float
+ Person (char nameV[], bool sexV, int ageV, float heightV, float weightV) + ~Person () + eat (char obj[])   : void + sleep ()   : void + print ()   : int + getAge ()   : int + setAge (int newAge)   : void

图 2.32　通过成员函数存取成员的值

请参照上述方法,为类的其他属性设计存取属性值的成员函数,并编程实现。

2. 按照如图 2.7 所示的类 Point,编写其声明代码和实现代码,并编写一个 main()函数验证直角坐标和极坐标相互转换的功能。

3. 2.3 节的例 2.5 程序中,语句 Point b = a 使用对象 a 来创建对象 b,请根据如图 2.9 所示的创建过程画出栈区中数据的变化过程,即根据执行步骤画出内存图,包括栈区中变量、对象的成员及其值。

4. 2.4 节的图 2.23 中使用时序图描述了语句 fn(d2).print()执行过程,请根据这个执行过程画出内存状态的变化过程,即根据执行步骤画出内存图,包括栈区中变量、对象的成员及其值。

5. 2.4 节的示例中没有实现日期相加的逻辑,请按照日期相加的逻辑完善 Tdate 的 add(int id)成员函数代码,并增加一个实现日期减法的成员函数,以扩展类 Tdate 的功能。

6. 在 2.5 节的例 2.15 示例中,使用了比较复杂的表达式,请分析其中的如下两个表达式的运算序列,并结合程序简述其作用。

```
employeeArray[i]&&(employeeArray[i] -> getCode() == code)
t.getLine(i) -> print()
```

7. 在 2.5 节的示例中增加查找员工信息的功能,要求根据员工编号查找一个员工信息,如果找到就返回该员工的信息,如果没有找到也要返回员工的信息,其中的员工编号为0。请按照划分职责的一般原则,先确定将查找员工信息的职责赋予哪个类,然后为该类设计相应的成员函数,最后编程实现。

第3章

关联与连接

客观世界中不仅存在大量的事物,还存在事物之间的相互作用,事物及其相互作用才创造了丰富多彩的大千世界。

第2章主要从编程实现角度介绍了类的封装和对象的职责,现在又回到客观世界中,继续讨论客观事物之间的关系。

3.1 关联与连接的概念

视频讲解

关联和连接是面向对象思想中的两个基本概念。连接(Link)是对客观事物之间的关系的抽象,是客观事物之间的关系在计算机世界中的反映;关联(Association)是对连接的抽象,是一种关系在计算机世界中的反映。

语文中,使用陈述语句描述客观事物及其相互关系,陈述语句主要采用"主谓宾"格式,其中,主语和宾语使用名词,表示客观事物;谓语为动词,表示客观事物之间的关系。

例如,张三喜欢足球,李四喜欢篮球,王五喜欢篮球,陈述了一个人与一种体育运动之间的对应关系。人与体育运动之间的对应关系有很多种,这里只陈述了其中一种称为"喜欢"的对应关系,即人"喜欢"体育运动。

数学中,使用元素之间的对应关系来描述客观事物及其相互关系。例如,张三、李四、王五是集合"人"中的元素,足球、篮球是集合"体育运动"中的元素,"喜欢"是集合"人"和"体育运动"中元素之间的对应关系,这种对应关系如图3.1所示。

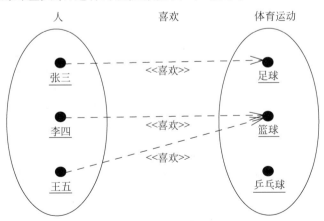

图 3.1 人"喜欢"体育运动的语义

图 3.2　"人喜欢体育运动"的类图

如图 3.1 所示,"人喜欢体育运动"中的"喜欢"表示了一种对应关系,可使用类图表示这种对应关系。表示"人喜欢体育运动"的类图,如图 3.2 所示。

如图 3.2 所示的类图,表达的意思是"Person like Sport",翻译为中文是"人喜欢体育运动",其数学上的语义如图 3.1 所示,表示集合"人"和"体育运动"之间的一种对应关系。

面向对象思想中,将类与类之间的一种对应关系称为一个关联,其中的一个对应称为该关联的一个连接。

如图 3.2 中,like 是类 Person 和 Sport 之间的一个关联。关联 like 中包含 Person 对象与 Sport 对象之间的多个对应,每个对应称为关联 like 的一个连接。如图 3.1 中,(张三,足球)、(李四,篮球)和(王五,篮球)是关联 like 中的三个连接,分别表示张三喜欢足球、李四喜欢篮球、王五喜欢篮球。

3.2　关联的实现

对应关系有一对一、多对一和多对多 3 种类型,对应关系的类型对计算机中的实现有重要影响,因此,数学中专门讨论了对应关系的 3 种类型,并为计算机中的实现提供了理论基础。

对应关系的 3 种类型中,可将一对一关系视为特殊的多对一关系,因此,只需讨论多对一和多对多两种关联的实现方法。

3.2.1　使用指针实现多对一关联

一般需要结合具体的应用场景分析对应关系的类型。例如,如果需要回答"每个人最喜欢的体育运动是什么?",可将人与体育运动的对应关系类型视为"多对一"关系,即一个人喜欢一种体育运动,一种体育运动可被多个人喜欢,其类图如图 3.3 所示。

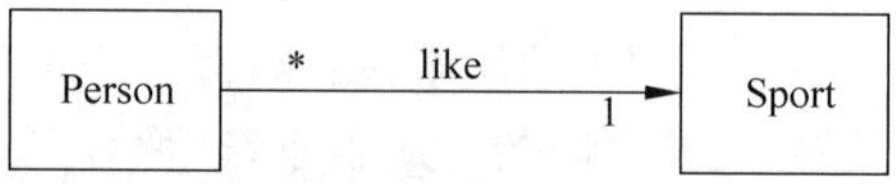

图 3.3　最喜欢的体育运动

图 3.3 中,将"一个人喜欢一种体育运动"中的"一种"标注在 Sport 端,并表示为数字"1"。将"一种体育运动可被多个人喜欢"中的"多个"标注在 Person 端,并表示为符号"*"。

关联 like 从 Person 端关联到 Sport 端,具有方向性,将表示方向的箭头称为导航(Navigation),将关联的"端"称为角色(Role),将表示对应数目的"1"和"*"称为重数(Multiplicity)。

关联的导航、角色和重数对编程实现有很大影响,首先需要明确标注这些信息,然后为关联中的每个类增加属性和成员函数。关联 like 及其中的类,如图 3.4 所示。

类 Person 有属性 sport,属性 sport 不是"人"的属性,而是用于存储关联 like 中的一个连接,其数据类型为指向 Sport 的指针,指向最喜欢的运动。

实际上,类 Person 的对象中使用成员指针 sport 指向一个类 Sport 的对象,表示多对一关联 like 中的一个连接。使用成员指针表示多对一关联中的连接,示例代码如例 3.1 所示。

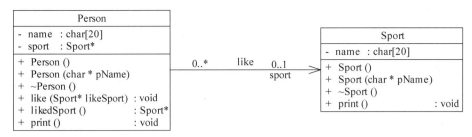

图 3.4　关联 like 及其中的类

【例 3.1】　使用成员指针表示多对一关联中的连接。

```cpp
// Sport.h
class Sport
{
public:
    Sport();
    Sport(char * pName);
    void print();
    ~Sport();


private:
    char name[20];
};
```

```cpp
// Person.h
# include "Sport.h"
class Person
{
public:
    Person();
    Person(char * pName);
    ~Person();
    void like(Sport * likeSport);
    Sport * likedSport();
    void print();

private:
    char name[20];
    Sport * sport;    //指向最喜欢的运动
};
```

```cpp
//Sport.cpp
# include < iostream >
# include < string.h >
# include "Sport.h"
using namespace std;

Sport::Sport(){
}
Sport::Sport(char * pName){
    strncpy(name, pName, sizeof(name));
```

```
        name[ sizeof(name) - 1] = '\0';
    }
    void Sport::print(){
        cout << name << endl;
    }
    Sport::~Sport(){
    }
```

类 Person 中,声明了 void like(Sport * likeSport)和 Sport * likedSport()两个成员函
数,其中,like()成员函数的功能为将最喜欢的体育运动 likeSport 的地址存储到属性 sport。
likedSport()成员函数返回最喜欢的体育运动 likeSport 的地址。这两个成员函数主要维护
了关联 like 中的连接,示例代码如例 3.2 所示。

【例 3.2】 维护多对一关联中的连接。

```
//Person.cpp
# include < iostream >
# include < string.h >
# include "Sport.h"
# include "Person.h"
using namespace std;

Person::Person(){
}
Person::Person(char * pName){
    strncpy(name, pName, sizeof(name));
    name[ sizeof(name) - 1] = '\0';
}
Person::~Person(){
}
void Person::like(Sport * likeSport){
    sport = likeSport;
}
Sport * Person::likedSport(){
    return sport;
}
void Person::print(){
    cout << name;
}
```

```
//app.cpp
# include < iostream >
# include "Sport.h"
# include "Person.h"
using namespace std;

void main(){
    Sport s1("足球");
    Sport s2("篮球");
    Sport s3("乒乓球");

    Person p1("张三");
```

```
    p1.like(&s1);
    p1.print();
    cout << "最喜欢";
    p1.likedSport() -> print();

    Person p2("李四");
    p2.like(&s2);
    p2.print();
    cout << "最喜欢";
    p2.likedSport() -> print();

    Person p3("王五");
    p3.like(&s2);
    p3.print();
    cout << "最喜欢";
    p3.likedSport() -> print();
}
```

例 3.2 中,表达式语句 p1.like(&s1)调用类 Person 的 like()成员函数,设置了张三最喜欢的足球,建立了类 Person 的对象 p1 与类 Sport 的对象 s1 之间的一个连接。

表达式 p1.likedSport()-> print()包含 4 个运算,其计算顺序如图 3.5 所示。

如图 3.5 所示,表达式 p1.likedSport()-> print()的语义为:①计算 p1.likedSport()中的点运算,选

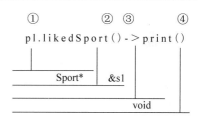

图 3.5　表达式 p1.likedSport()-> print()
的计算顺序

择类 Person 的 likedSport()成员函数;②调用 Person::likedSport()成员函数,返回一个指向 Sport 对象 s1 的指针 &s;③计算选择运算(->),选择类 Sport 的 print()成员函数;④调用 Sport::print()成员函数,输出张三最喜欢的"足球"。

例 3.2 中,先创建了类 Sport 的 3 个对象,然后创建类 Person 的对象 p1("张三"),并执行函数调用 p1.like(&s1)设置喜欢的体育运动项目 s1,最后输出。程序运行过程如图 3.6 所示。

main()函数中,创建了类 Person 的 3 个对象,类 Sport 的 3 个对象,建立了关联 like 中的 3 个连接。创建的对象及其连接,如图 3.7 所示。

如图 3.7 所示,对象 p2 和 p3 连接到同一个对象 s2,即"篮球"项目,符合实际情况。

例 3.2 程序的输出结果如下。

```
张三最喜欢足球
李四最喜欢篮球
王五最喜欢篮球
```

使用指针实现多对一关系,能够准确表示多对一关联的语义,是编程中最常用的方法之一。

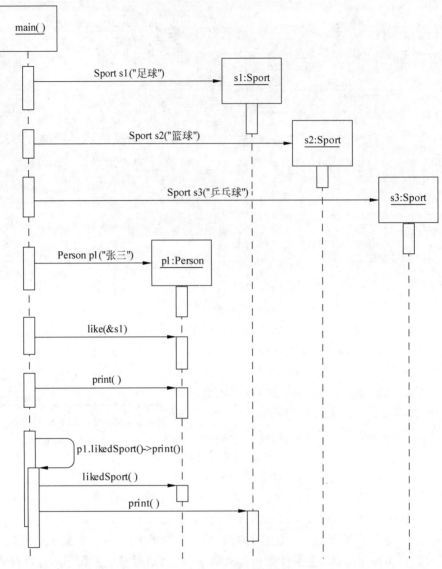

图 3.6　例 3.1 程序运行过程

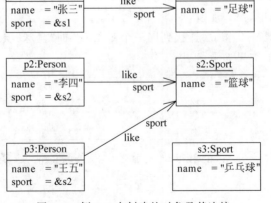

图 3.7　例 3.1 中创建的对象及其连接

3.2.2　使用指针数组实现多对多关联

如果想知道一个人喜欢的所有体育运动项目,则人和体育运动之间的关联就是多对多类型,可以使用指针数组来存储这种关系。为了简单明了,假设一个人最多喜欢3项体育运动,多对多关联如图3.8所示。

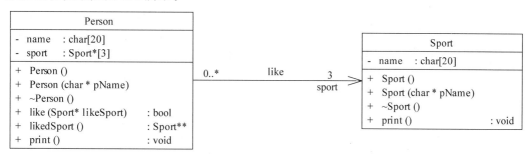

图3.8　多对多关联

如图3.8所示的类图中,Sport端的重数为3,表示"一个人最多喜欢3项体育运动",并使用一个指向Sport对象的指针数组sport[3]表示关联like中的连接。使用指针数组表示多对多关联中的连接,示例代码如例3.3所示。

【例3.3】 使用指针数组表示多对多关联中的连接。

```
// Person.h
# include "Sport.h"
class Person
{
public:
    Person();
    Person(char * pName);
    ~Person();
    bool like(Sport * likeSport);
    Sport ** likedSport();
    void print();

private:
    char name[20];
    Sport * sport[3];    //指向喜欢的3项运动
};
```

使用指针数组sport表示多对多关联like中的连接,需要根据这种表示方法调用与此相关的成员函数,以正确维护关联like中的连接,示例代码如例3.4所示。

【例3.4】 维护多对多关联中的连接。

```
//Person.cpp
# include < iostream >
# include < string.h >
# include "Sport.h"
# include "Person.h"
using namespace std;
```

```
Person::Person(){
    for (int i = 0; i < 3; i++)
        sport[i] = NULL;              //设置为空,表示没有指向对象
}
Person::Person(char * pName){
    strncpy(name, pName, sizeof(name));
    name[sizeof(name) - 1] = '\0';
    for (int i = 0; i < 3; i++)
        sport[i] = NULL;
}
Person::~Person(){
}
bool Person::like(Sport * likeSport){
    int i = 0;
    while (i < 3&&sport[i])
        i++;
    if (i < 3){
        sport[i] = likeSport;
        return true;
    }
    else{
        return false;              //超过 3 项返回错误
    }
}
Sport ** Person::likedSport(){
    return sport;
}
void Person::print(){
    cout << name;
    cout << "喜欢";
    for (int i = 0; i < 3; i++)
        sport[i] -> print();
}
```

主要调用了 like()和 likedSport()成员函数。likedSport()成员函数的原型调整为 Sport **
likedSport(),返回一个指针数组。like()成员函数的原型调整为 bool like(Sport * likeSport),
每次调用传递一项体育运动项目,可多次调用,如果超过 3 项就返回 false,表示存储失败。

```
//app.cpp
//# include "Sport.h"
//# include "Person.h"
using namespace std;
void main(){
    Sport s1("足球");
    Sport s2("篮球");
    Sport s3("乒乓球");
    Sport s4("跳高");

    Person p1("张三");
    p1.like(&s1);
```

```
        p1.like(&s2);
        p1.like(&s3);
        p1.like(&s4);        //超过 3 项不存储
        p1.print();

        Person p2("李四");
        p2.like(&s4);
        p2.like(&s3);
        p2.like(&s2);
        p2.like(&s1);        //超过 3 项不存储
        p2.print();
}
```

例 3.4 中,创建了 2 个 Person 对象,4 个 Sport 对象。Person 对象和 Sport 对象之间是多对多对应关系,其多对多对应关系如图 3.9 所示。

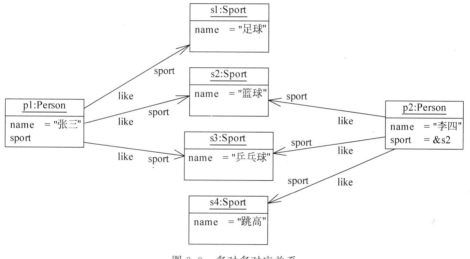

图 3.9　多对多对应关系

例 3.4 程序的输出结果如下。

```
张三喜欢足球
篮球
乒乓球
李四喜欢跳高
乒乓球
篮球
```

上面介绍了使用指针或指针数组表示关联的两种方法,这两种表示方法都能够准确地表示关联的语义。

但很多面向对象程序设计语言不支持或不建议使用指针,怎么办?

解决的办法是将指针改为引用,即使用对象的引用来实现关联。从本质上讲,引用是对指针的封装,引用的内部实现仍然使用指针,但引用更加安全。

可将上述示例程序中的指针修改为引用,使用引用或引用数组来实现关联。建议读者尝试一下,一定会发现很多问题,从而对学习编程有更深刻的体会。

3.3　组合与聚合关联

关联分为一般关联(Association)、聚合(Aggregation)和组合(Composition)3 种类型。一般关联,主要描述客观事物之间的相互关系,前面已经进行了介绍。

在介绍聚合和组合两个概念前,先讨论观察事物内部构成的思维方式。按照"一个客观事物由更小的客观事物构成的"观点,可将一个客观事物视为一个"整体",将构成这个事物的更小事物视为"整体"的一个"部分"。

例如,一个人由头、躯体、肢体组成。具体地说,一个人是一个整体,包含一个头、一个躯体和四肢等部分,而每个部分也可以再细分。例如,头可分为眉、眼、耳、鼻、口等五官,包含两条眉、两只眼、两只耳、一只鼻、一张口。人体的构成,如图 3.10 所示。

例如,汽车由很多系统组成,包含很多零部分,主要有发动机、车轮等,可用类图描述汽车与发动机、轮子之间的关系,其类图如图 3.11 所示。

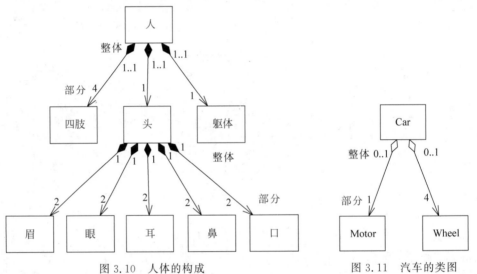

图 3.10　人体的构成　　　　　　　图 3.11　汽车的类图

如图 3.11 所示,汽车包含发动机和车轮,一辆汽车有一台发动机,有 4 个车轮。一台发动机可安装到一辆汽车,一个车轮可安装到一辆汽车,但安装到一辆汽车后就不能同时安装到另外一辆汽车。

每个事物都有自己的生命周期,不仅要观察每个事物由哪些"部分"构成,还要观察每个"部分"的生命周期与事物的生命周期是否同步。

当一个人出生时,这个人就有了头、躯体、肢体,当一个去世时,这个人的头、躯体、肢体同时死亡,因此,人这个"整体"与头、躯体、肢体等"部分"具有相同的生命周期。

可以将一辆汽车的发动机和车轮从该汽车上拆卸下来,再安装到另外一辆汽车上,显然,汽车这个"整体"与其"部分"具有不同的生命周期。

在面向对象程序设计中,组合关联和聚合关联都是描述"整体"与"部分"之间的构成关系,并将具有相同生命周期的构成关系称为组合关联,将具有不同生命周期的构成关系称为聚合关联。

图 3.10 中,使用组合关联来描述人的内部结构;图 3.11 中,使用聚合关联来描述汽车的内部结构。

3.3.1 使用对象实现组合关联

当一个学生入学时,学校为每个学生分配一个唯一的学号,学生与学号之间具有组合关联的特点,可使用组合关联描述学生与学号之间的关系。学生和学号之间的组合关联,如图 3.12 所示。

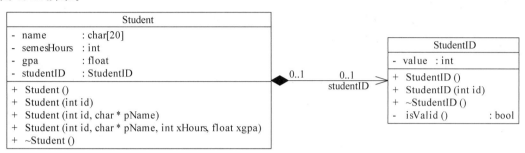

图 3.12 学生和学号之间的组合关联

一般使用对象表示多对一组合关联中的连接。例如,类 Student 中,声明了属性 studentID,其数据类型为类 StudentID,用于存储类 StudentID 的一个对象,表示多对一组合关联 studentID 中的一个连接,示例代码如例 3.5 所示。

【例 3.5】 使用对象表示多对一组合关联的连接。

```cpp
//StudentID.h
class StudentID
{
public:
    StudentID();
    StudentID(int id);
    ~StudentID();
    void print();

private:
    bool isValid(void);
    int value;
};
```

```cpp
//StudentID.cpp
# include < iostream >
# include < string.h >
# include "StudentID.h"
using namespace std;

StudentID::StudentID(){
    cout << "\t" << "调用构造函数 StudentID()" << endl;
}
StudentID::StudentID( int id){
    cout << "\t"<<"调用构造函数 StudentID(" << id << ")" << endl;
```

```cpp
    if (isValid())
        value = id;
}
StudentID::~StudentID(){
    cout << "析构 StudentID:" << value << endl;
}
void StudentID::print(){
    cout << value << endl;
}
bool StudentID::isValid(){
    //可增加判断学号是否符合编码规则的代码
    return true;
}
```

```cpp
//Student.h
# include "StudentID.h"

class Student
{
public:
    Student();
    Student(int id);
    Student(int id, char * pName);
    Student(int id, char * pName, int xHours, float xgpa);
    ~Student();

private:
    char name[20];
    int semesHours;
    float gpa;
    StudentID studentID;    //表示多对一组合关联中的连接
};
```

为了同步"整体"和"部分"之间的生命周期,在构造函数和析构函数的基础上增加了一种表达方式,专门用于维护多对一组合关联的连接,示例代码如例 3.6 所示。

【例 3.6】 维护多对一组合关联的连接。

```cpp
// Student.cpp
# include < iostream >
# include < string.h >
# include "StudentID.h"
# include "Student.h"
using namespace std;

Student::Student(){
    cout << "调用构造函数 Student()" << endl << endl;
}

Student::Student(int id) :studentID(id)   //增加了新的语法
{
    cout << "调用构造函数 Student(" << id << ")" << endl << endl;
```

```
}

Student::Student(int id, char * pName) :studentID(id)
{
    cout << "调用构造函数 Student(" << id << "," << pName
        << ")" << endl << endl;
    strncpy(name, pName, sizeof(name));
    name[sizeof(name) - 1] = '\0';
}

Student::Student(int id, char * pName, int xHours, float xgpa) :studentID(id)
{
    cout << "调用构造函数 Student(" << id << "," << pName
        << "," << xHours << "," << xgpa
        << ")" << endl << endl;
    strncpy(name, pName, sizeof(name));
    name[sizeof(name) - 1] = '\0';
    semesHours = xHours;
    gpa = xgpa;
}

Student::~Student()
{
    cout << "析构 Student:";
    studentID.print();
}
```

　　Student 的构造函数中，使用冒号（:）语法同步 Student 对象与成员对象 studentID 的生命周期。例如，语句 Student::Student(int id):studentID(id)，冒号的前面是构造函数的原型 Student::Student(int id)，而后面的 studentID(id)规定了创建成员对象 studentID 的方法，即创建 Student 对象的过程中，按照 StudentID studentID(id)的语义创建成员对象 studentID。

```
//app.cpp
# include "StudentID.h"
# include "Student.h"

void main()
{
    Student s1(210101,"Randy");
    Student s2(210102, "Randy");
    Student s3(210103, "Jenny",10,3.5);
}
```

　　main()函数中使用 3 条语句创建了类 Student 的 3 个对象。其中，语句 Student s1 (210101，"Randy")创建学生 Student 的对象 s1，对象 s1 的创建过程如图 3.13 所示。

　　如图 3.13 所示，语句 Student s1(210101，"Randy")创建学生 Student 的对象 s1 时，先按照声明顺序依次给成员变量 name[20]、semesHours、gpa 和 studentID 分配内存，然后再执行函数调用 Student(210101，"Randy")初始化对象 s1。

　　执行函数调用 Student(210101，"Randy")过程中，先将实参 210101 和"Randy"分别

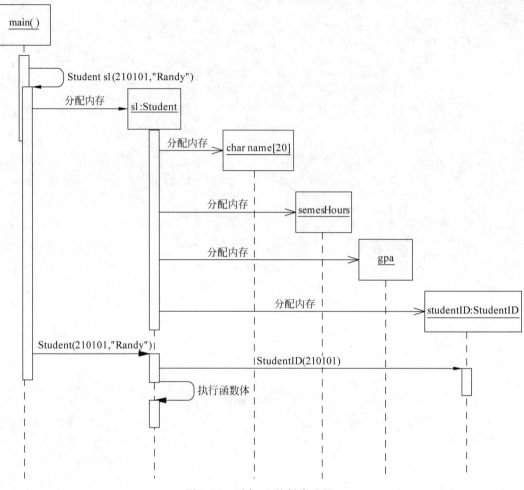

图 3.13　对象 s1 的创建过程

传递给形参 id 和 pName,然后执行函数调用 studentID. StudentID(id)初始化成员对象 studentID,最后执行类 Student 的构造函数的函数体。对象 s1 的物理结构如图 3.14 所示。

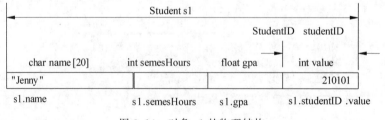

图 3.14　对象 s1 的物理结构

如图 3.14 所示,对象 s1 的内存中包含对象 s1. studentID 的内存,对象 s1. studentID 的内存中包含 s1. studentID. value 的内存,其中的值为学号 210101。

创建和删除对象 s1 过程中,都将对象视为一个整体来管理,并没有区分是成员对象还是成员变量。这样,程序员就不需要关心对象的内部结构,不需要考虑哪些是成员变量,哪些是成员对象,都可以当成变量来处理,使用非常方便。

例 3.6 中,总共创建了类 Student 的 3 个对象和 StudentID 的 3 个对象,每个 Student 对象包含一个 StudentID 对象,表示组合关联 studentID 中的一个连接。组合关联 studentID 中的连接如图 3.15 所示。

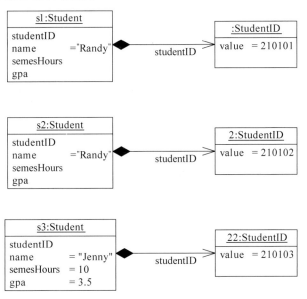

图 3.15　组合关联 studentID 中的连接

例 3.6 程序的输出结果如下。

```
        调用构造函数 StudentID(210101)
调用构造函数 Student(210101,Randy)

        调用构造函数 StudentID(210102)
调用构造函数 Student(210102,Randy)

        调用构造函数 StudentID(210103)
调用构造函数 Student(210103,Jenny,10,3.5)

析构 Student:210103
析构 StudentID:210103
析构 Student:210102
析构 StudentID:210102
析构 Student:210101
析构 StudentID:210101
```

从逻辑上讲,类 Student 的对象中的成员对象 studentID,也是一个对象,创建时也要调用类 StudentID 的构造函数,在删除时也要调用其析构函数。删除对象的步骤是,先调用类 StudentID 的析构函数,再调用类 Student 的析构函数,最后回收类 Student 的对象的所有内存。

例 3.6 中,创建了类 Student 的对象及其类 StudentID 的对象,在删除类 Student 的对象时,也同时删除了类 StudentID 的对象,同步了类 Student 的对象及其类 StudentID 对象的生命周期,实现了多对一组合关联的语义。

3.3.2 使用指针实现组合关联

除了使用对象实现组合关联外,还可使用指向对象的指针实现组合关联,但需要编写代码同步对象的生命周期。

例如,可使用指针实现类 Person 和 Tdate 之间的组合关联,但需要在构造函数和析构函数中编写代码以同步对象的生命周期。使用指针存储组合关联中的连接,如图 3.16 所示。

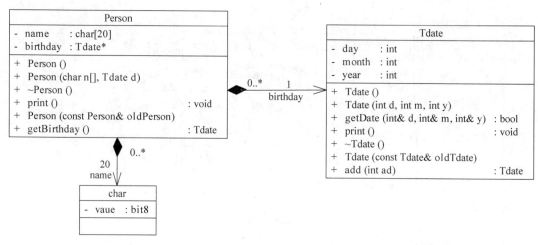

图 3.16 使用指针存储组合关联中的连接

如图 3.16 所示的类 Person 中,声明了一个属性 birthday,用于指向组合关联 birthday 中连接的 Tdate 对象。Person 对象的内存中只存储了指针 birthday,而没有存储其指向的 Tdate 对象。

因连接的 Tdate 对象不在 Person 对象的内存,创建 Person 对象时系统不会自动创建连接的 Tdate 对象,删除 Person 对象时系统也不会自动删除连接的 Tdate 对象,因此,需要将创建 Tdate 的职责赋予 Person 的构造函数和拷贝构造函数,删除 Tdate 的职责赋予 Person 的析构函数,以实现组合关联的语义。使用指针实现组合关联的示例代码如例 3.7 所示。

【例 3.7】 使用指针实现组合关联。

```cpp
# include < iostream >
# include "Tdate. h"
# include < iostream >
using namespace std;
class Person
{
public:
    Person(){};
    Person(char n[ ],Tdate d) {
        strncpy(name, n, sizeof(name));
        name[ sizeof(name) - 1] = '\0';
        birthday = new Tdate(d);              //创建一个新的 Tdate 对象
    };
```

```
    ~Person(){
        delete birthday;                //删除连接的 Tdate 对象
    };
    void print(){
        cout << "Person:"<< name <<",";
        birthday->print();
    };
    Tdate getBirthday() const{
        return Tdate(*birthday);    //返回一个新对象而没有返回指针 birthday,以保证安全
    }
    Person(const Person& oldPerson){
        memcpy(this, &oldPerson, sizeof(Person)); // 将 oldPerson 的内存中的数据复制到内存
        birthday = new Tdate(oldPerson.getBirthday());    //创建一个新的 Tdate 对象
    };
private:
    Tdate* birthday;                //使用指针表示多对一组合关联
    char name[20];
};
```

拷贝构造函数 Person(const Person& oldPerson)中,语句 memcpy(this, &oldPerson, sizeof(Person))将 oldPerson 的内存中的数据复制到当前对象的内存中,其中只复制了指向连接对象的指针,需要为当前 Person 对象重新创建一个 Tdate 对象。语句 birthday = new Tdate(oldPerson.getBirthday())就实现了一功能。

```
Person fn(Person p){
    return p;
}
Person* fnPtr(Person* p){
    return p;
}
void main(){
    Tdate d1(1, 2, 2000);
    Tdate d2(1, 2, 2021);

    cout << "**** Person 对象 ****" << endl;
    Person p1("张三",d1);
    Person p2("李四", d1);

    cout << "**** 传递 * Person 对象 ****" << endl;
    fn(p1).print();

    cout << "**** 传递 * Person 对象指针 ****" << endl;
    fnPtr(&p2)->print();

    cout << "**** main 语句结束 ****" << endl;
}
```

例 3.7 程序的输出结果如下。

```
构造:00CFF710 -> 2/1/2000
构造:00CFF6FC -> 2/1/2021
```

```
    ****Person 对象 ****
    拷贝构造:00CFF58C - > 2/1/2000
    拷贝构造:01059D30 - > 2/1/2000
    析构:2/1/2000
    拷贝构造:00CFF58C - > 2/1/2000
    拷贝构造:0105BA58 - > 2/1/2000
    析构:2/1/2000
    ****传递 * Person 对象 ****
    拷贝构造:0105BAA0 - > 2/1/2000
    拷贝构造:0105BAE8 - > 2/1/2000
    析构:2/1/2000
    Person:张三,2/1/2000
    析构:2/1/2000
    ****传递 * Person 指针 ****
    Person:李四,2/1/2000
    ****main 语句结束 ****
```

例 3.7 中创建了 2 个 Person 对象,4 个 Tdate 对象。2 个 Person 对象分别连接到其中的 2 个 Tdate 对象,创建的对象及其连接如图 3.17 所示。

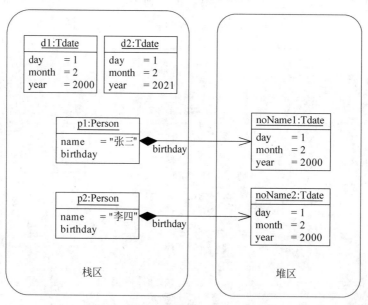

图 3.17　例 3.7 创建的对象及其连接

创建 2 个 Person 对象时,同时在堆中创建了 2 个无名 Tdate 对象,删除这两个 Person 对象时,也同时删除了堆中的 2 个无名 Tdate 对象。Person 对象的创建和删除过程如图 3.18 所示。

fn(p1).print()和 fnPtr(&p2)-> print()两条语句,演示了采用传值和传地址两种方式传递 Person 对象的过程。函数调用 fn(p1)中,调用了拷贝构造函数传递和返回 Person 对象。其中,创建和删除了连接的 Tdate 对象,而函数调用 fnPtr(&p2)中,只传递和返回了 Person 对象的地址,效率明显高于函数调用 fn(p1)。

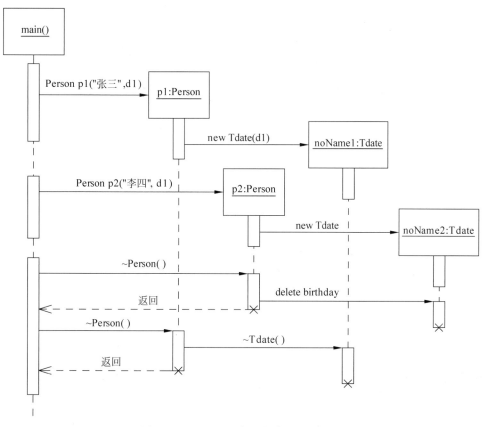

图 3.18　Person 对象的创建和删除过程

类 Person 中,类 Tdate 主要起到数据类型的作用,这就要求类 Tdate 的对象具有更好的计算特性。

作为数据类型使用的类,主要是为了计算,一般不会关注其具体的业务功能。

在组合关联中,由于"整体"和"部分"的生命周期相同,在创建"整体"时需要同时创建"部分",在删除"整体"时需要同时删除"部分",创建和删除"部分"的职责自然而然地赋予了构造函数和析构函数。

3.3.3　使用代码实现聚合关联

聚合关联中,"整体"和"部分"都有自己的生命周期,由于"整体"和"部分"的生命周期不同,一般不会使用成员对象表示聚合关联中的连接,而使用成员指针表示聚合关联中的连接。

例如,图 3.11 中,汽车与发动机、车轮之间的关系都是聚合关联,可使用指针表示汽车与发动机之间的连接,使用指针数组表示汽车与车轮之间的多个连接。汽车及其部件如图 3.19 所示。

如图 3.19 所示,类 Motor 和 Wheel 中,都设计了属性 serialNumber,该属性用于存储产品序列号,以保证计算机中每一个对象都与实际的汽车部件一一对应。类 Motor 和 Wheel 的代码如例 3.8 所示。

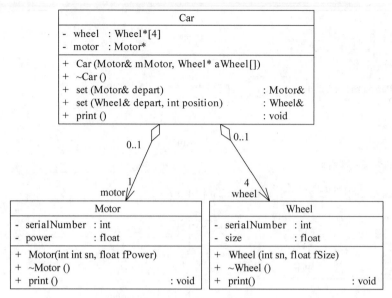

图 3.19　汽车及其部件

【例 3.8】　类 Motor 和 Wheel。

```cpp
// Motor.h
class Motor
{
public:
    Motor(int sn, float fPower);
    ~Motor();
    void print();

private:
    int serialNumber;            //产品序列号
    float power;                 //发动机的排量
};
```

```cpp
// Motor.cpp
# include < iostream >
# include "Motor.h"
using namespace std;

Motor::Motor(int sn, float fPower){
    cout << "调用构造函数 Motor(" << sn << "," << fPower << ")" << endl ;
    serialNumber = sn;
    power = fPower;
}
Motor::~Motor(){
    cout << "析构 Motor:" << serialNumber << endl;
}
void Motor::print(){
    cout << serialNumber << "," << power ;
}
```

```
// Wheel.h
class Wheel
{
public:
    Wheel(int sn,float fSize);
    ~Wheel();
    void print();
private:
    int serialNumber;              //产品序列号
    float size;                    //车轮大小
};

//Wheel.cpp
# include "Wheel.h"
# include < iostream >
using namespace std;

Wheel::Wheel(int sn, float fSize){
    cout << "调用构造函数 Wheel(" << sn <<","<< fSize << ")" << endl ;
    serialNumber = sn;
    size = fSize;
}
Wheel::~Wheel(){
    cout << "析构 Wheel:" << serialNumber << endl;
}
void Wheel::print(){
    cout << serialNumber << "," << size ;
}
```

类 Car 中设计了 wheel 和 motor 两个属性,这两个属性分别表示两个聚合关联 wheel 和 motor,其中,属性 wheel 是一个指针数组,共有 4 个指针,分别对应一辆汽车的 4 个车轮;属性 motor 是指向类 Motor 的一个对象,对应汽车的发动机。

类 Car 中还设计了 5 个成员函数,其中,Car(Motor& mMotor,Wheel * aWheel[])构造函数有两个参数,第一个参数是 Motor 的引用,用于传递代表发动机的对象;第二个参数是一个指针数组,用于传递代表车轮的 4 个对象,其功能相当于将一台发动机和 4 个车轮组装成一辆汽车,以模拟汽车的组装工序。

Motor& set(Motor&depart)成员函数的功能为替换汽车的发动机,将通过参数 depart 传递的发动机安装(set)到汽车上,并以引用方式返回拆卸下来的发动机。Wheel& set (Wheel&depart,int position) 成员函数的功能为更换一个车轮,将通过参数 depart 传递的一个车轮安装(set)在汽车的位置(position)上,并以引用方式返回拆卸下来的车轮。这两个成员函数模拟了更换汽车部件的实际场景。类 Car 的代码如例 3.9 所示。

【例 3.9】 类 Car。

```
// Car.h
# include"Wheel.h"
# include "Motor.h"

class Car
```

```
{
public:
    Car(Motor& mMotor, Wheel ** aWheel);
    ~Car();
    Motor& set(Motor& depart);
    Wheel& set(Wheel& depart, int position);
    void print();

private:
    Wheel * wheel[4];      //指向 4 个车轮
    Motor * motor;         //指向发动机
};
```

其中，Wheel * wheel[4]声明了一个指针数组，用于指向代表 4 个车轮的对象。Motor * motor 声明了一个指针，用于指向代表发动机的对象。

```
// Car.cpp
# include "Motor.h"
# include "Wheel.h"
# include "Car.h"
# include < iostream >
using namespace std;

Car::Car(Motor& mMotor, Wheel * aWheel[]) :motor(&mMotor)
{
    cout << "调用构造函数 Car(";
    mMotor.print();
    cout << ")" << endl;

    for (int i = 0; i < 4; i++){
        wheel[i] = aWheel[i];
    }
}
Car::~Car(){
    cout << "析构 Car:" << endl;
    for (int i = 0; i < 4; i++){        //删除 4 个车轮对象
        delete wheel[i];
    }
    delete motor;                        //删除发动机对象
}
Motor& Car::set(Motor& depart){
    Motor& rt = * motor;
    motor = &depart;
    return rt;
}
Wheel& Car::set(Wheel& depart, int position){
    Wheel& rt = * wheel[position];
    wheel[position] = &depart;
    return rt;
}
void Car::print(){
    cout << "汽车\t 发动机:";
```

```
    motor -> print();
    cout << "\t\t 车轮:";
    for (int i = 0; i < 4; i++){
        wheel[i] -> print();
        cout << "|";
    }
    cout << endl;
}
```

在制造汽车的过程中,最后将已制造出的各种部件组装成一辆汽车,因此,类 Car 的构造
函数中没有创建 Motor 和 Wheel 的对象,只存储了表示连接的指针。但当一辆汽车报废时,需
要报废汽车的所有部件,因此,析构函数~Car()中,删除了代表发动机和 4 个车轮的对象。

参考汽车的装配场景,编程一个主程序,示例代码如例 3.10 所示。

【例 3.10】　主程序。

```
//CarApp.cpp
# include "Motor.h"
# include "Wheel.h"
# include "Car.h"
# include < iostream >
using namespace std;

void main(){
    cout << " *********** 创建发动机 *********** " << endl;
    Motor& m1 = * (new Motor(101,1.6));        //为堆中的对象取了一个名称,以便后面使用
    Motor& m2 = * (new Motor(102,2.0));
    Motor& m3 = * (new Motor(103,1.6));
    cout << " *********** 创建车轮 *********** " << endl;
    const int len = 10;
    Wheel * wBase[len];
    for (int i = 0; i < len; i++){
        wBase[i] = new Wheel(201 + i,10);
    }
    cout << " *********** 创建汽车 *********** " << endl;
    Car& c1 = * (new Car(m1, wBase));
    c1.print();
    Car& c2 = * (new Car(m2, wBase + 4));
    c2.print();
    cout << " *********** 更换并报废部件 *********** " << endl;
    Wheel&w1 = c1.set( * wBase[8], 1);         //换第一个车轮
    delete &w1;                                //报废车轮,删除它

    Motor&t = c1.set(m3);                      //换发动机
    delete &t;                                 //报废发动机,删除它
    cout << " *********** 报废汽车 *********** " << endl;
    delete &c1;
    delete &c2;
    cout << " *********** 删除库存中没有使用的车轮 *********** " << endl;
    delete wBase[9];
}
```

CarApp.cpp 中,负责创建类 Car、Motor 和 Wheel 的对象,也负责删除没有安装到汽车
上的 Motor 和 Wheel 对象。类 Car、Motor 和 Wheel 的对象都存储在堆区中,需要通过代

码来创建和删除这些对象。

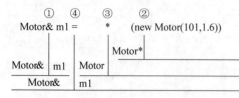

图 3.20　表达式 Motor& m1＝
＊(new Motor(101,1.6))的计算顺序

表达式语句 Motor& m1 ＝ ＊(new Motor(101,1.6))的作用是在堆区中创建 Motor 的一个无名对象,并给它取一个别名,其计算顺序如图 3.20 所示。

如图 3.20 所示,表达式 Motor& m1 ＝ ＊(new Motor(101,1.6))中包含 4 个步骤:①定义 Motor 对象的一个引用 m1,从本质上讲,可将变量或对象的定义视为一种运算,事实上很多面向对象程序设计语言也是这样做的;②在堆中创建 Motor 的一个无名对象,并返回这个对象的指针;③取指针的对象,即堆中创建的无名对象;④将引用 m1 初始化为无名对象,即使用 m1 命名无名对象。

main()函数中,先在堆中创建了类 Motor 的 3 个对象 m1、m2 和 m3,然后创建了类 Wheel 的 10 个对象,并用指针数组存储 10 个对象的指针,最后创建了类 Car 的两个对象 c1 和 c2。汽车和部件的对象及其连接,如图 3.21 所示。

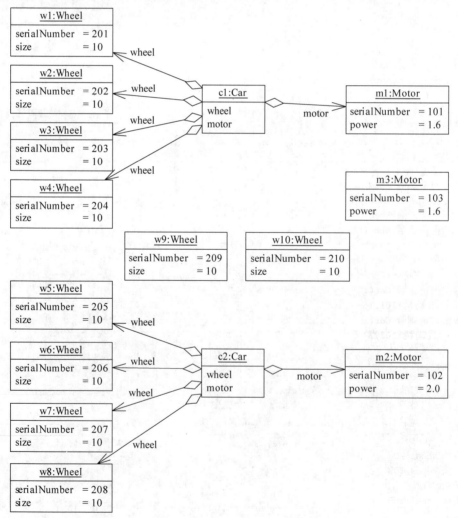

图 3.21　汽车和部件的对象及其连接

创建了类 Car 的两个对象 c1 和 c2 后,使用表达式 Wheel&w1 = c1.set(*wBase[8],1)更换汽车 c1 第 1 个位置上的车轮,其中,c1.set(*wBase[8],1)是一个函数调用,调用了类 Car 的 Wheel& Car::set(Wheel& depart,int position) 成员函数,其通过引用方式返回一个无名的 Wheel 对象。为了访问返回的对象,为返回的对象定义了一个引用 w1。该表达式的计算顺序如图 3.22 所示。

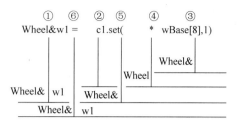

图 3.22 表达式 Wheel&w1= c1.set(*wBase[8],1)的计算顺序

如图 3.22 所示,表达式 Wheel&w1=c1.set(*wBase[8],1)中包含 6 个步骤,其中,第 ①步定义了 Wheel 对象的一个引用 w1;第⑤步,函数调用 c1.set(*wBase[8],1)返回了一个对象的引用,返回的引用没有名称;第⑥步,为返回的对象定义了一个引用 w1。

后面的语句 delete &w1 中,使用定义的引用 w1 删除函数调用 c1.set(*wBase[8],1) 返回的无名对象。

例 3.10 程序的输出结果如下。

```
********** 创建发动机 **********
调用构造函数 Motor(101,1.6)
调用构造函数 Motor(102,2)
调用构造函数 Motor(103,1.6)
********** 创建车轮 **********
调用构造函数 Wheel(201,10)
调用构造函数 Wheel(202,10)
调用构造函数 Wheel(203,10)
调用构造函数 Wheel(204,10)
调用构造函数 Wheel(205,10)
调用构造函数 Wheel(206,10)
调用构造函数 Wheel(207,10)
调用构造函数 Wheel(208,10)
调用构造函数 Wheel(209,10)
调用构造函数 Wheel(210,10)
********** 创建汽车 **********
调用构造函数 Car(101,1.6)
汽车 发动机:101,1.6        车轮:201,10|202,10|203,10|204,10|
调用构造函数 Car(102,2)
汽车 发动机:102,2          车轮:205,10|206,10|207,10|208,10|
********** 更换并报废部件 **********
析构 Wheel:202
析构 Motor:101
********** 报废汽车 **********
析构 Wheel:201
析构 Wheel:209
析构 Wheel:203
析构 Wheel:204
析构 Motor:103
析构 Car:
析构 Wheel:205
```

```
析构 Wheel:206
析构 Wheel:207
析构 Wheel:208
析构 Motor:102
析构 Car:
*********** 删除库存中没有使用的车轮 ***********
析构 Wheel:210
```

可对照图 3.21 并结合例 3.10 程序的输出结果,分析对象的删除过程。

在"更换并报废部件"过程中,删除序列号为 202 的 Wheel 对象和序列号为 101 的 Motor 对象。在"报废汽车"过程中,Car 的构造函数中删除了连接到的 4 个 Wheel 对象和 1 个 Motor 对象,此时,总共删除了 9 个 Wheel 对象、3 个 Motor 对象和 2 个 Car 对象,还剩下序列号为 210 的 1 个 Wheel 对象没有删除。最后增加了一条语句删除它。这样就删除了程序中创建的所有对象。

示例中,CarApp.cpp 的代码最复杂,其次是 Car.cpp 中的代码,其他源文件中的代码都比较简单,需要仔细阅读 CarApp.cpp 和 Car.cpp 中的代码。

总之,实现聚合关系的一般方法是使用指针来表示聚合关系中的连接,通过代码来管理各个对象的生命周期。方法很简单,但需要程序员单独管理各个对象,工作量大,非常烦琐,特别是在需要管理的对象成百上千时,工作量和工作难度会超过人工能力的范围。

为了解决这个问题,常常会编写一些程序来专门管理内存中的对象,以减轻程序的负担。例如,在上述示例中,增加两个类 MotorBase 和 WheelBase 专门管理对象。类 MotorBase 负责创建和删除类 Motor 的所有对象,承担管理 Motor 对象的职责。类 MotorBase 负责创建和删除类 Wheel 的所有对象,承担管理 Wheel 对象的职责。类 Car 只负责使用这些对象,承担使用这些对象的职责,这三个类各司其职、分工合作,共同完成所需完成的任务。专门管理对象的类 MotorBase 和 WheelBase 如图 3.23 所示。

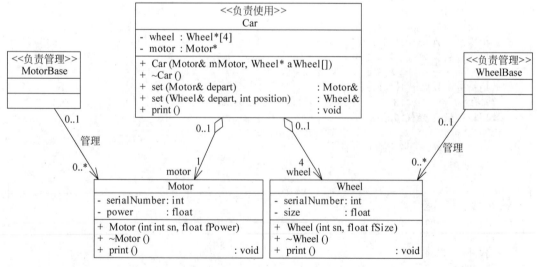

图 3.23　专门管理对象的类 MotorBase 和 WheelBase

面向对象程序设计中,管理程序中的对象是很重要的基础工作,在学习面向对象程序设计过程中需要掌握相关的技术,理解其原理。只有这样,才能理解系统提供的自动管理对象功能,例如,理解 Java 语言中提供的自动清理对象功能。

3.4 深入理解类及其对象

视频讲解

类与对象是面向对象程序设计的基础,封装类并给其对象赋予相应的职责是面向对象程序设计的主要工作。下面从编程实现视角分析类中隐含的(组合)关联及其连接,讨论对象的内部结构,探讨类及其对象的本质。

例如,表示学生的类 Student,具有自己的属性 name 和 gpa,存在与学号之间的组合关联 studentID,其类图如图 3.24 所示。

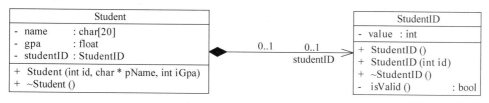

图 3.24 简化后的学生类

使用语句 Student s1(210101,"Randy",3.5)创建类 Student 的对象 s1,对象 s1 用于表示客观世界中的一个学生 Randy,可按照映射来理解对象 s1 与其属性值之间的对应关系。对象 s1 中的映射如图 3.25 所示。

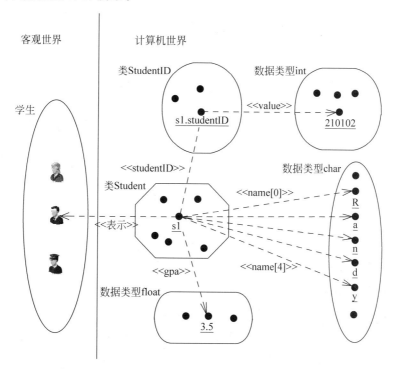

图 3.25 Student 对象 s1(210101,"Randy",3.5)中的映射

如图 3.25 所示,客观世界中的学生可视为一个集合,每一个学生都视为学生集合中的一个元素。同样,计算机世界中的类 Student 和类 StudentID 也可视为一个集合,它们的对

象就是集合中的元素,数据类型 char、int 和 float 也可视为一个集合,每一个值就是数据类型中的一个元素。

使用对象 s1 表示客观世界中的一个学生 Randy,可理解为,集合 Student 中的一个元素 s1 映射到学生集合中的元素 Randy。此外,将集合 Student 中元素 s1 映射到集合 float 中的元素 3.5,并用元素 3.5 表示学生 Randy 的绩点;将元素 s1 映射到集合 StudentID 中的元素 s1.studentID,再映射到集合 int 中的一个元素,并用元素 210101 表示学生 Randy 的学号。

元素 s1 映射到集合 char 中的多个元素,相对复杂一些,其中包含 5 个映射,使用一个数组 name 来存储这 5 个映射,并通过数组的下标映射到集合 char 中的 5 个元素。对象 s1 中的映射,如图 3.26 所示。

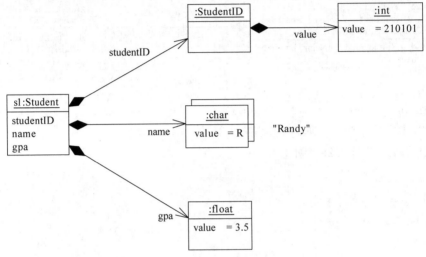

图 3.26　对象 s1 中的映射

图 3.26 中,使用组合连接描述了对象 s1 到其属性值的映射,箭头描述了映射的方向。语句 Student s2(210103,"Jenny",3.0)创建了对象 s2,对象 s2 中的映射,如图 3.27 所示。

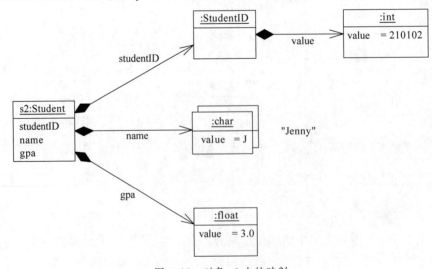

图 3.27　对象 s2 中的映射

比较分析如图 3.26 和图 3.27 所示的对象图,可将其中的对象抽象为类,将其中的连接抽象为组合关联,绘制出一张类图,这张类图描述了类 Student 中包含的映射关系。类 Student 中包含的映射关系如图 3.28 所示。

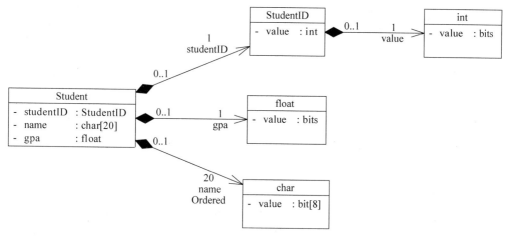

图 3.28   类 Student 中包含的映射关系

分析对比如图 3.24 和图 3.28 所示的两张类图会发现,类的每个属性都描述了一种映射关系,其对象中的每个属性值都描述了一种映射关系中的一个映射。

类的一个属性描述了一种映射关系,对象的一个属性值描述了其中的一个映射。

经过前面的讨论,要理解如图 3.24 所示的类 Student,需要将其细化为如图 3.28 所示的类图,并按照细化后的类图联想到如图 3.25 所示的实际场景,才能真正理解类 Student 的语义。

同样,也应该按照这个思路理解对象图。例如,在理解描述对象 s1 的对象图时,需要按照如图 3.26 所示的对象图来理解,并再联想到如图 3.25 所示的实际场景,才能真正理解对象 s1 的语义。描述对象 s1 的对象图,如图 3.29 所示。

图 3.29   对象 s1 的对象图

计算机世界中的对象怎样表示客观世界中的事物?成员函数调用怎样表示客观事物的行为?这是两个基本问题,建议读者带着这两个基本问题重读本章前面的内容,相信会有自己的答案。

3.5   字符串

字符串是使用最多的数据,没有之一。字符串最终都是用字符数组来存储,下面先讨论字符数组的语义,再介绍封装字符串类的方法。

3.5.1　数组中的概念及其关系

一个数组 Array 包含多个元素 element，每个元素 element 都有相同的数据类型 Type，数组 Array 与数据类型 Type 之间属于组合关联，元素 element 就是这个组合关联的名称。数组 Array 还有一个数组名 arrayName，数组名 arrayName 是一个指针 ptr(地址)，指向数组 Array。

上述描述中，使用了数组 Array、数据类型 Type 和指针 ptr 3 个概念，并用元素 element 和数组名 arrayName 描述了这 3 个概念之间的关系。数组中的概念及其关系，如图 3.30 所示。

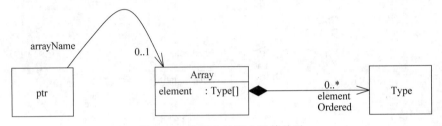

图 3.30　数组中的概念及其关系

希望按照如图 3.30 所示的关系，可通过指针 ptr 访问到数组，通过数组可访问到数组中元素，通过数组元素最终访问到元素值，即从一个指针 ptr 最终映射到一个元素值。

但有一个问题，数组与元素之间是一对多关系，一个数组不能映射到其中的一个元素。为了解决这个问题，规定了数组中的元素是有序的，并使用序号来确定访问哪个元素。这就是数组下标运算的由来。

3.5.2　字符数组的语义

3.3.2 节示例中介绍了类 Person，下面仍然以它为例继续讨论字符数组的语义。

如图 3.16 所示，类 Person 的属性 name 是一个字符数组，字符数组 name[20]作为一个整体存储在其对象的内存中。按照如图 3.30 所示的概念及其关系，可使用组合关联表示类 Person 到字符数组、字符数组到数据类型 char 之间的映射关系，细化属性 name 的语义。属性 name 隐含的组合关联如图 3.31 所示。

如图 3.31 所示，使用组合关联 element 将 20 个字符组合连接成字符数组 charArray，再使用组合关联 name 将字符数组 charArray 组合连接到 Person 对象，20 个字符最终成为 Person 对象的一部分。

在实际应用中，姓名不可能刚好都是 20 个字符。为了解决这个问题，提出了两种解决办法。第一种解决办法是，允许比规定的 20 个字符少，并增加一个字符串的结束标志'\0'，结束标志前面的元素才有对应字符，这样会浪费后面的内存。如图 3.16 所示类 Person 中，就是选择了这种解决办法。

第二种解决办法是，使用动态数组存储姓名中的字符。一个姓名中有多少个字符就分配多少个字节。这个办法能够充分利用内存，但也存在一个问题，编译器自动管理的内存必须是固定长度的，不能是动态变化的，因此，需要程序员编写代码来动态管理数组的内存。

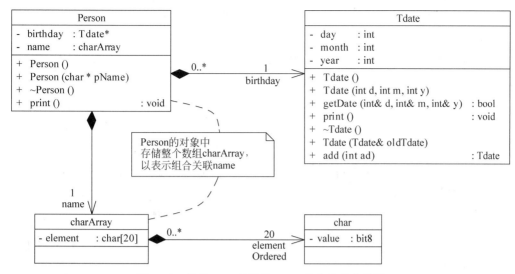

图 3.31　类 Person 的属性 name 隐含的组合关联

动态字符数组的指针是固定长度的,可以嵌套到 Person 对象的内存,并让系统自动管理。存储字符数组指针的类 Person 如图 3.32 所示。

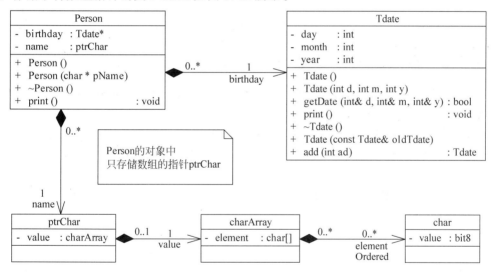

图 3.32　存储字符数组指针的类 Person

如图 3.32 所示的类图,清晰地表示出一个人到一个字符之间的映射关系。例如,姓名为 Randy 的 Person 对象 p 中,对象 p 通过属性 name 映射到指针 address,指针 address 映射到一个字符数组 A,字符数组 A 映射到其中的一个元素 A[i],元素 A[i] 再映射到"Randy"中的一个字符。总共需要经过 4 个映射,才能访问姓名中的一个字符。Person 对象 p 到字符的映射过程如图 3.33 所示。

在实际应用中,如果将属性 name 直接存储指向字符数组的指针,一般会省略图 3.32 中的类 ptrChar 和 charArray 及其映射关系,但从省略的类图中也要读出这层语义。

属性 name 中存储指向字符数组的指针时,系统不会自动管理指向的字符数组,而需要通过编程来同步 Person 对象和字符数组 charArray 的生命周期,实现组合关联的语义。具体编程方法可参考 3.3 节。

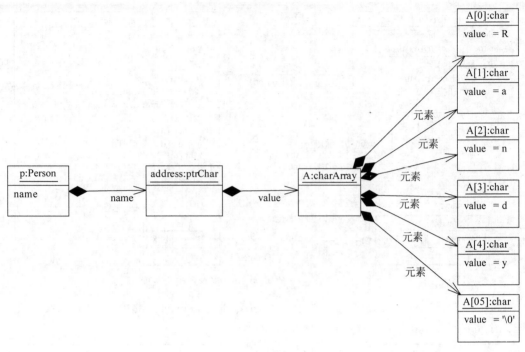

图 3.33　Person 对象 p 到字符的映射过程

3.5.3　自定义字符串类 myString

为了方便使用,可将字符数组封装为一个类 myString,并赋予类 myString 存储和管理字符串的职责。

可将如图 3.32 所示的类 ptrChar 组合关联到类 myString,用于存储字符数组的地址,并增加表示字符数组大小的属性 len。类 myString 及其组合关联如图 3.34 所示。

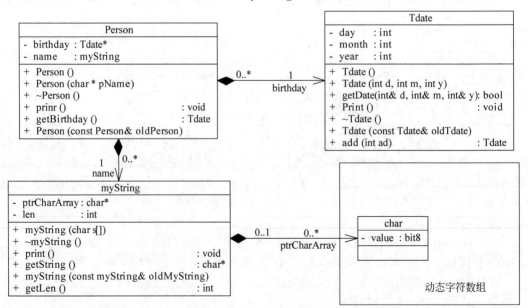

图 3.34　类 myString 及其组合关联

如图 3.34 所示,类 myString 中封装了两个属性,属性 ptrCharArray 用于存储动态字符数组的地址,属性 len 用于存储字符串的长度。

类 myString 中封装了 6 个成员函数,其中,myString(char s[])构造函数负责创建并初始化字符数组,～myString()析构函数负责删除字符数组,通过构造函数和析构函数同步类 myString 与字符数组的生命周期,实现组合关联 ptrCharArray 的语义。类 myString 的代码如例 3.11 所示。

【例 3.11】 字符串类 myString。

```cpp
// myString .h
class myString
{
public:
    myString(char s[]);
    ~myString();
    void print()const;
    int getLen()const;
    char * getString()const;
    myString(const myString& oldMyString);
private:
    char * ptrCharArray;
    int len;
};
```

```cpp
// myString.cpp
# include "myString.h"
# include < iostream >
using namespace std;

myString::myString(char s[]){
    len = strlen(s);
    ptrCharArray = new char[len + 1];
    strncpy(ptrCharArray, s, len + 1);
    ptrCharArray[len] = '\0';
}
myString::~myString(){
    delete ptrCharArray;
}
void myString::print()const{
    cout << ptrCharArray << endl;
}
int myString::getLen()const {
    return len;
}
const char * myString::getString()const{
    return ptrCharArray;
}
myString::myString(const myString& oldMyString){
    len = oldMyString.getLen();
    ptrCharArray = new char[len + 1];
    strncpy(ptrCharArray, oldMyString.getString(), len + 1);
}
```

类 myString 的代码中,getLen()成员函数返回字符串的长度,getString()成员函数返回字符串的指针,但这个指针指向的是 const char * ,不允许通过这个指针修改字符数组中的字符,以保证安全。

类 Person 中,可以像使用基本数据类型一样使用类 myString,像变量一样使用类 myString 的对象。类 Person 中使用类 myString 的主要代码如例 3.12 所示。

【例 3.12】 类 Person 中使用类 myString。

```cpp
// Person.cpp
# include "myString. h"
# include < iostream >
using namespace std;
class Person
{
public:
    Person(){}
    Person(myString n) :name(n.getString()){}
    void print(){
        cout << "Person:";
        name.print();
    }
    Person(const Person& oldPerson) :name(oldPerson.name) {}
private:
    myString name;    //表示到 myString 的组合关联
};
```

类 Person 的代码中,myString name 表示到 myString 的组合关联,代码 name(n. getString())维护这个组合关联。代码简洁,充分体现了类 myString 的优越性。

```cpp
Person fn(Person p){
    return p;
}
myString fn(myString p){
    return p;
}

void main(){
    cout << " **** 创建 myString 对象 **** " << endl;
    myString s1("张三");
    s1.print();
    myString s2(s1);
    s2.print();

    cout << endl << " **** 传递 * myString 对象 **** " << endl;
    fn(s1).print();

    cout << endl << " **** 创建 Person 对象 **** " << endl;
    Person p1("李四");
    p1.print();
    Person p2(s1);
    p2.print();
```

```
        cout << endl << "****传递*Person对象****" << endl;
        fn(p1).print();

        cout << endl << "***堆中创建*Person对象****" << endl;
        Person * p3 = new Person("王五");
        p3 -> print();

        cout << "****main语句结束****" << endl;
    }
```

例3.12程序的输出结果如下。

```
    ****创建myString对象****
    张三
    张三

    ****传递*myString对象****
    张三

    ****创建Person对象****
    Person:李四
    Person:张三

    ****传递*Person对象****
    Person:李四

    ***堆中创建*Person对象****
    Person:王五
    ****main语句结束****
```

类myString封装了字符数组,编写主程序和类Person代码的程序员,不需要了解类myString的内部实现,只需将类myString当成数据类型来使用,这样明显降低了编程难度,提高了编程效率。

3.6 应用举例:链表

视频讲解

链表是常用的数据结构,常常用于动态管理创建的对象。例如,使用链表管理学生,其类图如图3.35所示。

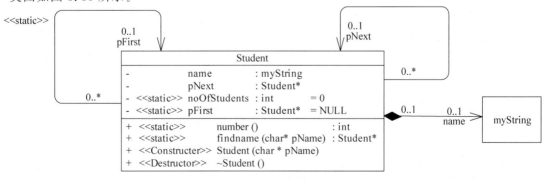

图3.35 使用链表管理学生

在如图 3.35 所示的类图中,总共有 3 个关联。关联 pFirst 和 pNext 是自关联,即类 Student 关联到它自己,其连接是一个 Student 对象到另一个 Student 对象。关联 pFirst 是静态的,使用一个静态指针 static Student * pFirst 来表示,类 Student 的所有对象共享指针变量 pFirst,用于指向链表中第一个 Student 对象。使用一个指针 Student * pNext 表示关联 pNext,类 Student 的每个对象都有一个指针变量 pNext,用于指向链表中的下一个 Student 对象。

关联 name 是一个组合关联,其中的类 myString 是在 3.5 节中封装的,这里直接使用,用于存储学生的姓名。使用链表管理学生,示例代码如例 3.13 所示。

【例 3.13】 使用链表管理学生。

```cpp
# include "myString.h"
# include "Student.h"

# include < iostream >
using namespace std;

class Student
{
public:
    static int number(void);
    static Student * findname(char * pName);
    Student(char * pName);
    ～Student();
private:
    myString name;               //存储组合关联 name 中的连接
    Student * pNext;             //指向链表中的下一个 Student 对象
    static Student * pFirst;     //指向链表中的第一个 Student 对象
    static int noOfStudents;     //存储学生人数
};
```

```cpp
int Student::noOfStudents = 0;
Student * Student::pFirst = NULL;

int Student::number(void){
    return noOfStudents;
}
Student * Student::findname(char * pName){
    for (Student * pS = pFirst; pS; pS = pS-> pNext)
    if (strcmp(pS-> name.getString(), pName) == 0)
        return pS;
    return NULL;
}
Student::Student(char * pName) :name(pName)
{
    cout << "插入:" << this-> name.getString() << endl;
    pNext = pFirst;                //每新建一个结点(对象),就将其挂在链首
    pFirst = this;
}
Student::～Student(){
    cout << "删除:" << this-> name.getString() << endl;
```

```
    if (pFirst == this){            //如果要删除链首结点,则只要链首指针指向下一个
        pFirst = pNext;
        return;
    }
    for (Student * pS = pFirst; pS; pS = pS->pNext){
        if (pS->pNext == this){ //找到时,pS 指向当前结点的结点
            pS->pNext = pNext; //pNext 即 this->pNext
            return;
        }
    }
}
```

```
void main(){
    Student s1("Randy");
    new Student("Jenny");
    Student s2("Kinsey");
    cout << "查找 Jenny:" ;
    Student * pS1 = Student::findname("Jenny");
    if (pS1)
        cout << "ok." << endl;
    else
        cout << "no find." << endl;

    delete pS1;

    cout << "查找 Jenny:" ;
    Student * pS2 = Student::findname("Jenny");
    if (pS2)
        cout << "ok." << endl;
    else
        cout << "no find." << endl;
}
```

main()函数中,总共创建了 3 个 Student 对象,构成一个链表,其中,语句 new Student("Jenny")在堆中创建了一个无名对象。3 个 Student 对象构成的链表如图 3.36 所示。

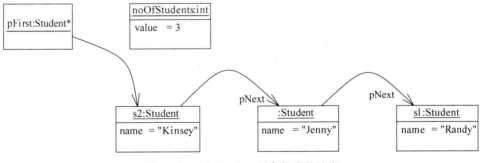

图 3.36 3 个 Student 对象构成的链表

语句 Student * pS2＝Student::findname("Jenny")在链表中按照姓名查找,Student::findname("Jenny")返回链表中的无名对象。语句 delete pS1 删除找到的无名对象,删除对象后的链表如图 3.37 所示。

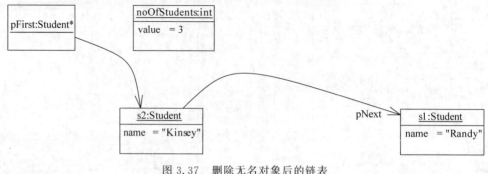

图 3.37   删除无名对象后的链表

例 3.13 程序的输出结果如下。

```
插入:Randy
插入:Jenny
插入:Kinsey
查找 Jenny:ok.
删除:Jenny
查找 Jenny:no find.
删除:Kinsey
删除:Randy
```

例 3.13 中的类 Student 中,没有定义拷贝构造函数,默认拷贝构造函数不会将创建的 Student 对象插入到链表,因此,如果将 Student 对象作为函数的参数或返回值,函数调用过程中的中间对象没有插入到链表中。

读者可以编写代码,测试函数调用过程中能否正确传递 Student 对象,评价 Student 对象参与计算的能力。实际上,这是一个比较复杂的问题,需要平衡多方面的因素,值得深入分析。

小结

本章从客观事物之间的关系出发,主要学习了关联及连接的概念以及描述事物之间关系的方法,重点学习了使用组合关联描述客观事物的内部结构,以及一般关联、组合关联和聚合关联的编程实现技术和方法,最后学习了字符串和链表两个应用案例。

学习了关联及连接的概念,举例说明了使用指针和指针数组实现多对一、多对多关联的编程方法和技术。希望读者能够理解关联及连接的概念,掌握使用关联的方法和编程技术。

学习了组合关联和聚合关联的概念,举例说明了使用组合关联描述事物内部构成的方法,以及组合关联和聚合关联的表示方式和编程技术。希望读者能够理解组合关联和聚合关联的概念,掌握其使用方法和编程技术。

最后学习了字符串和链表两个应用案例,希望读者能够从关联角度理解字符串和链表等复杂数据结构,了解封装复杂数据结构的思路,掌握编程实现的方法。

练习

1. 饭厅中拟放置 1 张饭桌和 8 个凳子,并抽象出了饭厅、饭桌和凳子 3 个类及其关系,如图 3.38 所示。请使用集合和映射描述其中的类及其关系。

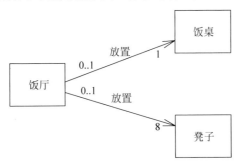

图 3.38　饭厅、饭桌和凳子及其关系

2. 结合实际情况完善图 3.38 中的类图,增加描述饭厅、饭桌和凳子特性的属性,给每个类赋予适当的职责并增加相应的成员函数,最后编程实现。

3. 3.2 节中使用指针表示关联,为了提高代码的安全性,请使用引用表示关联,并改写其中的例程代码。

4. 按照如图 3.39 所示的类图编写程序。要求使用动态数组存储一个人的姓名,类 Person 的对象负责管理其中存储的姓名,并编程实现。

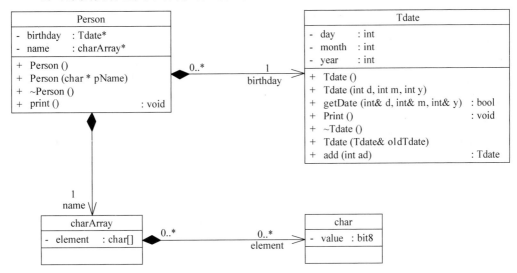

图 3.39　使用动态数组存储姓名

其中,char 为基本数据类型,charArray 为动态字符数组,代码中可以不声明类 charArray。

5. 例 3.12 中创建了类 Person 的对象 p1 和 p2,请使用对象图描述对象 p1 和 p2 的结构及其数据,并使用映射表示对象 p1 与其数据之间的关系。

6. 例 3.12 中使用表达式 fn(p1).print() 检测类 Person 对象参与计算的能力,请使用时序图描述执行表达式 fn(p1).print() 的过程。

7. 例 3.13 中使用链表管理类 Student 的对象,请使用时序图描述程序的执行过程。

8. 每学期选修课程时需要先认真阅读本专业的培养方案,分析需要学习的课程以及相关规定,然后再根据自己的具体情况从开设的课程中选择适当的课程,以保证毕业时能够修完规定的课程,取得要求的学分。选课的一般步骤为:①根据所学的专业找到培养方案,根据自己的情况从本专业的培养方案中明确所执行的培养方案,确定需要学习的所有课程;②根据学习课程的进度从下学期开设课程中选择修读的课程。选课中涉及的专业、培养方案、课程等主要因素及其关系如图 3.40 所示。

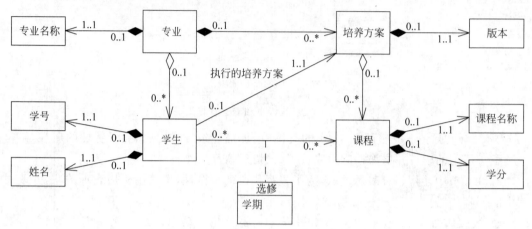

图 3.40　选课中涉及的主要因素及其关系

(1) 按照集合和映射等数学思维分析所在学校的本专业培养方案,修改完善如图 3.40 所示的类图,然后选择关联的表示方式以及属性的数据类型,最终设计出包含类、关联以及属性的类图,以描述选课场景。

(2) 分析所在学校的选课系统,使用时序图分解其中的核心功能,确定每个类的主要职责,最终设计出成员函数。

(3) 按照前面的设计编写程序,并调试通过。

为了便于理解,在设计时可采用中文命名类及属性和方法,在编写代码前再转换为英文。

第 **4** 章

继承与多态

分类是人们认识和理解客观世界的基本方法,也是形成各种概念的基础。概念有内涵和外延,根据概念的内涵可设计出类的属性或行为,根据概念的外延可确定类的对象。

本章主要针对外延之间的包含关系介绍设计类的方法。

4.1　分类与抽象

视频讲解

在人们认识和理解客观事物的过程中,分类和抽象往往联系在一起,它们是认识和理解客观事物的两个侧面。

例如,按照人的性别特征进行分类,将人的集合划分为男人和女人两个集合,然后用"男人"和"女人"两个符号分别表示男人和女人这两个集合,抽象出男人和女人,其分类与抽象过程如图 4.1 所示。

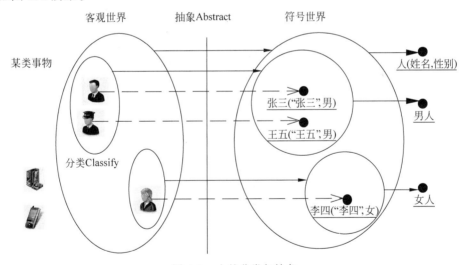

图 4.1　人的分类与抽象

如图 4.1 所示,如果用 P 表示人构成的集合,M 表示男人构成的集合,F 表示女人构成的集合,三个集合之间有如下包含关系:

$$M \subset P, \quad F \subset P$$

平时人们会说,"男人是人""女人是人",其中将"人""男人"和"女人"视为概念,集合 P 就是"人"这个概念的外延,集合 M 是"男人"这个概念的外延,集合 F 是"女人"这个概念的外延。可使用类图描述这 3 个概念及其外延之间的包含关系,其类图如图 4.2 所示。

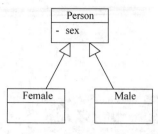

图 4.2   人与女人、男人
之间的继承关系

图 4.2 中,3 个类 Person、Female 和 Male 分别代表人、女人和男人,连接类 Person 和 Female 的空心箭头表示类 Person 的对象构成的集合包含类 Female 的对象构成的集合。同样,连接类 Person 和 Male 的空心箭头表示类 Person 的对象构成的集合包含类 Male 的对象构成的集合。

在认识客观世界的过程中,人们往往从不同的角度认识客观世界中的事物,可按照不同的标准对事物进行分类,也会进行层层分类,最终将事物划分到容易把握的粒度。

例如,可从人类社会的角度,按照人的职业对人进行分类,将人分为学生和教师,再按照受教育的阶段将学生分为小学生、中学生和大学生,又将大学生分为本科学生和研究生,本科学生再分为工科学生和非工科学生,最终形成一个层次关系。人包含的层次关系如图 4.3 所示。

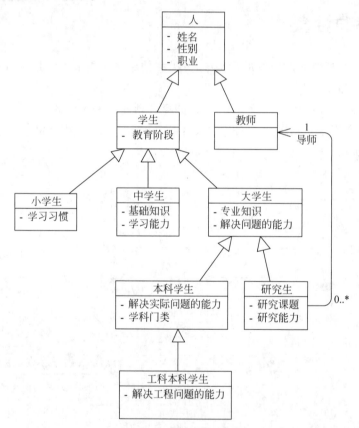

图 4.3   人包含的层次关系

分类的好处是,能够专注于解决某类事物的共性问题。如图 4.3 所示,各类学生都有自己的学习目标,有自己的学习侧重,小学生应该注意学习习惯的培养;中学生主要学习基础知识,培养学习能力;大学生要学习专业知识,培养运用基础知识和专业知识解决问题的能力,本科学生更注重解决实际问题的能力。特别是,工科本科学习,必须培养解决复杂工程问题的能力,应该围绕这个学习目标学习知识,培养能力,提高素质。

4.2 继承

继承(Inherit)是面向对象思想中的重要概念,用于描述事物类别之间的包含关系,是面向对象分析设计和编程实现的核心支柱。如果一个程序设计语言不支持继承,就不能算作面向对象程序设计语言,从而说明了继承在面向对象分析设计和编程中的重要性。

4.2.1 继承的概念

面向对象思想中,继承是类之间的一种关系,表示一个类所代表的集合包含另一个类所代表的集合。继承这个概念中包含多个术语,这些术语来源于传统的家谱,非常形象,通过这些术语有助于理解类之间的复杂继承关系。

在一个继承关系中将代表母集的类称为父类(Parent Class),代表子集的类称为子类(Child Class),将父类到子类称为继承。继承及其中的术语如图4.4所示。

与一个家族的家谱类似,每个类有一个父类,但允许有多个子类,这些子类也称为该类的派生类,每个子类都可以派生出多个子类,一直延续下去,最终形成一棵树。为了交流方便,

图4.4 继承及其中的术语

将一个类派生出的所有类统称为该类的派生类,而这个类称为所有派生类的祖先。

除了树的结构外,类的继承关系中还借鉴了传统家族之间的继承概念。按照传统的家族观念,子女应继承父亲的财富和责任,子类虽然不能继承父类的财富,但应该继承父类的属性和行为,能够代替父类承担责任。

可以说,类的继承机制就是借鉴传统的家族图谱设计的,因此,多学习些历史,多了解些传统文化,对学习技术也是有用的,但要留其精华,去其糟粕。

4.2.2 继承的编程实现

按照继承的概念,子类要继承父类的属性和行为,换句话说,子类的对象包含父类的对象,也应承担父类对象的职责。在创建一个子类的对象时,先构造父类的对象再构造自己,子类的对象包含父类对象的内存和自己的内存。父类、子类及其继承关系示例如图4.5所示。

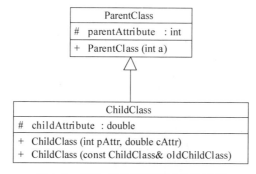

图4.5 父类、子类及其继承关系示例

如图 4.5 所示,子类 ChildClass 有一个属性和两个构造函数,除此之外,还从父类 ParentClass 继承了属性 parentAttribute 以及 ParentClass( )构造函数,示例代码如例 4.1 所示。

【例 4.1】 继承的实现。

```cpp
class ParentClass
{
public:
    ParentClass(int a);
protected:
    int parentAttribute;
};
ParentClass::ParentClass(int a){
    parentAttribute = a;
}
```

父类 ParentClass 的属性 parentAttribute,声明为保护的(protected),允许类 ParentClass 的子类访问这个属性,但不允许通过其他对象访问。

一个人出生时,必须有父母,但可以没有子女,因此,应先声明父类 ParentClass,再声明子类 ChildClass 及其继承关系。

```cpp
class ChildClass : public ParentClass
{
public:
    ChildClass(int pA, double cA);
    ChildClass(const ChildClass& oldChildClass);
protected:
    double childAttribute;
};

ChildClass::ChildClass(int pA, double cA) :ParentClass(pA)
{
    childAttribute = cA;
}
ChildClass::ChildClass(const ChildClass& oldChildClass) :ParentClass(oldChildClass.parentAttribute)
{
    childAttribute = oldChildClass.childAttribute;
}
```

代码 class ChildClass:public ParentClass 声明了一个类 ChildClass,声明的类继承于类 ParentClass,是类 ParentClass 的一个子类,其中,使用冒号(:)指明了 ChildClass 的父类是 ParentClass,关键字 public 说明是公开继承。公开继承的语义为,从父类 ParentClass 继承属性和行为的过程中,没有增加限制,没有截留,子类 ChildClass 能够继承全部属性和非私有的行为。

子类从父类继承了属性 childAttribute 以及 ParentClass(int a)构造函数,并在子类的构造函数和拷贝构造函数中使用冒号语法调用父类的构造函数,用于初始化包含的父类对象。

例如,子类的构造函数中调用了父类的构造函数,其代码如下。

ChildClass::ChildClass(int pA,double cA):ParentClass(pA)

其中,":ParentClass(pA)"使用了冒号语法,说明在调用 ChildClass(int pA,double cA)构造函数过程中,要执行函数调用 ParentClass(pA)。需要注意的是,初始化父类对象时使用的是类名 ParentClass,而初始化对象成员时使用的是属性名。

语句 ChildClass c(1,2.5)的功能是创建子类 ChildClass 对象 c。从逻辑上讲,先按照 ParentClass(1)的语义构造父类 ParentClass 的一个无名对象,再按照声明顺序依次构造子类 ChildClass 对象中的成员,其创建过程如图 4.6 所示。

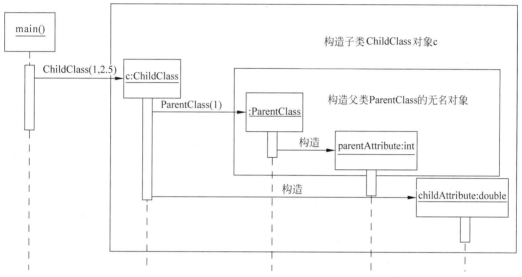

图 4.6 子类 ChildClass 对象 c 的创建过程

按照如图 4.6 所示的构造过程创建了类 ChildClass 的对象 c,对象 c 包含父类 ParentClass 的对象及其数据成员,以及自己的数据成员。对象 c 的物理结构如图 4.7 所示,逻辑结构如图 4.8 所示。

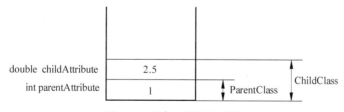

图 4.7 对象 c 的物理结构

如图 4.6 所示的创建过程中,先构造父类 ParentClass 的对象,然后再构造自己的成员。父类 ParentClass 对象的创建过程中也要调用父类的构造函数,具体调用方法与关联类似,但调用构造的顺序应与构造对象的顺序一致,即先调用父类的构造函数,再调用对象成员的构造函数。

继承关系与组合关联相比,两者的内部实现原理一样,这决定了继承的实现代码与组合关联非常相似。因此,在编程实现层面两者的区别很少,如果掌握组合关联的编程方法后,很容易编写继承关系的实现代码。

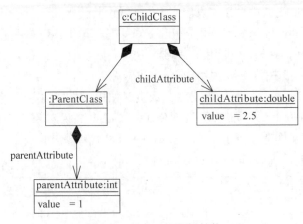

图 4.8　对象 c 的逻辑结构

视频讲解

4.2.3　描述类之间的层次

分层思想能让解决问题变得更加简单,而使用继承描述类之间的层次,也能让程序结构清晰,代码简单易懂,也让编程变得更加简单,因此,要有信心编写比较复杂的程序。

例如,在前面的示例中,已编写了类 Person、Tdate 和 myString 的代码。下面使用继承声明学生、教师和研究生的类,以重用 3.5 节中的示例代码,直接使用原来的功能。学生、研究生和教师及其层次关系如图 4.9 所示。

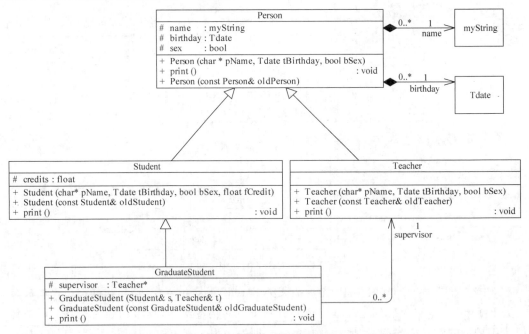

图 4.9　学生、研究生和教师及其层次关系

图 4.9 中,主要声明了 4 个类及其继承关系,其中,类 GraduateStudent 继承于类 Student,类 Student 和 Teacher 继承于类 Person,重用了类 Person 及其两个关联类 Tdate 和 myString 的代码。类 Person 及其两个关联类的代码如例 4.2 所示。

【例 4.2】 类 Person 及其两个关联类。

```
// Person.h
# include "Tdate.h"
# include "myString.h"

class Person
{
public:
    Person(const char * pName, const Tdate& tBirthday, bool bSex);
    Person(const Person& oldPerson);
    void print();

protected:
    myString name;
    Tdate birthday;
    bool sex;
};
```

类 Person 的声明中,使用了自定义的数据类型 Tdate 和 myString,需要引入其头文件 Tdate.h 和 myString.h。

```
// Person.cpp
# include "Tdate.h"
# include "myString.h"
# include "Person.h"
# include < iostream >
using namespace std;

Person::Person(const char * pName, const Tdate& tBirthday, bool bSex) :name(pName), birthday
(tBirthday)
{
    sex = bSex;
}
Person::Person(const Person& oldPerson) :name(oldPerson.name), birthday(oldPerson.birthday)
{
    sex = oldPerson.sex;
}
void Person::print(){
    name.print();
    cout << ",";
    birthday.print();
    cout << "," << (sex ? "男" : "女");
}
```

构造函数中,代码 name(pName)和 birthday(tBirthday)初始化成员变量 name 和 birthday,表达式 sex = bSex 初始化成员变量 sex。

print()成员函数中,调用类 myString 的 print()函数输出姓名,调用类 Tdate 的 print()函数输出生日,表达式 cout <<","<< (sex ? "男" : "女")输出性别。

类 myString 和 Tdate 是 3.5 节定义的类,只需删除为调试而编写的输出代码。

从类 Person 派生类 Student 和 Teacher,以及重用类 Person 及其关联类的代码,示例代码如例 4.3 所示。

【例 4.3】 从类 Person 派生类 Student 和 Teacher。

```
// Student.h
# include "Tdate.h"
# include "myString.h"
# include "Person.h"

class Student : public Person
{
public:
    Student(const char * pName, const Tdate& tBirthday, bool bSex, float fCredit);
    Student(const Student& oldStudent);
    void print(void);
protected:
    float credits;    //学分
};
```

定义了一个成员变量 credits,用于存储学生的学分。构造函数中增加了参数 fCredit,用于传递一个学生的学分 Credits。

为了突出核心代码,下面省略了引入头文件的代码,在调用程序时可从后面的主程序中复制。

```
// Student.cpp
Student::Student(const char * pName, const Tdate& tBirthday, bool bSex, float fCredit)
    :Person(pName, tBirthday, bSex)
{
    credits = fCredit;
}
Student::Student(const Student& oldStudent) : Person(oldStudent)
{
    credits = oldStudent.credits;
}
void Student::print(){
    cout << "Student:" << endl;
    Person::print();
    cout << "," << credits;
}
```

构造函数中,代码 Person(pName,tBirthday,bSex)调用父类 Person 的构造函数,用于初始化父类对象。拷贝构造函数中,也使用代码 Person(oldStudent)调用 Person 的拷贝构造函数。

成员函数 print()中,代码 Person::print()调用父类的成员函数,用于输出 Person 对象的数据。

因 Student 对象中包含的父类 Person 对象是无名对象,不能使用选择成员运算(.)调用其成员函数,因此,规定了一个新的语法,使用格式"类名::成员"访问父类的成员。

```
// Teacher.h
class Teacher : public Person
```

```
{
public:
    Teacher(const Person& p);
    Teacher(const Teacher& oldTeacher);
    void print();
};
```

```
//Teacher.cpp
Teacher::Teacher(const Person& p) : Person(p)
{}
Teacher::Teacher(const Teacher& oldTeacher) : Person(oldTeacher)
{}
void Teacher::print(void){
    cout << "Teacher:" << endl;
    Person::print();
}
```

类 Teacher 中,调用父类 Person 的构造函数和拷贝构造函数初始化父类对象。

从类 Student 派生出类 GraduateStudent,以及重用类 Student 和 Person 的代码,示例代码如例 4.4 所示。

【例 4.4】 从类 Student 派生类 GraduateStudent。

```
class GraduateStudent : public Student
{
public:
    GraduateStudent(Student& s, Teacher& t);
    GraduateStudent(const GraduateStudent& oldGraduateStudent);
    void print(void);
protected:
    Teacher * supervisor;
};
```

```
GraduateStudent::GraduateStudent(Student& s, Teacher& t) :Student(s)
{
    supervisor = &t;
}
GraduateStudent::GraduateStudent(const GraduateStudent& oldGraduateStudent):
Student(oldGraduateStudent)
{
    supervisor = oldGraduateStudent.supervisor;
}
void GraduateStudent::print(void){
    cout << "GraduateStudent:" << endl;
    Student::print();
    cout << endl;
    supervisor -> print();
}
```

类 GraduateStudent 中,只调用了 Student 和 Teacher 的成员函数,代码中没有出现类 Person 的信息,好像类 Person 不存在一样。

这个特点非常有价值,能减少编程中涉及的知识,也能少写一些代码。这正好符合面向对象程序设计追求的目标,将程序员从细节中解脱出来,而将更多的精力用于解决实际问题。主程序示例代码如例 4.5 所示。

【例 4.5】 主程序。

```
//主程序
#include "Tdate.h"
#include "myString.h"
#include "Person.h"
#include "Student.h"
#include "Teacher.h"
#include "GraduateStudent.h"
#include <iostream>
using namespace std;

const bool male = true;
const bool female = false;

void main(){
    cout << "**** 创建 Person 对象 *****" << endl;
    Person p1("张三", Tdate(8, 8, 2021), male);
    p1.print();

    cout << endl << endl << "**** 创建 Student 对象 *****" << endl;
    Student s1("李四", Tdate(8, 8, 2021), female, 20);
    s1.print();

    cout << endl << endl << "**** 创建 Teacher 对象 *****" << endl;
    Teacher t1(p1);
    t1.print();

    cout << endl << endl << "**** 创建 GraduateStudent 对象 *****" << endl;
    GraduateStudent g1(s1, t1);
    g1.print();

    cout << endl << endl << "**** main 语句结束 ****" << endl;
}
```

例 4.5 程序的输出结果如下。

```
 **** 创建 Person 对象 *****
张三,8/8/2021,男

 **** 创建 Student 对象 *****
Student:
李四,8/8/2021,女,20

 **** 创建 Teacher 对象 *****
Teacher:
张三,8/8/2021,男

 **** 创建 GraduateStudent 对象 *****
GraduateStudent:
```

```
Student:
李四,8/8/2021,女,20
Teacher:
张三,8/8/2021,男

**** main 语句结束 ****
```

例 4.5 中，分别为类 Person、Student、Teacher 和 GraduateStudent 创建了一个对象，其中，类 GraduateStudent 的对象 g1 最复杂，其逻辑结构如图 4.10 所示。

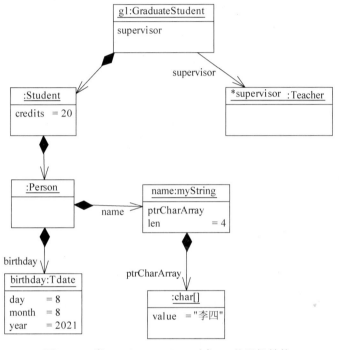

图 4.10　类 GraduateStudent 对象 g1 的逻辑结构

如图 4.10 所示，对象 g1 包含 Student 和 Person 两个无名对象，两个成员对象 birthday 和 name，以及两个指针 supervisor 和 ptrCharArray，其逻辑结构比较复杂。

例 4.5 描述了一个比较复杂的逻辑结构，说明了定义的类 Tdate、myString、Person、Student、Teacher 和 GraduateStudent 具有比较强的描述能力，因此，可以将它们作为基础，编写出能解决实际问题的程序。

4.2.4　保护继承与私有继承

继承可以公共继承，也可保护继承和私有继承。例如，先封装一个基类 Base，然后从基类 Base 派生出 3 个子类，分别采用公共继承、保护继承和私有继承方式，最后从 3 个子类分别派生一个子类，都采用公共继承方式。类及其继承关系如图 4.11 所示。

如图 4.11 所示的类，都有 test( ) 成员函数。test( ) 成员函数中，使用如下代码访问基类 Base 的属性，用于观察访问控制的情况。

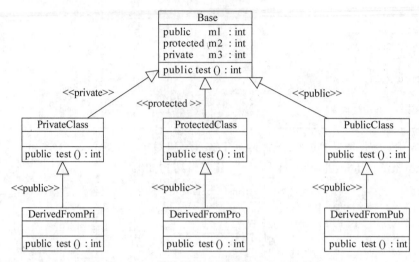

图 4.11   公共继承、保护继承和私有继承

```
void test(){
    ml = 1;
    m2 = 2;
    m3 = 3;
}
```

按照如图 4.11 所示的类及其继承关系,可直接在集成开发环境中编写代码,集成开发环境会及时提示,哪个数据成员能够访问,哪个不能访问。

实际上,无论是继承的访问控制还是成员的访问控制,只要有一个 private,就只能自己访问;如果没有 private,则派生类中都可以访问,如果没有 public,非派生类中都不能访问。

访问控制机制,不仅可以控制对数据成员的访问,也可以控制对成员函数的调用,特别是,私有继承限制了派生类对祖先类成员的访问,导致派生类不能承担祖先类的职责,会出现派生类的对象不能有效参与计算的情况,因此,使用私有继承时要特别小心。

例如,长颈鹿和猫都是动物,如果长颈鹿和动物之间采用私有继承,长颈鹿就不具有动物的完整特征和行为,动物都能做的事情,长颈鹿却不能做。也就是说,长颈鹿不再是完整的动物,也不能承担动物的共同职责。动物、长颈鹿和猫的私有继承如图 4.12 所示,示例代码如例 4.6 所示。

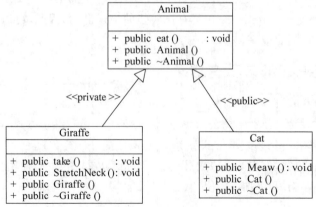

图 4.12   动物、长颈鹿和猫的私有继承

【例 4.6】 动物、长颈鹿和猫的私有继承。

```cpp
#include <iostream>
using namespace std;

class Animal
{
public:
    Animal(){}
    void eat(){ cout << "eat\n"; }
};
class Giraffe :private Animal
{
public:
    Giraffe(){};
    void StrechNeck(double) { cout << "strech neck\n"; }
};
class Cat :public Animal
{
public:
    Cat(){}
    void Meaw(){ cout << "meaw\n"; }
};
void funA(Animal&an){
    an.eat();
}
void funG(Giraffe&an){
    an.eat();      //error
}
int main(){
    Cat c;
    Giraffe g;
    funA(c);
    funA(g);       //error
    funG(g);
}
```

类 Giraffe 的声明中,代码 class Giraffe :private Animal 表示类 Giraffe 从类 Animal 私有继承,限制了对类 Animal 成员的访问,编译时会报如下错误。

错误描述	源文件	行
error C2243: 'type cast' : conversion from 'Giraffe * 'to 'Animal &' exists, but is inaccessible	AnimalApp.cpp	38
error C2247: 'Animal::eat' not accessible because 'Giraffe' uses 'private' to inherit from 'Animal'	AnimalApp.cpp	32
IntelliSense: conversion to inaccessible base class "Animal" is not allowed	AnimalApp.cpp	38
IntelliSense: function "Animal::eat" (declared at line 14) is inaccessible	AnimalApp.cpp	32

第一行的错误 error C2243 是针对函数调用 funA(g)。要理解其意思还要了解引用的内部实现机制,即引用是通过指针实现的,是对指针的封装。错误信息的含义是,存在'Giraffe * '到'Animal &'的转换(封装),但转换后不能访问。换句话说,函数调用 funA(g)

中,不能访问其实参对象 g,当然要出问题,所以报错。

第二行的错误 error C2247 是针对 funG()函数中的函数调用 an. eat(),其含义是,由于从 Animal 到 Giraffe 使用了私有继承,导致不能调用 Animal 的 eat()成员函数。

前面两行从具体技术层面直接指出了错误以及错误的原因,后面两行是智能(IntelliSense)分析的结果,供程序员在修改代码时参考。

软件的安全性非常重要,而访问控制是保证安全的基础,需要理解访问控制的原理,并合理地控制对类及成员的访问。学习理解访问控制的有效方法就是,向编译器学习,多在集成开发环境中调试代码。

视频讲解

4.3　多态

为了理解多态(Polymorphism)的概念,先介绍数学中的一个计算问题。读小学时就知道,进行加法运算时,整数的计算方法和实数的计算方法是不一样的,需要针对不同的类型进行计算。在结构化程序设计中通过函数重载技术可以解决这个问题,但面向对象程序设计中怎样解决这个问题呢?

在实际生活中,也存在这类问题。例如,计算一个学生的学费,不同阶段的学生,计算学费的方法是不同的,本科生的学费一般按照学分来计算,而研究生的学费一般按照学年来计算。无论是本科学生还是研究生,都是计算学费,但具体计算方法确实不同。面向对象程序设计中怎样解决这个问题呢?

上述两个问题是人们对客观事物进行分类而出现的问题,结构化程序设计中从计算角度提出了解决办法,但与人们认识客观世界的习惯有一定差距,因此,面向对象程序设计中专门提出了多态的概念,并根据这个概念提出了解决办法。

4.3.1　多态的概念

数是人们认识客观世界过程中抽象出的概念,并形成了数具有加法运算的常识,已养成整数是实数,它们都是数的思维模式。在进行加法运算时,遇到实数就按照实数的方法计算,遇到整数就按照整数的方法计算,已经养成了这种思维习惯。

面向对象程序设计中,用类来描述整数、实数和数,使用继承描述它们之间的关系。数及其继承关系如图 4.13 所示。

按照"数具有加法运算"这个常识,先声明代表数的类 Number,其属性 digits 用于存储表示数的数字串,可将数字串视为一个自然数,因此,将属性 digits 的数据类型设置为 unsigned。然后按照"将被加数加到加数,得到一个数"的思维习惯,定义成员函数 unsigned add(unsigned op2),其中,参数 op2 是被加数,加数是存储在类 Number 对象中的数字串。加法运算是在数字串上进行的,因此,将 add()函数返回值和参数的数据类型设置为 unsigned。

按照"整数是实数,实数是数"这个认识,声明了类 Real 和 Int 及其继承关系。考虑到各种数的计算方法不同,为类 Int 和 Real 分别定义了 add()成员函数,分别实现整数和实数的加法运算。

在进行整数或实数的加法运算时,可通过类 Int 和 Real 的对象调用相应的 add()成员

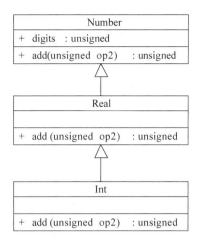

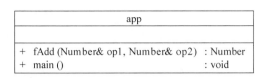

图 4.13　数及其继承关系

函数,按照希望的方法进行加法运算,示例代码如下。

```
Int i1,i2;
i1.add(i2. digits)       //调用类 Int 的 add()成员函数

Real r1,r2;
r1.add(r2. digits)       //调用类 Real 的 add()成员函数
```

在进行加法运算时,首先想到的是两个数相加,具体计算时才会关心是整数相加还是实数相加,为了描述这种情况,面向对象程序设计中提出了所谓的"替代原理"。

"替代原理"的规则是,子类的对象可以作为实参替代父类的对象,但父类的对象不能替代子类的对象。

例如,下面的代码中,定义了 void fAdd(Number &op1, Number &op2)函数,要求其实参是类 Number 的对象,严格来说,不能将类 Real 或 Int 的对象作为该函数的实参,但按照"替代原理",就可以。

```
void fAdd(Number &op1, Number &op2){
    op1.add(op2. digits);    //调用 Real::add()还是 Int::add()
}
void main(){
    cout << "**** 实数的加法 ****" << endl;
    Real r1, r2;
    fAdd(r1, r2);

    cout << "**** 整数的加法 ****" << endl;
    Int i1, i2;
    fAdd(i1, i2);
}
```

编写程序时,程序员按照计算加法的习惯,不管是整数还是实数都调用 fAdd()函数进行加法运算。如果传递两个整数,就希望 fAdd()函数按照整数的计算方法进行加法运算,即 fAdd()函数中调用 Int::add();如果传递两个实数,就希望 fAdd()函数按照实数的计算方法进行加法运算,即 fAdd()函数中调用 Real::add()。

这样就会出现一个技术性问题,在编译 fAdd()函数时,编译器不知道传递的实参是哪个类的对象,就不知该调用哪个 add()函数,从而导致编译不出可执行代码。

为了解决这个技术性问题,面向对象程序设计中提出了所谓的"动态联编"技术。"动态联编"技术的思路是,将基类 Number 派生出的所有子类的 add()成员函数都编译到可执行代码中,并在每个对象中增加标识所属类的类型标志;程序运行时,再根据实参对象中的类型标志确定调用哪个 add()成员函数。

"动态联编"技术解决了多态导致的技术问题,程序员就可以按照平时的思维习惯编写代码,但也导致编译出的可执行代码效率低,程序运行慢的问题。

解决这个问题的办法是,让程序员告诉编译器,哪个成员函数需要动态联编,没有指定要动态联编的函数,编译器都按照原来的方式编译。

4.3.2 多态的编程技术

多态是现实生活中的一种现象,针对这种现象,面向对象程序设计语言中提供了描述这种现象的手段和一系列编程实现技术。

为了描述多态现象,面向对象程序设计中提出了抽象类(Abstract Class)和虚函数(Virtual Function)两个概念。

虚函数指具有多种实现方法的函数,用于描述客观世界中的多态行为。例如,加法运算有多种具体的计算方法,是一种多态行为,实现加法运算的 add()函数就是虚函数。

从概念上讲,add()虚函数不是一个函数,而是一类函数的统称,其中一个 add()函数实现了加法的一种计算方法。例如,按照自然数加法可以编写一个针对自然数的 add()函数,按照整数加法可以编写一个针对整数的 add()函数,按照实数加法可以编写一个针对实数的 add()函数等,但编写不出针对"数"的 add()函数。

这是因为数是对各种数的抽象,是各种数的母集,一个数要么是自然数,要么是整数、实数等,不存在不属于任何数集的数。"数"都不存在,当然也不存在针对"数"的加法计算方法,自然就编写不出针对"数"的 add()函数。

"数"与其他数集相比,非常特殊,为了与其他数集相区别,将代表"数"的类称为抽象类。

从编程角度讲,抽象类指不能直接创建其对象的类,抽象类的对象只能包含在其子类的对象中,并通过创建其子类的对象来创建抽象类的对象。除此之外,抽象类还有一个本质特征,即抽象类必定有虚函数,并且虚函数中至少有一个函数没有具体的实现方法,即编写不出实现代码。

准备了上述知识后,就可以按照多态编程技术编写加法运算的代码。将类 Number 及其子类中的 add()成员函数设置了虚函数,将类 Number 设置为抽象类,并标注类 Number 中的 add()成员函数没有实现代码。数中的虚函数与抽象类如图 4.14 所示。

如图 4.14 所示,类 Number 是类 Real 和 Int 的基类,也是抽象类,其中 add()成员函数是虚函数,类 Real 和 Int 中,重写(Override)了父类 Number 的 add()成员函数,总共有 3 个具体的 add()函数,它们的函数原型完全相同。类 Real 中的 add()成员函数按照实数的加法进行计算,类 Int 中的 add()成员函数按照整数的加法进行计算。

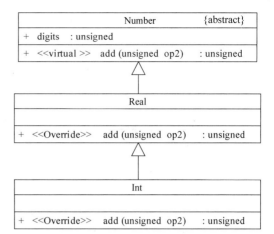

图 4.14　数中的虚函数与抽象类

主程序中,定义了 fAdd()函数用于计算两个数的加法。调用 fAdd()函数中,希望按照多态调用 add()成员函数,示例代码如例 4.7 所示。

【例 4.7】　按照多态调用 add()成员函数。

```
# include < iostream >
using namespace std;

class Number                          //抽象类
{
public:
    virtual unsigned add(unsigned n) = 0;    //纯虚函数,不需要实现
    unsigned digits;
};
class Real : public Number
{
public:
    virtual unsigned add(unsigned n);        //虚函数
};
class Int : public Real
{
public:
    unsigned add(unsigned n);                //虚函数,virtual 可以省略
};

unsigned Int::add(unsigned n){
    cout << "整数 + 整数" << endl;
    return n;
}

unsigned Real::add(unsigned n){
    cout << "实数 + 实数" << endl;
    return n;
}

void fAdd(Number &op1, Number &op2){//传递引用,或传递指针
```

```
        op1.add(op2. digits);     //编译器采用动态联编:运行时,选择调用 Real::add()还是 Int::add()
    }
    void main(){
        cout << " **** 实数的加法 **** " << endl;
        Real r1, r2;
        fAdd(r1, r2);

        cout << " **** 整数的加法 **** " << endl;
        Int i1, i2;
        fAdd(i1, i2);
    }
```

函数调用 fAdd(r1，r2)中,两个实参都是类 Real 的对象,函数 fAdd()中的语句 op1. add(op2. value)调用类 Real 的 add()成员函数,同样,函数调用 fAdd(i1,i2)中调用类 Int 的 add()成员函数,最终实现了多态。

例 4.7 程序的输出结果如下。

```
 **** 实数的加法 ****
实数 + 实数
 **** 整数的加法 ****
整数 + 整数
```

编写多态代码比较简单,关键是要按照多态的思维进行思考。根据多态思维设计的代码,很容易通过编译,如果不能通过或不能达到多态的效果,大多数情况下都是没有按照多态思维来思考,设计出的代码出现了逻辑上的错误。

例如,类 Number 中的 add()虚函数,其函数原型不能为 Number add(Number n),这是因为数是由带符号的数字串表示的,加法计算时处理的是这些带符号的数字串,因此,应该将带符号的数字串作为函数的参数,而不能将抽象的数作为参数。

类 Number 的属性 digits 中,按照数据类型 unsigned 规定的格式存储表示数的数字串,因此,类 Int 的 add()成员函数中,可以直接使用数据类型 unsigned 的加法运算计算两个整数之和,但类 Real 的属性 digits 中,应该存储表示实数的二进制串,创建类 Real 的对象时,应将表示实数的二进制串存储到属性 digits 中,计算加法时,也应该按照实数的加法处理属性 digits 中的二进制串。实数加法的实现代码如例 4.8 所示。

【例 4.8】　实数加法的实现。

```
# include < iostream >
using namespace std;

class Number
{
public:
    virtual unsigned add(unsigned n)  =  0;
    unsigned digits;        //二进制串
};

class Real : public Number
```

```
{
public:
    unsigned add(unsigned n);
    Real(float v);
    Real(){};
};
class Int : public Real
{
public:
    unsigned add(unsigned n);
    Int(int v);
    Int(){};
};
Real::Real(float v){
    float * p = (float * )& digits;
    * p = v;    //将参数 v 中存储的二进制串复制到属性 digits 中
};
Int::Int(int v){
    int * p = (int * )& digits;
    * p = v;
}
```

类 Real 和 Int 的构造函数中,通过指针将参数 v 中存储的二进制串复制到属性 digits 中,其中,只强制转换了指针指向的数据类型,没有改变参数 v 中存储的二进制串。如果强制转换属性 digits 或参数 v 的数据类型,都会改变其中存储的二进制串,不能得到预期的结果。

```
unsigned Real::add(unsigned n){
    float * p1, * p2, rt;
    p1 = (float * )& digits;
    p2 = (float * )&n;
    rt = * p1 + * p2;           //进行 float 的加法运算
    return * ((unsigned * )&rt); //返回 rt 中存储的二进制串
}
unsigned Int::add(unsigned n){
    return digits + n;
}
```

类 Int 的 add() 成员函数中,直接使用自然数的加法运算实现整数的加法。类 Real 的 add() 成员函数中,先使用两个指向 float 的指针 p1 和 p2 分别指向两个操作数的二进制串,然后通过这两个指针进行 float 的加法运算,最后返回两数之和的二进制串。

```
unsigned fAdd(Number &op1, Number &n){
    unsigned t = op1.add(n. digits);
    return op1.add(n. digits);
}

void main(){
    unsigned t;
    Int i1 = 1, i2 = 2;
```

```
        t = fAdd(i1, i2);
        cout << "1 + 2 = " << t << endl;

        Real r1 = 1.1, r2 = 2.2;
        t = fAdd(r1, r2);
        float f;
        f = * ((float * )&t);    //将变量 t 中存储的二进制串复制给变量 f
        cout << "1.1 + 2.2 = " << f << endl;
}
```

例 4.8 程序的输出结果如下。

```
1 + 2 = 3
1.1 + 2.2 = 3.3
```

多态针对的是一件事情有多种具体做法的情况,做的是一件事情,就应该有相同的输出。因此,同名的虚函数就应该有相同的参数个数和数据类型,否则,编译器就不会使用动态联编技术而选用函数重载技术来编译代码。

4.3.3　按照多态思维编写代码

编写多态特征的代码时,程序员主要做的事情是,告诉编译器哪些类的哪些成员函数描述客观事物的多态行为,以及每种行为的做事方法,即编写成员函数代码,而编译器承担了选择调用哪个成员函数的任务,从而明显降低了程序员的工作量,编写的代码也更加简洁。

例如,计算图形的面积。根据"圆和长方形都是图形"的常识,设计类 Circle 和 Rectangle 分别用于描述圆和长方形,图形是对圆和长方形等的抽象,用抽象类 Shape 描述它,并作为类 Circle 和 Rectangle 的父类,并设计一个虚函数 Area()负责计算面积。图形及继承关系如图 4.15 所示。

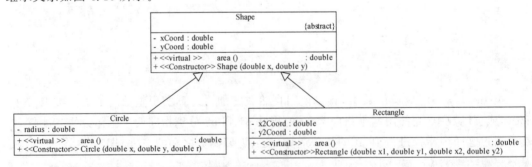

图 4.15　图形及继承关系

如图 4.15 所示,类 Circle 和 Rectangle 继承于类 Shape,类 Shape 的对象中可存储一个点的坐标,类 Circle 的对象包含圆的半径以及父类对象中的点,类 Rectangle 的对象中包含两个点的坐标。根据类 Circle 和 Rectangle 的对象中存储的数据,可计算图形的面积,示例代码如例 4.9 所示。

【例 4.9】　计算图形的面积。

```
# include < math. h >
# include < iostream >
using namespace std;

class Shape
{
public:
    Shape(double x, double y) : xCoord(x), yCoord(y){}
    virtual double area() const = 0;
protected:
    double xCoord, yCoord;
};
class Circle :public Shape
{
public:
    Circle(double x, double y, double r) : Shape(x, y), radius(r){}
    virtual double area() const {
        return 3.14 * radius * radius;
    }
protected:
    double radius;
};
class Rectangle :public Shape
{

public:
    Rectangle(double x1, double y1, double x2, double y2)
        :Shape(x1, y1), x2Coord(x2), y2Coord(y2){}
    virtual double area() const;
protected:
    double x2Coord, y2Coord;
};
double Rectangle::area() const
{
    return fabs((xCoord - x2Coord) * (yCoord - y2Coord));
}
```

类 Rectangle 的 area()成员函数中,使用矩形的面积公式计算面积,类 Circle 的 area()成员函数中,使用圆的面积公式计算面积,为了实现多态,将计算面积的 area()成员函数设置为虚函数。

在计算图形的面积时,先定义一个求面积的 compute()函数,然后调用 compute()函数计算图形的面积。

```
void compute(const Shape& sp){
    cout << sp.area() << endl;
}
void main(){
    Circle c(2.0, 5.0, 4.0);
    compute (c);
    Rectangle t(2.0, 4.0, 1.0, 2.0);
    compute (t);
}
```

例 4.9 程序的输出结果如下。

```
50.24
2
```

例 4.9 程序中,有 3 个计算面积的 area()成员函数,但从 compute()函数的视角,就只有一个计算面积的 area()函数,而不关心调用的是哪个 area()函数,更不关心是怎样计算的。这个特点能让 area()函数的使用者省事省心。如果再增加一种图形,area()函数的使用者也不必修改进行高层计算的代码。

现实生活中,多态现象也很多,计算学生学费问题就是一个典型示例。

学生学习就要交学费,但不同类型不同学习阶段的学生,学费的计算方法是不同的。例如,本科学生有本科学生的学费计算方法,研究生有研究生的学费计算方法,因此,计算学费就是一种多态行为。

可在如图 4.9 所示的程序中增加计算学生学费的功能,并使用多态计算学费。使用多态计算学费的类如图 4.16 所示。

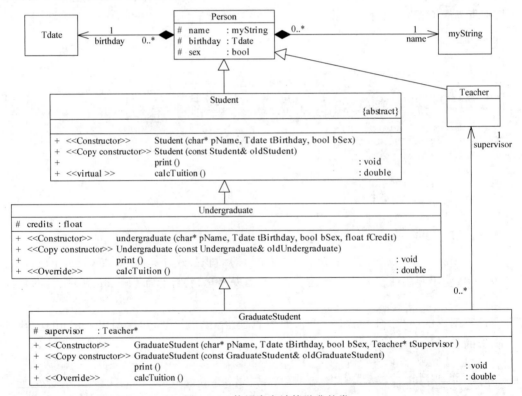

图 4.16　使用多态计算学费的类

如图 4.16 所示,调整的类只有 3 个。类 Student 中,为计算学费增加了一个虚函数 calcTuition(),类 Student 的子类 Undergraduate 和 GraduateStudent 中重写这个虚函数,成为虚函数 calcTuition()的两个具体实现。可将类 Student 设置为抽象类,以方便今后扩展。

子类 Undergraduate 用于描述大学生,可根据学分计算大学生的学费,子类

GraduateStudent 用于描述研究生,可根据学年计算其学费。

对照如图 4.16 所示的类图,先调整类 Student 的代码,编写子类 Undergraduate 的代码,比较常用的方法是,复制类 Student 或 GraduateStudent 的代码并做相应的修改。最后,调整 GraduateStudent 的代码。

编写代码比较简单,读者可参照示例中的代码自己编写。

多态让类的设计者去考虑工作的细节,而让类的使用者从细节中脱离出来,能够将更多精力用于解决实际应用问题。多态使应用程序代码极大地简化,它是开启继承能力的钥匙。

4.4　多重继承

视频讲解

到目前为止,所讨论的类层次中,每个类只继承一个父辈,即所谓的单继承,但现实世界中也存在大量从多个父辈继承的情况。面向对象程序设计中,将有多个父辈的继承称为多重继承(Multiple Inheritance)。

4.4.1　多重继承导致的问题

与单继承相比,多重继承比较复杂,使用时容易出现问题,要特别小心。

例如,平常说的沙发床,它既是沙发也是床,可用 3 个类和 2 个继承描述沙发床,其类图如图 4.17 所示。

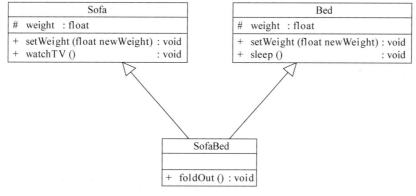

图 4.17　沙发床

如图 4.17 所示,沙发和床都有重量,针对这个情况为类 Bed 和 Sofa 都设计了属性 weight,也设计了访问属性的 setWeight()成员函数。床是用来睡觉的,针对这个情况为类 Bed 设计了 sleep()成员函数,坐在沙发上可以看电视,为类 Sofa 设计了 watchTV()成员函数。沙发床除了用来睡觉和看电视外,还需要从床变成沙发,或从沙发变成床,为类 SofaBed 设计了 foldOut()成员函数。

按照继承的概念及实现机制,类 SofaBed 的对象应该包含类 Sofa 和 Bed 的对象,其逻辑结构如图 4.18 所示。

如图 4.18 所示,类 SofaBed 对象中有两个成员变量 weight,而沙发床只有一个重量,与实际情况不符合。为了解决这个问题,提出了抽象类的虚拟继承的概念,以及实现技术。

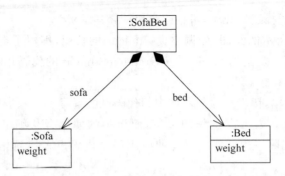

图 4.18　类 SofaBed 对象的逻辑结构

4.4.2　多重继承的实现原理

按照"沙发和床是家具"的理解,为家具设计一个类 Furniture,作为类 Sofa 和 Bed 的父类,然后,再将沙发和床的共同属性和共同行为迁移到类 Furniture。类 Furniture 是对类 Sofa 和 Bed 的抽象,增加抽象类的沙发床如图 4.19 所示。

在如图 4.19 所示的类图中,类 Sofa 和 Bed 与类 Furniture 的继承设置为虚拟继承,表示与其他继承不同。

虚拟继承的语义规定,类 Furniture 的属性只能被其派生类继承一次,即类 Furniture 的派生类的对象中,只能包含一个类 Furniture 对象。

如果类 Sofa 和 Bed 与类 Furniture 的继承没有设置为虚拟继承,就是原来的普通继承,类 SofaBed 对象到类 Furniture 对象有两条连接路径,系统会将类 Furniture 的两个对象组合到类 SofaBed 的对象。普通继承时的连接路径如图 4.20 所示。

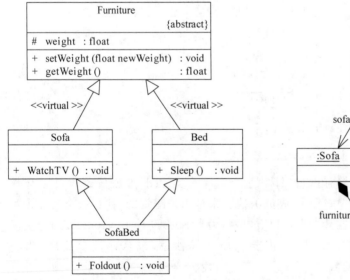

图 4.19　增加抽象类的沙发床

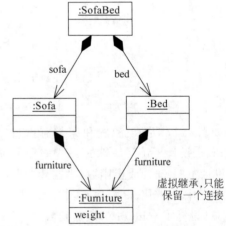

图 4.20　普通继承时 SofaBed 对象中的连接路径

设置了虚拟继承后,按照虚拟继承的语义,只能从两条连接路径选择一条路径,只将类 Furniture 的一个对象组合到类 SofaBed 对象,最终类 SofaBed 对象中只包含类 Furniture 的一个对象。虚拟继承时 SofaBed 对象中的连接路径如图 4.21 所示。

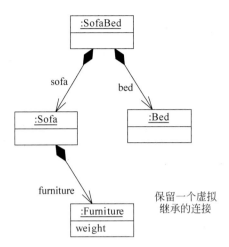

图 4.21　虚拟继承时 SofaBed 对象中的连接路径

4.4.3　多重继承的编程方法

编程实现多重继承的方法非常简单,只需要在声明抽象类 Furniture 的子类时增加关键字 virtual,表示该继承是虚拟继承。按照如图 4.19 所示的类图很容易编写出代码,虚拟继承示例代码如例 4.10 所示。

【例 4.10】　虚拟继承。

```cpp
# include < iostream >
using namespace std;

class Furniture
{
public:
    void setWeight(float newWeight){
        weight = newWeight;
    };
    float getWeight(void){
        return weight;
    }
protected:
    float weight;
}
class Sofa : public virtual Furniture
{
public:
    void watchTV(void){};
}
class Bed : public virtual Furniture
{
public:
    void sleep(void){};
}
class SofaBed : public Bed, public Sofa
{
```

```
public:
    void foldOut(void){};
}
void main(){
    SofaBed ss;
    ss.setWeight(20);
    cout << ss.getWeight() << endl;
}
```

　　语句 SofaBed ss 创建了类 SofaBed 的对象 ss,对象 ss 的结构如图 4.21 所示。对象 ss 只包含一个成员变量 weight,其创建过程如图 4.22 所示。

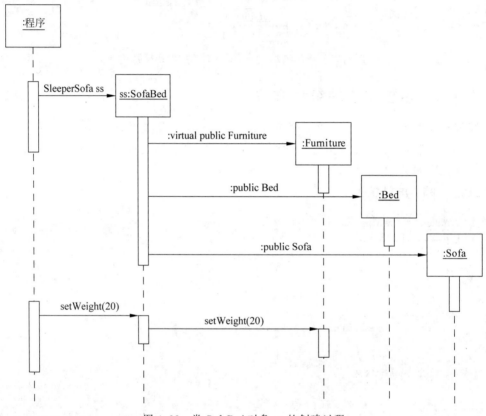

图 4.22　类 SofaBed 对象 ss 的创建过程

　　如图 4.22 所示,类 SofaBed 对象 ss 的创建过程中,先构造类 Furniture 的对象,并为其成员变量 weight 分配内存,因为是虚拟继承,只创建了一个类 Furniture 对象,然后再构造包含的 Bed 和 Sofa 对象。

视频讲解

4.5　应用举例:银行账户

　　目前,银行针对不同的人群提供了不同的服务,最终提供了各种各样的业务。但不管办理什么业务,首先要开设一个银行账户,然后使用这个银行账户办理业务。

4.5.1　分析应用场景

开发一个应用程序时,一般应从分析应用场景开始,重点分析典型应用场景中的交互过程,发现交互过程中的事物及其关系,最终抽象出类及其层次,并给类赋予相应的职责,消除其中的冗余。

1. 业务场景分析

例如,张三想将钱存入银行,走到银行的柜台,银行柜员会问:"您有没有银行卡? 账号是多少?"张三说:"我第一次来,还没有办。"银行柜员问:"您想办理什么业务?"张三说:"想将钱存你们银行,要用钱时再取出来。"银行柜员根据张三的期望,判断出需要办一个储蓄账户,因此说:"给您开设一个储蓄账户吧。"张三说:"好的,给我办一个吧。"于是银行柜员给张三办了一个储蓄账户,然后说:"我已给您办理了一个储蓄账户,账号是×××××,账号不好记,再给您一张卡吧,这张卡中存储了这个账号,您要存钱或取钱时就凭这张卡来办理。"

开设了一个储蓄账户后,张三就通过办理的储蓄账户将钱存入银行,想用钱时通过这个储蓄账户取款,有时也想查询银行中存入了多少钱等。张三办理的银行业务如图 4.23 所示。

同样,李四也想将钱存入银行,但他想办的业务比较多,通过储蓄账户能够办理的业务不能满足他的期望,银行柜员判断出,通过结算账户才能满足李四的期望,因此,给他办理了一个结算账户。开设结算账户后,李四就可以通过这个结算账户办理银行业务。李四办理的银行业务如图 4.24 所示。

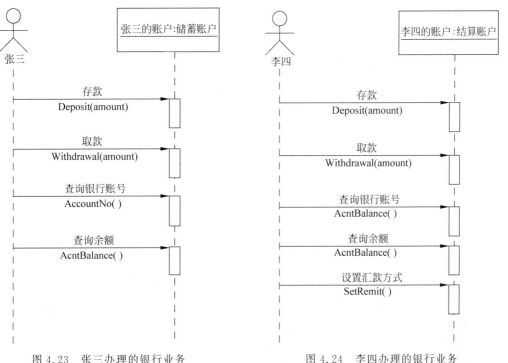

图 4.23　张三办理的银行业务　　　　　图 4.24　李四办理的银行业务

在前面的讨论中,为张三办理存款、取款等银行业务,是银行的职责,但最终将这些职责赋予了张三的账户。张三的账户是一个储蓄账户,将储蓄账户视为一个类 Saving,为了使张三的账户(对象)能够完成自己的职责,在类 Saving 中为每种业务定义一个成员函数,并将张三在办理业务过程中涉及的账号、余额等数据作为类 Saving 的属性。

　　按照同样的思想,发现了描述结算账户的类 Checking,并为其设置了属性和成员函数。

　　前面发现的类 Saving 和 Checking,主要是为了描述银行的业务,常常将描述业务的类称为业务类。业务类 Saving 和 Checking 如图 4.25 所示。

储蓄账户	
- acntNumber	: unsigned
- balance	: float
+ Deposit (float amount)	: void
+ Withdrawal (float amount)	: float
+ AccountNo ()	: unsigned
+ AcntBalance ()	: float

结算账户	
- acntNumber	: unsigned
- balance	: float
# remittance	: Remit
+ Deposit (float amount)	: void
+ Withdrawal (float amount)	: float
+ AccountNo ()	: unsigned
+ AcntBalance ()	: float
+ SetRemit (Remit re)	: int

图 4.25　两个业务类 Saving 和 Checking

　　实际上,如图 4.25 所示的业务类 Saving 和 Checking,从银行业务角度分别描述了两个类的接口,但其中的大多数成员是一样的,存在明显的冗余。

2. 消除冗余

　　为了消除其中的冗余,依据"储蓄账户和结算账户都是账户"这个常识,按照继承的思维,再为账户抽象出一个类 Account,作为类 Saving 和 Checking 的父类,并将业务类 Saving 和 Checking 中共同的属性和成员函数迁移到类 Account。这个方法与数学中的提取公因式非常相似。三个类及继承关系如图 4.26 所示。

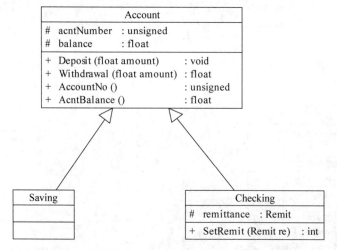

图 4.26　类 Account、Saving 和 Checking 及继承关系

　　如图 4.26 所示,通过父类 Account 消除了子类 Saving 和 Checking 中的冗余成员,基本思路是将类 Saving 和 Checking 中的"共同"成员迁移到父类 Account,但什么是"共同"成员?

　　这是一个关键的问题,一般应针对具体应用场景来判断,在存钱这个场景中,"共同"成员至少应满足两个条件:①业务功能或作用是相同的,也就是说,银行工作人员和银行客户都觉得它们是一样的;②成员函数的原型是一样的,数据成员的数据类型也是一样的。只有满足这两个条件,才是"共同"成员。

4.5.2 软件设计

前面抽象了3个业务类,主要从业务角度给3个业务类赋予了相应的职责。设计阶段主要工作是选用适当的编程技术管理账户,给类的对象赋予自我管理的能力。

1. 使用链表管理账户

选用链表来管理类 Account 及其子类的所有对象,并将有关链表的职责赋予类 Account 的对象。为了承担这一职责,在类 Account 中增加头指针 pFirst、下一个指针 pNext 和对象数 count 3 个与链表相关的属性,并增加了构造函数和析构函数。

类 Saving 和 Checking 作为类 Account 的子类,继承了与链表相关的属性,也需要增加构造函数和析构函数来管理链表中的对象。增加链表管理功能的设计如图 4.27 所示。

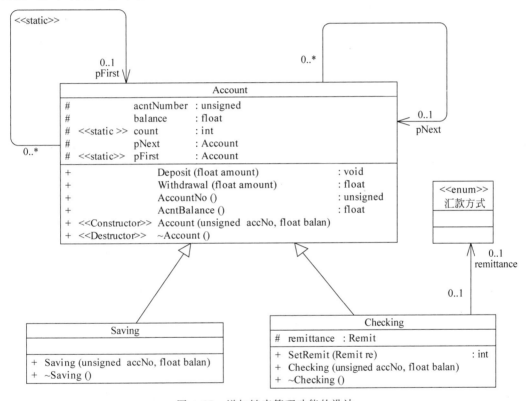

图 4.27 增加链表管理功能的设计

2. 添加多态特性

前面主要在业务粒度上进行分析和设计,设计出了程序的框架,下一步需要深入业务的内部,分析每一个业务的处理步骤,为编写成员函数的代码做准备。

银行的取款业务,虽然其业务功能都是取款,但储蓄账户和结算账户的具体处理步骤有所区别,具有多态特性,因此,需要将类 Account 的 Withdrawal() 成员函数设置为纯虚函数,还需要在类 Saving 和 Checking 中重写这个虚函数。增加多态特性的类如图 4.28 所示。

在设计中增加多态特性后,再增加一些细节,进一步细化和完善设计,就可以进入编程实现环节。

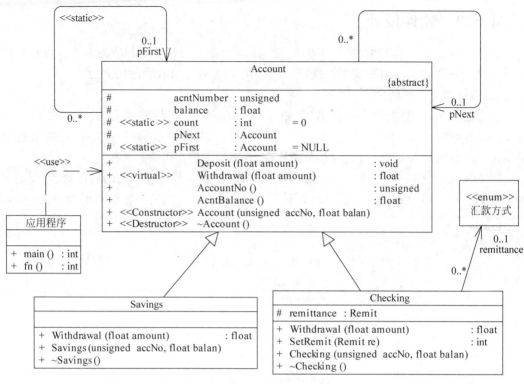

图 4.28　增加多态特性的类

4.5.3　编码实现

如图 4.28 所示的设计中,采用了 3.6 节中的链表编程技术,可以参照其中的示例程序编写程序代码。银行账户的代码如例 4.11 所示。

【例 4.11】　银行账户。

```
// Account.h
class Account
{
public:
    float Deposit(float amount);
    virtual float Withdrawal(float amount) = 0;
    unsigned accountNo(void);
    float acntBalance(void);
    Account(unsigned accNo, float balan);
    ~Account();
protected:
    unsigned acntNumber;
    float balance;
    static int count;
    Account * pNext;
    static Account * pFirst;
};
```

```cpp
// Account.cpp
# include "Account.h"
# include < iostream >
using namespace std;

int Account::count = 0;
Account * Account::pFirst = NULL;

float Account::Deposit(float amount){
    balance += amount;
    return balance;
}
unsigned Account::accountNo(void){
    return acntNumber;
}
float Account::acntBalance(void){
    return balance;
}
Account::Account(unsigned accNo, float balan){
    acntNumber = accNo;
    balance = balan;

    count++;
    cout << "账户数:"<< count <<",增加:" << this -> acntNumber << endl;
    pNext = pFirst;                 //每新建一个结点(对象),就将其挂在链首
    pFirst = this;
}
Account::~Account(){
    count -- ;
    cout << "账户数:" << count << "删除:" << this -> acntNumber << endl;
    if (pFirst == this){           //如果要删除链首结点,则只要链首指针指向下一个
        pFirst = pNext;
        return;
    }
    for (Account * pS = pFirst; pS; pS = pS -> pNext){
        if (pS -> pNext == this){ //找到时,pS 指向当前结点的结点
            pS -> pNext = pNext;   //pNext 即 this -> pNext
            return;
        }
    }
}
```

上述代码是参考 3.6 节中的示例修改的。

```cpp
// Saving.h
# include "Account.h"
class Saving : public Account
{
public:
    virtual float Withdrawal(float amount);
    Saving(unsigned accNo, float balan);
};
```

```
// Saving.cpp
float Saving::Withdrawal(float amount){
    if (balance < amount)
        cout << "Insufficient funds : balance " << balance
        << ", withdrawal" << amount << endl;
    else
        balance -= amount;
    return balance;
}
Saving::Saving(unsigned accNo, float balan) :Account(accNo, balan)
{}
```

上述代码根据储蓄账户的取款流程编写。

```
// Checking.h
# include "Account.h"

enum Remit{ remitByPost, remitByCable, other }; //信汇,电汇,其他

class Checking : public Account
{
public:
    virtual float Withdrawal(float amount);
    void SetRemit(Remit re);
    Checking(unsigned accNo, float balan);
protected:
    Remit remittance;
};
```

```
// Checking.cpp
# include "Checking.h"
# include "Account.h"
# include < iostream >
using namespace std;

float Checking::Withdrawal(float amount){
    float temp = amount;                  //非信汇、电汇结算方式,则不收手续费
    if (remittance == remitByPost)        //若信汇,则加收 30 元手续费
        temp = amount + 30;
    else if (remittance == remitByCable)  //若电汇,则加收 60 元手续费
        temp = amount + 60;
    if (balance < temp)
        cout << "Insufficient funds : balance " << balance
        << ", withdrawal" << temp << endl;
    else
        balance -= temp;
    return balance;
}
void Checking::SetRemit(Remit re){
    remittance = re;
}
Checking::Checking(unsigned accNo, float balan) :Account(accNo, balan)
```

```
{
    remittance = other;          //设置汇款方式
}
```

上述代码根据结算账户的取款等业务流程编写。

```
// app.cpp
# include "Checking.h"
# include "Account.h"
# include "Saving.h"
# include < iostream >
using namespace std;

void main(){
    cout << " ********* 构造 Saving 对象 ********** " << endl;
    Saving s1(100, 1000),s2(101,1000);
    cout << " ********* 构造 Checking 对象 ********** " << endl;
    Checking c1(200, 1000);
    Checking * p = new Checking(201, 1000);
    cout << " ********* Saving 存取款 ********** " << endl;
    cout <<"存 100 后的余额:"<< s1.Deposit(100)<< endl;
    cout << "取 200 后的余额:" << s1.Withdrawal(200) << endl;
    cout << " ********* Checking 存取款 ********** " << endl;
    cout << "存 500 后的余额:" << p-> Deposit(500) << endl;
    cout << "取 300 后的余额:" << p-> Withdrawal(300) << endl;
    cout << " ********* 删除堆中的对象 ********** " << endl;
    delete p;
    cout << " ********* 退出 main()函数 ********** " << endl;
}
```

例 4.11 程序的输出结果如下。

```
 ********* 构造 Saving 对象 **********
账户数:1,增加:100
账户数:2,增加:101
 ********* 构造 Checking 对象 **********
账户数:3,增加:200
账户数:4,增加:201
 ********* Saving 存取款 **********
存 100 后的余额:1100
取 200 后的余额:900
 ********* Checking 存取款 **********
存 500 后的余额:1500
取 300 后的余额:1140
 ********* 删除堆中的对象 **********
账户数:3 删除:201
 ********* 退出 main()函数 **********
账户数:2 删除:200
账户数:1 删除:101
账户数:0 删除:100
```

4.5.4 从实现角度进一步优化

实际问题会涉及很多因素,一般都是复杂的问题。前面的示例主要是为了演示分析、设计和编码中的方法,只涉及银行账户的几个简单问题,但可以按照其中介绍的方法,从业务需要和计算两个角度扩充类的成员函数或属性,编写出功能强大的程序。

除此之外,还可以从编程角度、计算角度对如图 4.28 所示的设计进一步优化。例如,将链表功能从类 Account 分离出来,封装为 Account 的父类 Linkage,类 Linkage 负责处理链表的任务,而类 Account 负责处理银行业务。进一步优化后的设计如图 4.29 所示。

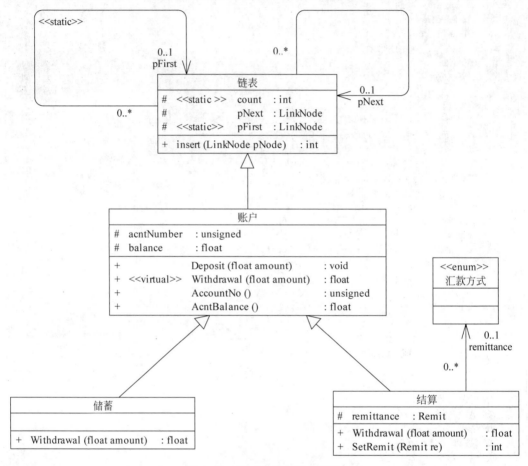

图 4.29　进一步优化后的设计

如图 4.29 所示的设计中,有意去掉了构造函数和析构函数,以突出这种设计的主要思路。

编程技术是编程的基础,但分析设计才是编程的核心。在编码实现中,不能仅局限于程序设计语言等编程技术,而应将工作重点聚焦于设计的原理、方法和意图,然后选择适当的编程方法和技术编写出代码,实现程序的功能。

小结

本章从客观事物的分类和抽象出发,主要学习了继承及其相关概念,重点学习了使用继承描述事物之间的层次关系及其编程技术,以及多态、多重继承的实现原理及其编程方法,最后学习了银行账户案例。

学习了继承及其相关概念,举例说明了使用继承描述事物之间的层次关系以及编程方法和技术。希望读者能够理解继承的概念,掌握其使用方法和编程技术。

学习了多态的概念,举例说明了使用继承描述事物之间的层次关系以及编程方法和技术。希望读者能够理解多态的概念,初步建立多态的思维模式,掌握其编程技术。

学习了多重继承的概念,举例说明了实现多重继承的原理和编程技术。希望读者能够理解多重继承的概念,掌握其使用方法和编程技术。

最后学习了银行账户案例,希望读者认识软件开发的主要流程及其设计方法和编程技术。

练习

1. 例 4.5 中创建了 p1、t1 和 g1 3 个对象,请使用时序图分别描述创建这 3 个对象的过程。

2. 例 4.7 中按照多态调用 add() 成员函数,请使用时序图描述程序的执行过程,并简述动态联编的原理。

3. 例 4.8 中类 Real 的 add() 成员函数使用指针以及强制转换指向的数据类型等方法分别实现了整数和实数的加法运算,请使用文字或图形描述其中 3 个表达式的运算序列,并画出执行语句 t ＝ fAdd(r1,r2)过程中的内存变化图。

```
p1 = (float * )& digits;
p2 = (float * )&n;
rt = * p1 + * p2;
```

4. 例 4.9 中可计算圆和矩形的面积,请按照多态思维对程序的功能进行扩充,增加计算梯形和三角形的功能。

5. 参照如图 4.16 所示的类图编写计算学生学费的程序,并上机调试通过。

6. 参照如图 4.29 所示的类图改写例 4.11 的程序,并上机调试通过。

第5章

设计与实现

在计算机发展的早期,计算机主要解决客观世界中的计算问题,并以计算为出发点产生了结构化程序设计思想。随着计算机的普及,计算机应用开始涉及生活和工作中的方方面面,需要解决客观世界中各种各样的问题,这就促使编程的出发点从计算转移到对客观事物的处理,从而产生了面向对象程序设计思想。

面向对象程序设计思想解决的核心问题有两个:一是怎样抽象和描述客观世界中的事物?二是怎样使用计算描述事物的变迁?

本章通过两个示例来说明解决上述两个核心问题的基本方法。

5.1 Josephus 游戏

Josephus 游戏是从小孩游戏中抽象出的一个问题,是学习面向对象设计和编程实现方法的经典示例。

Josephus 游戏:一群小孩围成一圈,任意假定一个数 m,从第一个小孩起,顺时针方向数数,每数到第 m 个小孩时,该小孩便离开。小孩不断离开,圈子不断缩小。最后剩下的一个小孩便是胜利者。

5.1.1 分析设计

视频讲解

面向对象程序设计中,一般从选择典型场景开始,先分析典型场景中的事物及其关系,抽象出对象及其连接,并给对象赋予相应的职责,然后再设计出类及其关联,最后选择适当的技术编码实现。

1. 发现对象及其连接

这一步的主要工作包括选择典型游戏场景、描述典型游戏场景和标识其中的事物及关系。

(1) 选择典型游戏场景。与实际应用相比,Josephus 游戏只有小孩数和间隔数两个变化因素,已经非常简单了,但仍然不可穷尽,因此,需要选择具有代表性的一场游戏作为典型场景,分析每个小孩在游戏中承担的职责和所做的事情,发现涉及的事物及其关系。

选择 Josephus 游戏的典型场景时,可选择 10 以内的最大素数 7 作为小孩数,除 1 外的最小素数 3 作为间隔数。这样选择,不仅能反映玩游戏的共同特性,具有很好的代表性,而且玩游戏的工作量也比较小。

(2) 描述典型游戏场景。选择典型场景后,重复玩这个游戏,描述 7 个小孩玩游戏的场景及过程。7个小孩手牵手围成一个圈,从第1个开始数,数到第3个时,第3个小孩离开,再继续数,数到3的小孩离开,直到只剩下一个小孩时,这个小孩就是获胜者。

　　描述7个小孩玩游戏的场景及过程时,应尽量直观简洁,便于理解。使用图来描述玩游戏中的事物及其关系,并在图上推演游戏的玩耍过程,是常用的方法。

　　按照游戏的玩耍过程,先在图中画7个小孩,然后用线条将小孩连接起来,构成一个圆圈,按照顺时针方向在线条上加箭头,描述游戏开始时的情况。

　　玩耍的是一场游戏,图中画一个矩形来表示;小孩围成一个圆圈,画一个圆圈来表示;游戏中涉及小孩数和间隔数,画两个矩形来表示;有一个获胜者,画一个小孩来表示,并用线条连接到表示一场游戏的矩形。圆圈是游戏中围成的,也用线条将圆圈连接到表示一场游戏的矩形。

　　(3)标识游戏场景中的事物及其关系。描述典型游戏场景时,选择什么图标不是关键,只需形象直观、容易理解,但重要的是,准确标识游戏场景中的事物及关系。标识事物及其关系时,往往涉及语言知识和数学知识,一般要综合运用语言和数学中的表示方法来标识事物及其关系。

　　Josephus游戏中,可用编号来标识小孩,用中文词组来标识游戏、圆圈等客观事物,用数学符号或英文单词来标识小孩数、间隔数等与数量有关的事物。事物的标识,即名称,力求简洁准确,方便理解。

　　标识游戏场景中的事物后,就可以在图上玩游戏了。玩耍游戏的过程中会发现,开始位置和数到的小孩位置频繁出现,说明其很重要,分别命名为开始位置和当前位置。开始位置和当前位置表示小孩在圆圈中的位置,用带箭头线条将位置与圆圈连接起来。

　　上述静态和动态分析过程中,先发现并标识游戏场景中的事物,然后表示出事物之间的关系。典型游戏场景中的事物及其关系如图5.1所示。

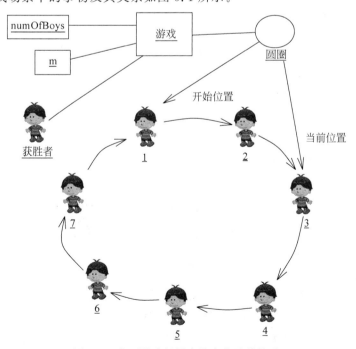

图5.1　典型游戏场景中的事物及其关系

按照面向对象程序设计思想,将图 5.1 中的图标视为对象,将对象之间的连线视为连接,图 5.1 形象地表示了 Josephus 游戏中涉及的对象和连接。

前面主要针对所选择的游戏场景,找出了 Josephus 游戏中涉及的对象及其连接,这些对象和连接是后面工作的基础,非常重要。因此,需要评估玩游戏场景的代表性,如果代表性不好,则需要重新选择典型场景,并重复前面的工作。评估的基本方法是,选择自己觉得有代表性的几种场景,多玩几次游戏,就能有直观的判断。

2. 合并对象并划分职责

找出了对象及其连接后,再将一些对象合并到另外的对象,以减少需要管理的对象数量。

Josephus 游戏中,小孩数、间隔数和获胜者都从属于一场游戏,因此,将对象"小孩数"和"间隔数"组合到对象"游戏",将"获胜者"聚合到对象"游戏",并赋予对象"游戏"管理这 3个对象的职责。

每场游戏都要构成一个圆圈,因而将对象"圆圈"聚合到"游戏",赋予"游戏"管理"圆圈"的职责。

事物之间的其他联系,都视为一般关联的连接,按照连线的箭头方向划分管理职责。例如,每个小孩自己负责管理自己,至少要记住自己的下一个小孩,并承担加入圆圈和离开圆圈等职责。对象之间的组合连接如图 5.2 所示。

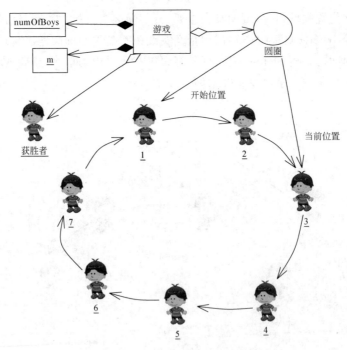

图 5.2　对象之间的组合连接

如图 5.2 所示,对象"游戏"拥有了对象"小孩数""间隔数"和"获胜者",到对象"圆圈"有一个聚合连接。对象"圆圈"到"小孩"有两个一般连接,多个"小孩"通过一般连接构成一个圆圈。

3．抽象类及关联

前面将一些对象组合到另外的对象,减少了对象的数量,但仍然觉得太多,再对它们进行分类,并按照类别来管理游戏中的对象。

在如图 5.2 所示的对象中,主要存在"小孩""游戏"和"圆圈"3 类别,可将这 3 个类别视为 3 个类"Boy""Jose"和"Ring",并在图中标出每个对象的类别。也对连接进行分类,抽象出 4 类连接,并将连接的类别标注在中间。标注类别的对象及连接如图 5.3 所示。

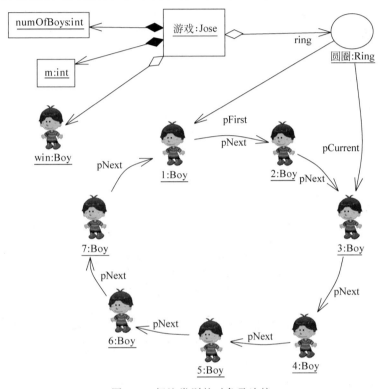

图 5.3　标注类别的对象及连接

实际上,图 5.3 中已经抽象出了所需的类及其关联,使用类图很容易描述出来。Josephus 游戏中的类及其关联如图 5.4 所示。

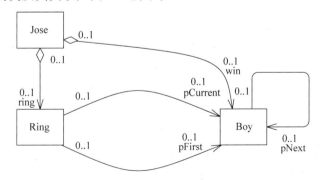

图 5.4　Josephus 游戏中的类及其关联

图 5.4 中标注了每个关联的重数,对比分析图 5.3 中每类连接的对应关系类型,就很容易理解关联的重数。

4. 发现类的属性

找出了类及其关联后,再寻找类的属性,一般分为 3 个步骤。每个类的属性如图 5.5 所示。

第一步,按照如图 5.3 所示的组合连接,将 numOfBoys 和 m 作为类 Jose 的属性。

第二步,将关联对端的名称作为属性名,用于表示类之间的关联。这时,只列出表示关联的属性,以后再考虑怎样实现。

第三步,针对每个类,增加与场景有关的属性。例如,可为小孩增加姓名、性别等表示基本信息的属性,但为了简单,只增加了小孩的编号 code。

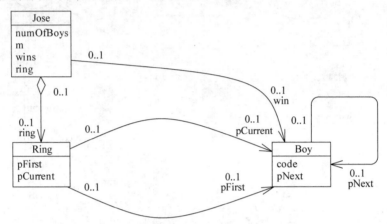

图 5.5　类中增加的属性

5. 发现类的方法

如果将一个对象拥有的成员变量或成员对象视为对象的"财富",那么,这个对象就应该同时具有管理这些"财富"的义务和使用好这些"财富"的责任。类的方法就具体承担这些义务和责任。

为了找到类的方法,又需要回到玩游戏的场景,但这次玩游戏的目的与前面不同,需要你带着对象一起玩,并告诉每个对象需要做哪些事情,怎样协作,最终找到每类对象的共同行为。

对象的智商太低,带着他们一起玩游戏是一件困难的事,因此,可以分成两件事来完成,先告诉他们要做什么事情,然后再告诉他们怎样协作。

第一件事,告诉对象们,分为游戏准备、游戏开始和宣布获胜者 3 个阶段,你来宣布获胜者,其他两阶段的事他们自己做。

告诉对象们,Jose 类的对象全面负责游戏准备,Ring 类的对象协助 Jose 类的对象管理圆圈,Boy 类的对象自己围成圆圈。

游戏开始阶段,Jose 类的对象全面负责,Ring 类的对象协助完成"数数",Boy 类的对象负责提供下一个小孩,并自己离开圆圈。Ring 类的对象任务比较复杂,将"往下数 n 个"从"数数"中独立出来,这样简单点。对象的职责与协作如图 5.6 所示。

做完第一件事后,再做第二件事,告诉你的对象们怎么协作。因对象智商太低,只能由你站在每个对象的角度,帮他们梳理出完成任务所需要的数据,并明确告诉每个对象,在做一件事时,给他们哪些数据,应返回哪些结果。

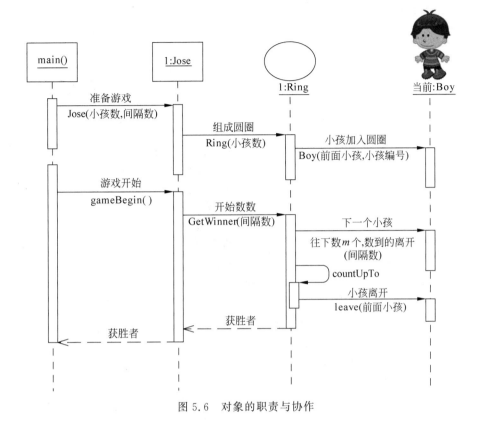

图 5.6 对象的职责与协作

实际上,从计算视角,将每件事视为一个函数,确定每个函数的输入和输出,并保证从输入能够得到输出。这部分使用的是结构化程序设计中的技术。

如图 5.6 所示的信息流中,上面的文字表示的是要做的事情,下面的部分是函数的原型。现在的函数原型还不完善,可后面再进行细化。

如图 5.6 所示,明确了各类对象的职责,以及协作的约定(函数原型),其中的职责都是该类对象的共同职责,也要遵守协作的约定,因此,可以将协作的约定作为类的成员函数原型,将职责作为成员函数的功能,这样就为每个类设计出成员函数。有些成员函数原型中的数据类型还不能确定,可先标注出来,后面再解决。类的属性和成员函数如图 5.7 所示。

图 5.7 描述拟开发程序的静态结构,图 5.6 描述了程序的动态交互过程,这两张图分别从静态和动态两个角度描述了拟开发的程序,但还不是真正的程序,因此,常常将这两张图描述的程序称为程序的模型,更一般地,称为软件模型。

5.1.2 编码实现

前面建立的软件模型,没有涉及具体的编程实现技术,甚至没有考虑实现的程序设计语言,也就是说,前面建立的软件模型与具体实现技术和实现平台无关,可以选用任何适当的技术来实现,使用任何计算语言来编码。

视频讲解

1. 选择实现技术

选择链表来存储"圆圈",选用 C++ 编程。当然,也可以选择数组等其他方法来存储"圆圈",也可以使用其他程序设计语言来编码。

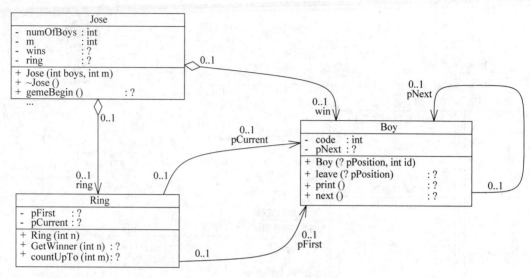

图 5.7　类的属性和成员函数

选择了实现技术和程序设计语言后,又要回到玩游戏的典型场景,在链表上继续玩游戏。典型场景中的对象及连接如图 5.8 所示。

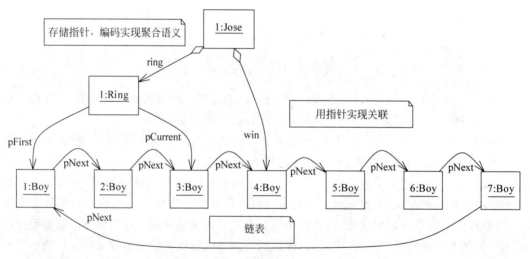

图 5.8　典型场景中的对象及连接

选择链表来存储"圆圈"后,就确定了关联 pNext、pFirst 和 pCurrent 的具体实现方法,也可以使用指针来表示两个聚合关联 ring 和 win,并通过编码来实现聚合关联的语义。

最后,按照 C++语言的要求,为每个类的属性选择数据类型,然后再给函数的参数和返回值指定相应的数据类型,后面就可以使用 C++语言编写代码。具有 C++语言和链表特性的类如图 5.9 所示。

如图 5.9 所示,选择指针来表示关联中的连接,将类中相应的属性设置为指针类型。另外,也需要评价各类对象参与计算的能力,并设置了相应的构造函数和析构函数。

建立程序的模型后,编码就比较简单了。编码的主要步骤是:①按照描述模型的类图声明各个类;②按照描述模型的时序图编写各成员函数的代码;③调试通过。

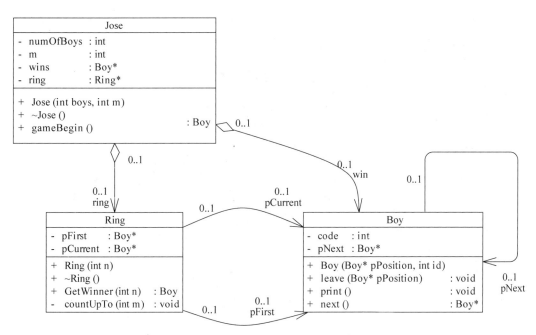

图 5.9 具有 C++语言和链表特性的类图

2. 编程实现类 Boy

按照类之间的依赖关系编写代码,能提高编程效率。如图 5.9 所示的箭头刚好表示了类之间的依赖关系,因此,先编写类 Boy 的代码。

按照如图 5.9 所示的类 Boy,编写类 Boy 的声明代码,按照如图 5.6 所示的交互过程,编写每个成员函数的实现代码,承担相应的职责,实现成员函数的功能。

如图 5.6 所示的交互过程是整个程序的交互过程,可将与类 Boy 相关的部分提取出来,并进一步细化。与类 Boy 相关的交互过程如图 5.10 所示。

编写代码时会发现,在如图 5.6 所示的交互过程中,没有明确哪个对象创建和删除 Boy 对象,因此,如图 5.10 所示的交互过程,将创建和删除 Boy 对象的职责赋予了 Ring 对象。需要注意的是,给 Ring 对象增加的职责,涉及与 Ring 对象的协作,必须通知 Ring 对象,即修改图 5.10 中的交互过程,以便按照新的交互过程编写类 Ring 的代码。

细化了与类 Boy 相关的交互过程后,就可以按照这个交互过程编写 next( )、leave(Boy * pPosition)成员函数,以及 Boy(Boy * pPosition,int id)构造函数的代码。因删除对象时,不需要做特别的事,直接使用默认析构函数。类 Boy 的实现代码如例 5.1 所示。

【例 5.1】 类 Boy 的实现代码。

```
//Boy.h
class Boy
{
public:
    Boy(Boy * pPosition, int id);
    void leave(Boy * pPosition);
    void print();
    Boy * next();
```

```
protected:
    int code;
    Boy * pNext;
};
```

```
#include "Boy.h"
#include <iostream>
using namespace std;

Boy::Boy(Boy * pPosition, int id){
    code = id;
    if (!pPosition){
        this->pNext = this;                         //只有一个小孩,自己指向自己
    }
    else{
        this->pNext = pPosition->pNext;             //插入到小孩 * pPosition 的后面
        pPosition->pNext = this;                    //与上一条不能交换
    }
}
void Boy::leave(Boy * pPosition){
    pPosition->pNext = this->pNext;
    cout << "离开:" << code << endl;
}
void Boy::print(){
    cout << "Id:" << code;
}
Boy * Boy::next(){
    return pNext;
}
```

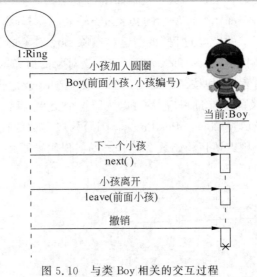

图 5.10   与类 Boy 相关的交互过程

Boy(Boy * pPosition,int id)构造函数的功能是加入圆圈(循环链表),参数 Boy * pPosition 表示插入的位置,插入到小孩 * pPosition 的后面。当增加第 4 个小孩时,

pPosition 指向第 3 个小孩,this 指向自己,应先将 pPosition-> pNext 中的地址(代表第 1 个小孩的对象的地址)赋值给自己的 pNext,然后再将自己的地址 this 赋值给第 3 个小孩的 pNext,顺序不能交换。插入第 4 个小孩前的情况如图 5.11 所示。

当圆圈中没有小孩时,插入的小孩是第一个小孩,插入后,该小孩的下一个小孩还是他自己,需要特别处理。约定 Ring 对象通过参数 pPosition 传递一个空指针 NULL,Boy 对象接收到一个空指针时,只需将自己的地址 this 赋值给自己的 pNext。插入第 1 个小孩后的情况如图 5.12 所示。

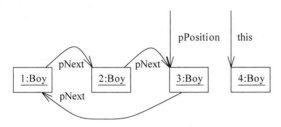

图 5.11　插入第 4 个小孩前的情况

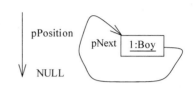

图 5.12　插入第 1 个小孩后的情况

leave(Boy * pPosition)成员函数的功能是指针 pPosition 指向的小孩从链表中离开,通过表达式 pPosition-> pNext = this-> pNext 来实现,比较简单,但也要对照图来理解。

3. 编程实现类 Ring

同样,按照如图 5.9 所示的类 Ring 编写类 Ring 的声明代码,按照如图 5.6 所示的交互过程编写类 Ring 成员函数的实现代码。可将与类 Boy 相关的部分提取出来,其中增加了创建和删除 Boy 对象的职责。与类 Ring 相关的交互过程如图 5.13 所示。

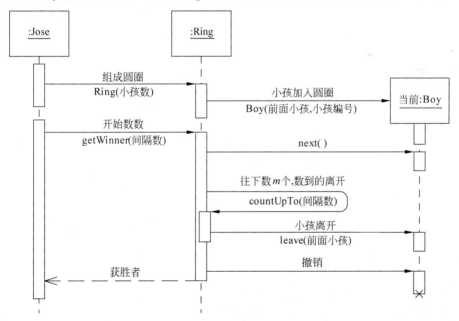

图 5.13　与类 Ring 相关的交互过程

按照如图 5.13 所示的 3 个成员函数及其职责,并对照如图 5.8 所示的对象及连接,逐个编写类 Ring 的成员函数代码。类 Ring 的实现代码如例 5.2 所示。

【例 5.2】 类 Ring 的实现代码。

```cpp
//Ring.h
# include "Boy.h"
class Ring
{
public:
    Ring();
    Ring(int n);
    ~Ring();
    Boy getWinner(int m);
private:
    void countUpTo(int m);
    Boy * pFirst;
    Boy * pCurrent;
};
```

```cpp
//Ring.cpp
# include "Ring.h"
# include "Boy.h"

Ring::Ring(int n){
    pFirst = pCurrent = new Boy(NULL, 1);
    Boy * pB = pFirst;
    for (int i = 2; i <= n; i++){
        pB = new Boy(pB, i);
    }
}
Boy Ring::getWinner(int m){
    //数小孩
    while (pCurrent != pCurrent -> next()){
        countUpTo(m);                //往下数 m 个小孩,数到的小孩离开
    }
    //返回获胜者
    Boy win( * pCurrent);            //另外创建(复制)一个 Boy 对象
    delete pCurrent;
    return win;
}
void Ring::countUpTo(int m){
    //往下数 m 个小孩
    Boy * pLast;
    for (int i = m; i > 1; i -- ){
        pLast = pCurrent;
        pCurrent = pCurrent -> next();
    }
    //数到的小孩离开
    pCurrent -> leave(pLast);      //当前从圆圈中离开, pLast 指向前面的小孩
    delete pCurrent;               //删除当前小孩

    pCurrent = pLast -> next(); //当前小孩是上一个小孩的下一个
    }
Ring::~Ring(){
}
```

Ring(int n)构造函数的功能是创建 n 个 Boy 对象的循环链表,其中,指针 pB 总是指向最后创建的 Boy 对象。循环中,每次执行语句 pB＝new Boy(pB,i)就创建一个 Boy 对象,并将指针 pB 作为插入位置传递给类 Boy 的构造函数,创建 Boy 对象后,也将新建 Boy 对象的地址赋值给指针 pB,从而保证了 Boy 对象在循环链表的顺序与创建的顺序相同。Boy 对象在循环链表中的顺序如图 5.8 所示。

getWinner(int m)和 countUpTo(int m)成员函数包含 Josephus 游戏的核心代码,总共9 行。其中,指针 pCurrent 是 Ring 对象的成员变量,两个成员函数共同维护这个指针,保证其总是指向数到的小孩,这样,处理逻辑就变得非常简洁。

另外,删除 Boy 对象的职责,也在这 9 行代码中完成。可在如图 5.8 所示的链表上,按照每条语句的语义人工执行这 9 行代码,能够比较容易地理解 Josephus 游戏的流程,体会到指针 pCurrent 的重要性。

getWinner(int m)中,返回获胜者时,没有返回堆中的 Boy 对象,而是另外创建了一个临时对象 win,并将它返回。这是因为删除 Boy 对象是 Ring 对象的职责,不能委托给其他类的对象,否则会出现类的边界不清,如果出现 bug 都不知道修改哪个类的代码。

4. 编程实现类 Jose

按照如图 5.9 所示的类 Jose 编写类 Jose 的声明代码,按照如图 5.6 所示的交互过程编写类 Jose 成员函数的实现代码,示例代码如例 5.3 所示。

【例 5.3】 类 Jose 成员函数的实现代码。

```
// Jose.h
# include "Ring.h"
# include "Boy.h"

class Jose
{
public:
    Jose(int boys, int interval);
    ~Jose();
    Boy gameBegin();
private:
    int numOfBoys;
    int m;
    Ring * ring;
    Boy * win;
};
```

```
// Jose.cpp
# include "Ring.h"
# include "Boy.h"
# include "Jose.h"

Jose::Jose(int boys, int interval){
    numOfBoys = boys;
    m = interval;
    ring = new Ring(boys);
```

```
        win = NULL;
    }
Jose::～Jose(){
        delete ring;
        delete win;
    }
Boy Jose::gameBegin(){
        if (!win)
            win = new Boy(ring->getWinner(m));
        return * win;
    }
```

Jose 负责创建和删除一个 Ring 对象,在构造函数和析构函数中完成。语句
$$win = new\ Boy(ring\text{-}>getWinner(m))$$
包含选择成员、函数调用、new 和赋值 4 个运算,其中,函数调用 ring->getWinner(m)返回的是代表获胜者的 Boy 对象,运算 new 使用这个 Boy 对象在堆中构造一个新 Boy 对象,并将其地址赋值给指针变量 win。最终,指针变量 win 指向代表获胜者的对象,并且该对象的生命周期与 Jose 对象相同,因此,在 main()函数中允许多次调用 gameBegin()函数,但类 Jose 的一个对象只调用类 Ring 的 getWinner()成员函数一次。

5. 编写 main()函数

创建两个 Jose 对象,同时玩两场游戏,示例代码如例 5.4 所示。

【例 5.4】 玩两场游戏。

```
# include "Ring.h"
# include "Boy.h"
# include "Jose.h"

# include <iostream>
using namespace std;

void main(){
    Jose js1(7, 3);
    js1.gameBegin().print();

    int m, n;
    cout << endl << "请输出小孩数和间隔数......" << endl;
    cin >> n >> m;
    Jose js2(n, m);
    js2.gameBegin().print();

    cout << endl << "现在宣布" << endl
        << "第一场获胜者是:" << endl;
    js1.gameBegin().print();
    cout << endl << "第二场获胜者是:" << endl;
    js2.gameBegin().print();
}
```

例 5.4 程序的输出结果如下。

```
离开:3
离开:6
离开:2
离开:7
离开:5
离开:1
Id:4
请输出小孩数和间隔数......
13
7
离开:7
离开:1
离开:9
离开:4
离开:13
离开:11
离开:10
离开:12
离开:3
离开:8
离开:2
离开:5
Id:6
现在宣布
第一场获胜者是:
Id:4
第二场获胜者是:
Id:6
```

5.1.3　程序维护

运行程序时,只宣布了获胜者的编号,非常不友好,至少应该宣布获胜者的姓名。为了增加程序的友好性,可按照"小孩是人"的常识在如图 5.9 所示的类图中增加一个类 Person,并增加类 Boy 到类 Person 继承关系,这样,就能重用类 Person 的代码,管理小孩姓名、年龄等基本信息。增加继承关系后的类图如图 5.14 所示。

图 5.14 中,增加类 Boy 到类 Person 继承关系,同时也将管理 Person 对象的职责赋予 Boy 对象,需要调整对象职责及其协作。

按照划分职责的一般原则,将输入小孩信息的职责赋予 main() 函数,然后通过类 Jose 和 Ring 的对象将小孩信息传递给类 Boy 的对象,最后,Boy 对象负责管理小孩信息。增加小孩信息后的对象职责及其协作如图 5.15 所示。

按照如图 5.15 所示的对象职责及其交互,修改类 Jose、Ring 和 Boy 的构造函数原型,增加传递小孩信息的参数,修改后的构造函数原型如下。

Boy(Boy * pPosition,int id,**Person** * **ps**);

Ring(int n,**Person** * **ps**[]);

Jose(int boys,int interval,**Person** * **ps**[]);

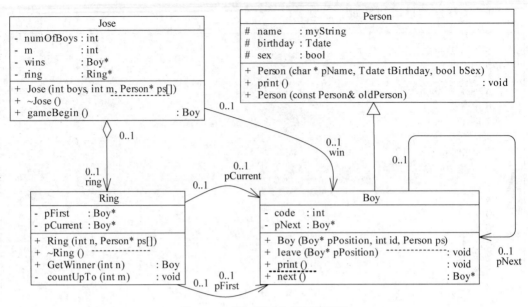

图 5.14　增加继承关系后的类图

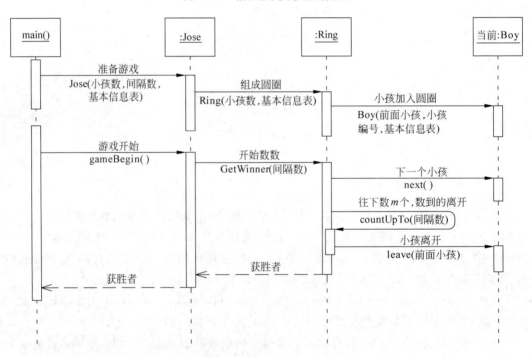

图 5.15　增加小孩信息后的对象职责及其协作

　　按照上述构造函数原型在 3 个类的头文件中修改其声明代码,然后,按照如图 5.14 所示的构造函数原型和如图 5.15 所示的对象职责及其交互,修改构造函数的实现代码。修改的实现代码如例 5.5 所示。

【例 5.5】　修改的实现代码。

```
Boy::Boy(Boy * pPosition, int id, Person ps) :Person(ps)
```

```
{
    code = id;
    if (!pPosition){
        this -> pNext = this;        //只有一个小孩时,自己指向自己
    }
    else{
        this -> pNext = pPosition -> pNext;
        pPosition -> pNext = this;
    }
}
Ring::Ring(int n, Person * ps[]){
    pFirst = pCurrent = new Boy(NULL, 1, * ps[1]);
    Boy * pB = pFirst;
    for (int i = 2; i <= n; i++){
        pB = new Boy(pB, i, * ps[i]);
    }
}
Jose::Jose(int boys, int interval, Person * ps[]){
    numOfBoys = boys;
    m = interval;
    ring = new Ring(boys, * ps);
    win = NULL;
}
```

上述代码中,通过类 Person 的对象或指针数组传递小孩信息。

除此之外,还需调整类 Boy 成员函数 print() 的职责,其中,调用类 Person 的 print() 成员函数输出小孩信息。

```
void Boy::print(){
    cout << "Id:" << code;
    Person::print();
}
```

根据前面的讨论,修改例 5.4 玩两场游戏中的类 Boy、Ring 和 Jose 的头文件和 cpp 文件,并根据需要引入头文件 Person.h 及 Tdate.h 和 myString.h,然后,在 main() 函数中创建一个指向小孩信息的指针数组,最后,创建 Jose 的对象,同时将指向小孩信息的指针数组传递给其构造函数,就可以开始玩游戏了。

前面因需求变化而调整程序的设计、修改程序的代码,这类工作称为程序维护。实际应用中,程序维护的时间一般都很长,每次的需求变化比较小,修改的代码量也比较小,但往往修改比较频繁,因此,程序的易维护性很重要。

显然,前面设计的 Josephus 游戏程序,在增加小孩信息时,只修改了少量代码,其易维护性比较好。从中也发现,程序维护的工作量主要集中在调整设计和调试程序两个阶段,这也是维护程序的特点。

针对 Josephus 游戏,可能的需求变化有很多。例如,目前很多比赛都决出金牌、银牌和铜牌,这时就需要调整玩游戏的流程。又如,组织小学生玩 Josephus 游戏,希望公布哪个班级的同学取得了胜利,可将类 Boy 调整为从类 Student 继承,类 Student 的对象存储班级和学生的信息。读者可以自己试一试,按照变化后的需求修改程序。

5.2　矩阵计算

大数据智能化中的很多问题都要归结于矩阵计算,矩阵计算是大数据智能化的基础。

5.2.1　矩阵和向量的乘法

视频讲解

矩阵的一般形式为:

$$A_{mn} = \begin{pmatrix} a_{11} & \cdots & a_{1n} \\ a_{21} & \cdots & a_{2n} \\ \vdots & \ddots & \vdots \\ a_{m1} & \cdots & a_{mn} \end{pmatrix}$$

列向量的一般形式为:

$$V_n = \begin{pmatrix} v_1 \\ v_2 \\ \vdots \\ v_n \end{pmatrix}$$

矩阵 A_{mn} 与向量 V_n 相乘,为一个列向量 B_m,即

$$A_{mn} \times V_n = (b_i)_m$$

其中,

$$b_i = \sum_{j=1}^{n} a_{ij} \times v_j$$

可为矩阵 A_{mn} 和向量 V_n 声明两个类 Matrix 和 Vector,并定义 Multiply()函数实现矩阵与向量的乘法,其类图如图 5.16 所示。

app
+　main ()　　　　　　　　　　　　　　　　: void +　Multiply (Matrix& mat, Vector& vec) : Matrix

Matrix
-　m　: int -　n　: int -　Mat　: int*
+　Elem (int i, int j)　　　　　　　: int& +　Matrix (int im, int in) +　~Matrix () +　print ()　　　　　　　　　　　: void +　getM ()　　　　　　　　　　　: int +　getN ()　　　　　　　　　　　: int +　Matrix (const Matrix& oldMatrix)

Vector
-　n　: int -　v　: int*
+　Elem (int i)　　　　　　　　　: int& +　Vector (int n) +　~Vector () +　print ()　　　　　　　　　　　: void +　getN ()　　　　　　　　　　　: int +　Vector (const Vector& oldVector)

图 5.16　矩阵和向量相乘

实现矩阵与向量乘法的函数原型为:

Vector Multiply(Matrix& mat,Vector& vec)

类 Matrix 和 Vector 中,都使用动态数组来存储所包含的元素,并定义 Elem()成员函数来访问这些元素。Elem()成员函数返回元素的引用,以便在 Multiply()函数中读写元素

的值。矩阵与向量的乘法示例如例 5.6 所示。

【例 5.6】 矩阵与向量的乘法。

```
// Vector.h
class Vector
{
public:
    int& Elem(int i);
    Vector(int n);
    Vector(const Vector& oldVector);
    ~Vector();
    void print(void);
    int getN(void);
private:
    int n;
    int * v;
};
```

```
// Vector.cpp
# include "Vector.h"
# include < iostream >
using namespace std;

int& Vector::Elem(int i){
    if (i < n)
        return v[i];
    else
        cout << "超标越界!!";
}
Vector::Vector(int n){
    Vector::n = n;
    v = new int[n];
}
Vector::~Vector(){
    delete v;
}
void Vector::print(){
    cout << v[0];
    for (int i = 1; i < n; i++)
        cout << "\t" << v[i];
}
int Vector::getN(){
    return n;
}
Vector::Vector(const Vector& oldVector){
    n = oldVector.n;
    v = new int[n];
    for (int i = 0; i < n; i++){
        v[i] = oldVector.v[i];
    }
}
```

```
// Matrix.h
class Matrix
```

```
{
public:
    int& Elem(int i, int j);
    Matrix(int m, int n);
    Matrix(const Matrix& oldMatrix);
    ~Matrix();
    void print();
    int getM();
    int getN();
private:
    int m;
    int n;
    int * Mat;
};
```

```cpp
// Matrix.cpp
# include "Matrix.h"
# include < iostream >
using namespace std;

int& Matrix::Elem(int i, int j){
    if (i < m&&j < n)
        return Mat[i * n + j];     //计算第 i 行第 j 列元素的位置
    else
        cout << "超标越界!!";
}
Matrix::Matrix(int m, int n){
    Matrix::m = m;
    Matrix::n = n;
    Mat = new int[m * n];
}
Matrix::~Matrix(){
    delete[](int * )Mat;
}
void Matrix::print(){
    for (int i = 0; i < m; i++){
        cout << Mat[i * n + 0];
        for (int j = 1; j < n; j++){
            cout << "\t" << Mat[i * n + j];
        }
        cout << endl;
    }
}
int Matrix::getM(){
    return m;
}
int Matrix::getN(){
    return n;
}
Matrix::Matrix(const Matrix& oldMatrix){
    m = oldMatrix.m;
    n = oldMatrix.n;
    Mat = new int[m * n];
    for (int i = 0; i < m * n;i++)
        Mat[i] = oldMatrix.Mat[i];
```

```
}
```

```
#include "Matrix.h"
#include "Vector.h"
#include <iostream>
using namespace std;

Vector Multiply(Matrix& mat, Vector& vec){
    //省略检查行列的代码
    Vector c(mat.getM());

    for (int i = 0; i < mat.getM(); i++){
        c.Elem(i) = 0;
        for (int j = 0; j < mat.getN(); j++){
            c.Elem(i) += mat.Elem(i, j) * vec.Elem(j);
        }
    }
    return c;
}
void main(){
    int m = 3, n = 4;

    cout << "矩阵:" << endl;
    Matrix a(m, n);
    for (int i = 0; i < m; i++){
        for (int j = 0; j < n; j++){
            a.Elem(i, j) = (i + 1) * 10 + j + 1;
        }
    }
    a.print();

    cout << endl << "向量:" << endl;
    Vector v(n);
    for (int i = 0; i < n; i++){
        v.Elem(i) = (i + 1) * 2;
    }
    v.print();
    cout << endl << "矩阵×向量:" << endl;
    Multiply(a, v).print();
}
```

例 5.6 中,使用 Elem()成员函数取矩阵或向量中的元素,并在 Elem()成员函数中增加检查下标是否越界的逻辑,提高了代码的安全性。

5.2.2　使用友元提高运行速度

封装能够提高程序的安全性和可维护性,但也会降低程序的运行速度。矩阵运算往往涉及的数据量都很大,计算复杂度也比较高,希望减少封装中的部分限制,允许一些特定的类或函数可以直接访问私有的或保护的数据,以提高运行速度。

面向对象程序设计中,借鉴日常中的"朋友"概念提出了友元(friend)的概念,可以将一些函数或类指定为一个类的友元,并按照"朋友"值得相信的常识,允许这些函数或类直接访问其私有的或保护的成员。

可将例5.6中的 Multiply()函数设置为类 Vector 和 Matrix 的友元,Multiply()函数中就可直接访问类 Vector 和 Matrix 的数据成员,减少函数调用,从而提高运行速度。

声明友元的语法非常简单,只需要在类的声明中使用关键字 friend 声明其友元。在类 Vector 和 Matrix 的声明中,将 Multiply()普通函数声明为友元,示例代码如例5.7所示。

【例5.7】 将普通函数声明为友元。

```
class Vector;
class Matrix
{
    friend Vector Multiply(Matrix& mat, Vector& vec);      //声明友元函数
    //以下代码省略
};
```

```
class Matrix;
class Vector
{
    friend Vector Multiply(Matrix&, Vector&);      //声明友元函数
    //以下代码省略
};
```

类 Vector 和 Matrix 中,将 Multiply()函数声明为友元。因 Vector Multiply(Matrix& mat,Vector& vec)中用到了两个类 Vector 和 Matrix,将函数 Multiply()声明为友元的语句前,必须先声明这两个类。例如,类 Vector 中声明友元函数的语句前面,使用语句 class Matrix 声明 Matrix 是一个类,在编译语句 friend Vector Multiply(Matrix& mat,Vector& vec)时,编译器就知道 Vector 和 Matrix 是类,能通过语法检查,否则就会报语法错误。

将 Multiply()函数声明为友元后,Multiply()函数中就可以直接访问类 Vector 和 Matrix 中存储的元素。

```
Vector Multiply(Matrix& mat, Vector& vec){
    //省略检查行列的代码
    Vector c(mat.m);
    for (int i = 0; i < mat.m; i++){
        c.v[i] = 0;
        for (int j = 0; j < mat.n; j++){
            c.v[i] += mat.Mat[i * mat.n + j] * vec.v[j];
        }
    }
    return c;
}
```

Multiply()函数中,直接访问类 Vector 和 Matrix 中的动态数组,运行速度明显提高。

例5.7中,使用一个全局函数实现矩阵和向量的乘法,除此之外,还可以使用成员函数实现矩阵和向量的乘法。例如,按照"A 乘以 B"的习惯,在类 Matrix 中增加 Multiply()成员函数,用于实现矩阵和向量的乘法,其类图如图5.17所示。

Multiply()成员函数中,只有一个类型为 Vector 的参数 vec,为了可以直接访问 vec 中的数组元素,将类 Matrix 的 Multiply()成员函数声明为类 Vector 友元。将成员函数声明为友元,示例代码如例5.8所示。

Matrix
- m : int
- n : int
- Mat : int*
+ Elem (int i, int j) : int&
+ Matrix (int im, int in)
+ ~Matrix ()
+ print () : void
+ getM () : int
+ getN () : int
+ Matrix (const Matrix& oldMatrix)
+ Multiply (Vector& vec) : Matrix

Vector
- n : int
- v : int*
+ Elem (int i) : int&
+ Vector (int n)
+ ~Vector ()
+ print () : void
+ getN () : int
+ Vector (const Vector& oldVector)

图 5.17 使用成员函数实现乘法运算

【例 5.8】 将成员函数声明为友元。

```
# include "Matrix.h"
class Vector
{
    friend Vector Matrix::Multiply(Vector& vec); //将类 Matrix 的成员函数声明为友元
    //friend class Matrix;                        //声明友元类

    //以下代码省略
};
```

如果将类 Matrix 声明为类 Vector 的友元,类 Matrix 的所有成员函数都可以直接访问类 Vector 的所有成员,存在很大的安全隐患,因此,只将其 Multiply()成员函数声明为类 Vector 的友元。

```
Vector Matrix::Multiply( Vector& vec){
    //省略检查行列的代码
    Vector c(m);
    for (int i = 0; i < m; i++){
        c.v[i] = 0;
        for (int j = 0; j < n; j++){
            c.v[i] += Mat[i * n + j] * vec.v[j];
        }
    }
    return c;
}
```

例 5.7 的 main()函数中,只需要将最后一条语句修改为:

$$a. Multiply(v). print();$$

其中,矩阵 a 是被乘数,向量 v 是乘数。

封装是面向对象程序设计的基本特征,而友元相当于在封装的边界上打了一个"洞",开了一个"后门",存在很大的安全隐患,因此,在使用友元前,一定要问自己三次,"能够不用友元吗?""能够不用友元吗?""能够不用友元吗?"。

5.3 异常处理

先考虑正常情况再考虑非正常情况,是人们的思维习惯。在实际应用开发中,首先要区分"正常"情况和"非正常"情况,然后针对正常情况进行分析设计和编程实现,而先不考虑"非正常"情况。Josephus 游戏和矩阵计算两个程序就是按照上述思维习惯开发的。

例如,玩 Josephus 游戏,正常情况是几个或几十个小孩玩这个游戏,不正常的情况是几万个甚至几十万个小孩玩这个游戏。开发 Josephus 游戏程序时,从正常情况中选择 7 个小孩玩游戏的典型场景,并根据这个典型场景开发了 Josephus 游戏程序。按照"正常情况"选择测试用例,最终保证程序在正常情况下能够正常运行。在整个开发过程中,根本没有考虑几万个甚至几十万个小孩玩这个游戏的"非正常"情况。

又例如,进行矩阵计算时,自然会想到计算的数据量一般都很大,矩阵计算作为很多应用的基础,编写的代码往往供其他程序员使用,这些都属于正常情况,因此,开发程序中,自然就会考虑能否申请到内存、数组下标是否越界等问题,并增加相应代码,而不仅是按照矩阵计算的数学公式编写程序。

在计算机中,将非正常情况称为异常情况,简称异常,由异常情况导致的错误称为异常错误。

异常只是一个抽象概念,其本质作用是将正常情况和异常情况分开处理。在实际开发中应结合具体情况来判别异常情况,更要针对导致的错误特点以及处理错误的方便程度来划分异常。

例如,矩阵计算中,数据量很大,编写的代码供其他程序员使用,这些都属于正常情况。如果针对这些情况编写出处理错误的代码,并将这些代码嵌入到矩阵计算的代码中,显然会冲淡按照矩阵运算的数学公式编写代码这个重点,容易出现基本计算错误。因此,应将申请内存失败、数组下标越界等情况视为异常,先按照矩阵运算的数学公式编写代码,然后专门处理这些异常情况。

遵循先考虑正常情况再考虑异常情况的思维习惯,提出了包含抛出、捕获和处理三个步骤的异常处理机制,下面以矩阵和向量乘法为例,介绍使用异常处理机制编程的步骤和方法。

5.3.1 异常分类和错误定义

计算机系统或网络系统等运行环境中的原因可能导致程序运行异常,一般将这类异常称为系统异常,将系统异常导致的错误称为系统错误。例如,计算机的内存不足、打印机没有开机、文件不存在、网络不通,等等。

除了系统异常外,程序各模块在协作过程中也可能出现异常。如矩阵计算中,数组下标越界、矩阵与向量相乘时行列数量不符合要求,等等。

总之,程序在运行过程中,可能出现的异常一般会很多,不可能也没有必要处理所有的异常,而是先对可能出现的异常进行分类,然后按照这个分类分别进行处理。

矩阵计算中,可将可能出现的异常统称为异常 MyErr,然后将异常 MyErr 分为运行环境中出现的异常 SysErr 和程序内部逻辑中出现的异常 LogicErr,再将异常 SysErr 分为与文件相关的异常 FileErr 和与内存相关的异常 MemErr,将异常 LogicErr 分为矩阵中出现的异常 MatErr 和向量中出现的异常 VecErr,以及乘法中出现的异常 MulErr。异常及其分类如图 5.18 所示。

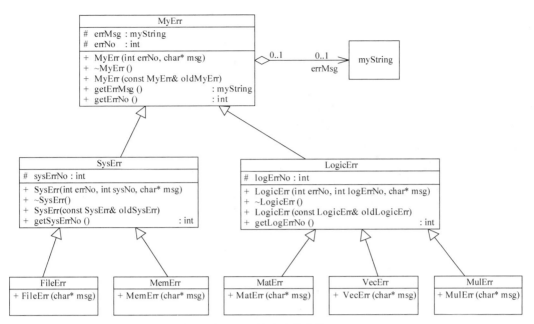

图 5.18 异常及其分类

识别异常的目的是定义错误并进行相应处理,一般按照异常的类别对异常错误进行分类,每类异常对应一类异常错误,因此,以 Err 为后缀来命名异常的类别,表示这个类别也是异常错误的类别。

错误的信息一般分为错误号和错误提示信息。错误提示信息一般只包含错误的简单描述,主要是给人阅读的,而错误号用于标识错误的类别,一般按照异常的层次关系进行编码,主要在计算机内部使用,或用于查阅错误的详细资料。

为了有效管理异常错误,在各个类中增加了相应的构造函数、拷贝构造函数和成员函数。描述异常及其错误的代码如例 5.9 所示。

【例 5.9】 描述异常及其错误。

```cpp
// MyErr.h
class MyErr
{
public:
    MyErr(int errNo,const char * msg);
    MyErr(const MyErr& oldMyErr);
    myString getErrMsg();
    int getErrNo();
protected:
    myString errMsg;
    int errNo;
};
class SysErr : public MyErr
{
public:
    SysErr(int sysNo, const char * msg);
    SysErr(const SysErr& oldSysErr);
    int getSysErrNo();
```

```cpp
protected:
    int sysErrNo;
};
class FileErr : public SysErr
{
public:
    FileErr(const char * msg);
};
class MemErr : public SysErr
{
public:
    MemErr(const char * msg);
};
class LogicErr : public MyErr
{
public:
    LogicErr(int logErrNo, const char * msg);
    LogicErr(const LogicErr& oldLogicErr);
    int getLogErrNo(void);
protected:
    int logErrNo;
};
class MatErr : public LogicErr
{
public:
    MatErr(const char * msg);
};
class VecErr : public LogicErr
{
public:
    VecErr(const char * msg);
};
class MulErr : public LogicErr
{
public:
    MulErr(const char * msg);
};
```

```cpp
// MyErr.cpp
# include "myString.h"
# include "MyErr.h"

MyErr::MyErr(int errNo, const char * msg) :errMsg(msg)
{
    MyErr::errNo = errNo;
}
MyErr::MyErr(const MyErr& oldMyErr) : errMsg(oldMyErr.errMsg)
{
    errNo = oldMyErr.errNo;
}
myString MyErr::getErrMsg(){
    return errMsg;
}
```

```
int MyErr::getErrNo(){
    return errNo;
}

SysErr::SysErr(int sysNo, const char * msg) : MyErr(1, msg)
{
    sysErrNo = sysNo;
}
SysErr::SysErr(const SysErr& oldSysErr) :MyErr(oldSysErr.errNo, oldSysErr.errMsg.getString())
{
    sysErrNo = oldSysErr.sysErrNo;
}
int SysErr::getSysErrNo(){
    return sysErrNo;
}
FileErr::FileErr(const char * msg) :SysErr(1, msg)
{}
MemErr::MemErr(const char * msg) : SysErr(2, msg)
{}
LogicErr::LogicErr(int logErrNo, const char * msg) : MyErr(2, msg)
{
    LogicErr::logErrNo = logErrNo;
}
LogicErr::LogicErr (const LogicErr& oldLogicErr) : MyErr (oldLogicErr. errNo, oldLogicErr.
errMsg. getString())
{
    logErrNo = oldLogicErr.logErrNo;
}
int LogicErr::getLogErrNo(){
    return logErrNo;
}
MatErr::MatErr(const char * msg) :LogicErr(1, msg)
{}
VecErr::VecErr(const char * msg) : LogicErr(2, msg)
{}
MulErr::MulErr(const char * msg) : LogicErr(3, msg)
{}
```

上述代码中,将错误号分为两级,第一级为 errNo,第二级包含 sysErrNo 和 logErrNo。按照异常的分类进行编号,将其编号写进代码,在构造错误时只需要指定错误信息,不需要指定错误编号,以减少编程时的工作量,并保证编程的统一性。

5.3.2 识别异常和抛出错误

异常分类和定义错误后,应按照类及成员函数的职责,识别异常并抛出错误。如果是在自己职责范围内能够处理的错误,也应该进行处理;如果超出了自己的职责范围或处理不了,则抛出错误,留给上层代码处理。

例 5.6 中,类 Vector 和 Matrix 的职责是管理好向量和矩阵,按照其职责,类 Vector 应该识别向量中的异常,然后使用语句 throw 抛出异常错误。同样,类 Matrix 应该识别矩阵中的异常并抛出异常错误,不能超出自己的职责。

数组下标越界和申请内存失败这两个异常错误,两个类 Vector 和 Matrix 都不知道怎么处理,因此,只抛出了异常错误,让高层的 Multiply()和 main()函数来处理。示例代码如例 5.10 所示。

【例 5.10】 判断异常并抛出错误。

```cpp
# include "MyErr.h"
# include "Vector.h"
# include < iostream >
using namespace std;

int& Vector::Elem(int i){
    if (i < n)
        return v[i];
    else
        throw VecErr("向量中数组下标越界!");
}
Vector::Vector(int n){
    Vector::n = n;
    v = new int[n];
    if (!v)
        throw MemErr("向量中申请内存失败!");
}
Vector::Vector(const Vector& oldVector){
    n = oldVector.n;
    v = new int[n];
    if (!v)
        throw MemErr("向量中申请内存失败!");
    //省略下面的代码
}
```

上述代码中,识别了数组下标越界和申请内存失败两种异常,并用 throw 语句抛出异常错误 VecErr("向量中数组下标越界!")、MemErr("向量中申请内存失败!")和 MemErr("向量中申请内存失败!")。

```cpp
# include "MyErr.h"
# include "Matrix.h"
# include "Vector.h"
# include < iostream >
using namespace std;

int& Matrix::Elem(int i, int j){
    if (i < m * n)
        return Mat[i * n + j];
    else
        throw MatErr("矩阵中数组下标越界!");
}
Matrix::Matrix(int m, int n){
    Matrix::m = m;
    Matrix::n = n;
    Mat = new int[m * n];
```

```
    if (!Mat)
        throw MemErr("矩阵中申请内存失败!");
}
Matrix::Matrix(const Matrix& oldMatrix){
    m = oldMatrix.m;
    n = oldMatrix.n;
    Mat = new int[m * n];
    if (!Mat)
        throw MemErr("矩阵中申请内存失败!");
    for (int i = 0; i < m * n;i++)
        Mat[i] = oldMatrix.Mat[i];
}
```

5.3.3　捕获异常并处理错误

Multiply()函数中,使用 try …catch 语句来捕获被调用函数中抛出的异常错误,并针对接收到的异常错误进行相应处理。示例代码如例 5.11 所示。

【例 5.11】　捕获异常并进行相应处理。

```
# include "myString.h"
# include "MyErr.h"
# include "Matrix.h"
# include "Vector.h"
# include < iostream >
using namespace std;

Vector Multiply(Matrix& mat, Vector& vec){
    //检查行列的代码
    if (mat.getN() != vec.getN())
        throw MatErr("矩阵和向量的行列不符合相乘条件!");
    try{                    //下面是例 5.3 中的代码
        Vector c(mat.getM());
        for (int i = 0; i < mat.getM(); i++){
            c.Elem(i) = 0;
            for (int j = 0; j < mat.getN(); j++){
                c.Elem(i) += mat.Elem(i, j) * vec.Elem(j);
            }
        }
        return c;
    }
    catch (MemErr e){
        cerr << "错误号:" << e.getErrNo() << "\t 系统错误号:" << e.getSysErrNo()
            << "\t 错误信息:" << e.getErrMsg().getString();
        throw MemErr("申请内存失败!");
    }
    catch (VecErr e){
        cerr << "错误号:" << e.getErrNo() << "\t 逻辑错误号:" << e.getLogErrNo()
            << "\t 错误信息:" << e.getErrMsg().getString();
    }
}
```

Multiply()函数中,首先使用条件表达式 mat.getN()! =vec.getN()检查异常,如果条件为真,说明矩阵和向量的行列不正确,这是因调用者没有做好本职工作而出现的错误,应该由调用者来处理,因此,只抛出异常错误 MatErr("矩阵和向量的行列不符合相乘条件!")。

后面是 try…catch 语句,try 和 catch 之间包含一段代码,其作用是捕获执行这段代码过程中抛出的异常,也包括执行函数调用过程中抛出的异常。

后面有两个 catch 语句,其中,语句 catch(MemErr e)捕获 MemErr 类型的错误,e 是类 MemErr 的一个对象。紧跟的语句块处理这个错误,先在标准错误设备 cerr 上输出错误信息,再抛出一个异常错误 MemErr("申请内存失败!")。同样,语句 catch(VecErr e)捕获 MemErr 类型的错误,并进行相应处理。

上述代码,按照 Multiply()函数的职责,识别"行列不符合相乘条件"这种异常并抛出了错误,捕获了 MemErr 类型的异常,因超出了自己的职责范围而再次抛出了一个错误。

"数组下标越界"一定是 Multiply()函数中的错误引起的,改正 VecErr 和 MatErr 类型的错误是 Multiply()函数的职责,因此,捕获并处理 VecErr 类型的异常。但 Multiply()函数中忘记了捕获并处理 MatErr 类型的异常。

```cpp
void main(){
    int m = 3, n = 4;
    try{                      //下面是例5.3中的代码
        cout << "矩阵:" << endl;
        Matrix a(m, n);
        for (int i = 0; i < m; i++){
            for (int j = 0; j < n; j++){
                a.Elem(i, j) = (i + 1) * 10 + j + 1;
            }
        }
        a.print();

        cout << endl << "向量:" << endl;
        Vector v(n);
        for (int i = 0; i < n; i++){
            v.Elem(i) = (i + 1) * 2;
        }
        v.print();
        cout << endl << "矩阵×向量:" << endl;
        Multiply (a,v).print();
    }
    catch (MatErr e){
        cerr << "错误号:" << e.getErrNo() << "\t 系统错误号:" << e.getLogErrNo()
            << "\t 错误信息:" << e.getErrMsg().getString();
    }
    catch (MemErr e){
        cerr << "错误号:" << e.getErrNo() << "\t 系统错误号:" << e.getSysErrNo()
            << "\t 错误信息:" << e.getErrMsg().getString();
    }
}
```

main()函数中,使用 try…catch 语句,捕获异常错误并做相应处理。上述代码中,标出了捕获异常错误的代码范围及可能抛出异常错误的语句。

main()函数也处理不了内存问题,只能向用户报告,用户再来处理这个错误,如扩展内存或减少计算的数据量等。

小结

本章主要学习了综合运用前面学习的知识和技术解决实际问题的步骤和方法,重点学习了分析设计、编码实现和程序维护阶段的主要步骤和基本方法,以及根据数学模型编程的技术和方法,最后学习了异常处理及其编程方法。

以 Josephus 游戏为例,学习了从应用场景中发现对象及其连接、抽象出类及其关联、建立静态模型和动态模型的步骤和方法,以及根据建立的模型选择实现技术的思路和编写代码的方法。希望读者能够理解分析设计、编码实现和程序维护阶段中的一般步骤及其主要任务,知道每个阶段涉及的主要方法和技术,能够理解简单的静态模型和动态模型,掌握根据模型编写代码的方法。

以矩阵乘法为例,学习了根据数学模型设计程序和编写代码的方法,以及使用友元提高运行速度的编程方法。希望读者能够从计算角度进一步理解设计和编码的方法与技术。

最后学习了异常处理的相关概念,举例说明了异常分类、错误定义的思路以及编程方法。希望读者理解异常的概念,了解异常处理机制,掌握使用异常处理的编程方法。

练习

1. Josephus 游戏示例中,选择了链表存储圆圈中的小孩。如果将链表改为对象数组,选择对象数组存储圆圈中的小孩,请重新描述在对象数组上玩 Josephus 游戏的场景,并使用类图设计出程序的静态模型,最后编程实现。

2. 请在 Josephus 游戏示例中增加异常处理功能。

3. Josephus 游戏中,要求决出金牌、银牌和铜牌,请重新设计程序的静态模型和动态模型,并编程实现。

4. 组织小学生玩 Josephus 游戏,希望公布哪个班级的哪个同学取得了胜利,请重新设计出程序的静态模型和动态模型,并编程实现。

5. 矩阵计算是大数据智能化的基础,5.2 节的示例中只介绍了矩阵和向量的乘法,请扩展示例程序的功能,编程实现矩阵的乘法、加法、减法和转置运算。

6. 根据下面的描述和要求设计并编写程序。

一个四口之家,大家都知道父亲会开车,母亲会唱歌。但是父亲还会修电视机,只有家里人知道。小孩既会开车又会唱歌甚至也会修电视机。母亲瞒着任何人在外面做小工以补贴家用。此外,男孩还会打乒乓球,女孩还会跳舞。

　　主程序中描述这四口之家一天的活动：先是父亲出去开车，然后母亲出去工作(唱歌)，母亲下班后去做两小时小工。小孩在俱乐部打球，在父亲回家后，开车玩，后又高兴地唱歌。晚上，两个小孩和父亲一起修电视机。

　　后来父亲的修电视机技术让大家知道了，人们经常上门要他修电视机。这时，程序要做什么样的变动？

　　7. 第3章习题8要求针对大学生的选课场景设计并实现一个选课程序，请按照5.1节中的步骤和方法重新进行设计并实现。

第 6 章

运算与重载

人类在长期实践过程中,逐步认识到了事物的本质,更关注各种事物的共性而淡化事物的差异,从最开始用手指、小石子、小木棒等代表客观世界中的事物,发展到用"123456789"中的符号代表这些事物,经过一千多年后才出现"0",形成了以 0123456789 十个数字为基础的十进制记数法,最终产生了自然数。

十进制记数法是目前广泛使用的记数法,"0"的出现是一个里程碑,标志着人类数字文明进入了新的阶段。

自然数是人类在长期实践过程中逐步产生的,是数学的源泉和重要基础,但自然数是否包括 0,目前仍有争议。为了不产生歧义,本书中使用的"自然数"包含 0,即非负整数集。

下面先介绍数学中数及运算的抽象和计算方法,然后再介绍运算的重载技术。

6.1　自然数与度量

自然数的理论主要有基数理论和皮亚诺公理,它们从不同角度回答了"自然数及其运算是什么?"这个基本问题。

皮亚诺公理以自然数的次序为出发点,按照公理化的思想采用形式化方法定义了自然数及其运算,逻辑非常严密,但难于理解。自然数的基数理论以人们的"经验"为出发点,使用集合和映射定义了自然数及其运算,易于理解,但逻辑严密性不足。

在实际应用中,上述两种理论可发挥不同的作用。皮亚诺公理更多地被用于指导计算及计算的正确性证明,而自然数的基数理论更多地用于指导数及运算的抽象,有助于理解数及其运算在实际应用中的含义。

下面以自然数的基数理论为基础,讨论使用自然数计数的基本原理和方法,以及度量客观事物特征的基本方法。

6.1.1　自然数的定义

在集合论中,如果集合 A 和 B 的元素之间可以建立一一对应关系,就称集合 A 与 B 等价,记作 $A \sim B$。

如果一个集合能与自己的一个真子集等价,这样的集合称为无限集,否则称为有限集。

如果两个集合 A、B 等价,则假设集合 A、B 具有相同的基数,将集合 A 的基数记为 a,将集合 B 的基数记为 b。

按照基数的定义,两个等价集合 A、B 的基数相等,记为 $a = b$。

若 $A \supset B$,则规定集合 A 的基数 a 大于集合 B 的基数 b,记为 $a > b$。

若 $A \subset B$,则规定集合 A 的基数 a 小于集合 B 的基数 b,记为 $a < b$。

做了前面的准备后,就可以给自然数下一个定义。

> 将有限集的基数称为自然数。

其中包含"有限集"、集合的"基数",以及集合的"等价"关系、"一一对应"关系等术语,可用类图表示这些术语之间的关系,其类图如图 6.1 所示。

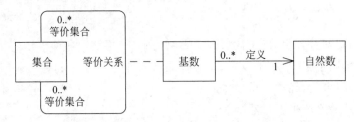

图 6.1　自然数定义中的概念及其关系

如图 6.1 所示,先使用一一对应关系定义集合之间的等价关系,然后使用集合的等价定义有限集和集合的基数,最后使用有限集的基数定义自然数。

自然数的定义中,没有给出具体的自然数,但规定了构造自然数的思路,以及应该满足的条件。构造自然数的思路为,先使用一一对应关系建立集合之间的等价关系,并使用等价关系对所有集合进行分类,然后从每类集合中选择一个集合,并为这个集合规定一个基数,最终规定出的所有基数构成了自然数集。

使用等价关系对所有集合进行分类时,如果排除了"无限集"就能保证每个集合只能划分到一个类别中,而现实生活中很难涉及"无限集",因此,在图 6.1 中有意将"有限集"换成了大家熟悉的概念"集合",以方便理解。

按照构造自然数的思路以及自然数应该满足的条件,有很多构造自然数的方法,下面介绍冯·诺依曼的自然数体系中的构造方法。

设 $\varnothing$ 表示空集,规定集合 $\varnothing$ 的基数为 0,即

$$\varnothing \text{ 的基数为 } 0$$

并规定:

$$\{\varnothing\} \text{ 的基数为 } 1$$
$$\{\varnothing, \{\varnothing\}\} \text{ 的基数为 } 2$$
$$\{\varnothing, \{\varnothing\}, \{\varnothing, \{\varnothing\}\}\} \text{ 的基数为 } 3$$

以此类推,最终构造出所有自然数,并用集合 $\{0, 1, 2, \cdots, n, \cdots\}$ 中的一个元素(符号)标识一个自然数。

所有自然数构成一个集合,并将这个集合称为自然数集,用 **N** 表示,即

$$\mathbf{N} = \{0, 1, 2, \cdots, n, \cdots\}$$

根据自然数的定义和构造方法,平时理解的"自然数"(如 0, 1, 2, 3)实际上是标识自然数的"符号",而这些符号表示的"基数"才是真正的"自然数"。

> 自然数包含符号和基数两层含义,符号是自然数的表现形式,而等价集合的基数是自然数的语义。

6.1.2　对事物计数

按照自然数的定义,各个自然数之间显然有如下大小关系。

$$0 < 1 < 2 < 3 < \cdots$$

按照上述大小关系,可以使用自然数对客观事物进行排序或计数。

例如,如果有一堆苹果和一堆梨子,怎样知道有多少个苹果？多少个梨子？

按照自然数的定义,可先找一些小石子,在苹果和小石子之间建立一一对应,与苹果对应的小石子构成一个集合"小石子",如果集合"小石子"的基数为3,则这堆苹果的数量就是3。同样,如果集合"小石子"也能与这堆梨子建立一一对应,则这堆梨子的数量也是3。

通过集合"小石子"对一堆苹果和一堆梨子进行计数,可用对象图描述这种计数方法,其对象图如图6.2所示。

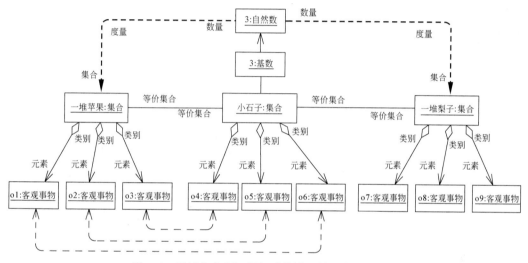

图 6.2　通过集合"小石子"对苹果和梨子计数的方法

实际上,如图6.2所示的计数过程描述了自然数产生之前人们的计数方法。有了自然数后,就可以将其中的"小石子"换成自然数,通过数数的方式建立苹果与自然数之间的一一对应关系,从1开始数苹果,数到的最后一个数刚好就是这两个等价集合的共同基数,也就是苹果的个数。

前面以示例方式介绍了对事物进行计数的方法,可按照面向对象程序设计思想,将如图6.2所示的对象图抽象为类图,表示通用的计数方法。实际上,这种通用的计数方法揭示了度量事物的基本原理。其类图如图6.3所示。

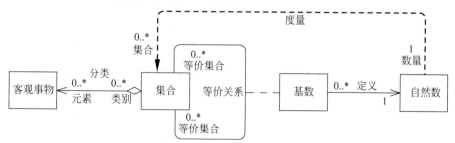

图 6.3　度量事物的基本原理

如图 6.3 所示,在对客观事物计数时,先将这些客观事物划分为一个集合,然后根据自然数的定义对这个集合中的元素进行计数,因此,自然数的基数理论揭示了计数的基本原理,事实上,也是度量事物特征的基本原理。

6.1.3　度量事物的特征

前面介绍了计数的原理和方法,下面在计数基础上介绍度量事物的特征。

计算一个集合中的客观事物数量过程中,如果这个集合中的事物刚好构成另一个更大的事物,会出现什么情况?

例如,如果想知道一个人"张三"的高度,先找一根足够长的竹竿,将竹竿分成 n "等分",并按照计数方法从 1 到 n 的顺序依次给每个"等分"规定一个自然数,然后对比张三与竹竿的高度,按照竹竿上的"等分"将张三的高度划分若干"等分",并以"等分"为元素建立人的高度和竹竿高度之间的一一对应关系,最终在竹竿上找到一个等价集合。如果等价集合中有 178 个"等分",则张三的高度就是 178 个"等分",如果每个"等分"刚好是长度单位"厘米",则张三的高度就是 178 厘米。张三的"等分"与竹竿的"等分"之间的对应关系,如图 6.4 所示。

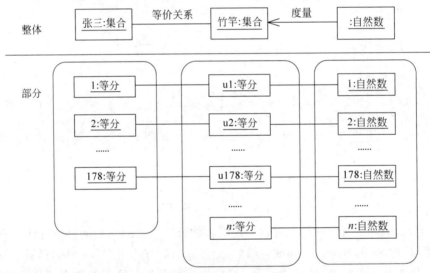

图 6.4　张三的"等分"与竹竿的"等分"之间的对应关系

实际上,如图 6.4 所示中的"等分"就是平时的度量单位,竹竿就是度量工具,张三是被度量的物体。测量张三高度的示例揭示了度量事物的一般方法,可用类图来描述这种基本方法,其类图如图 6.5 所示。

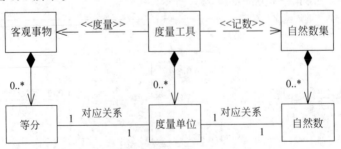

图 6.5　度量事物的基本方法

度量事物的基本方法是,选用一种适当的度量工具,按照度量工具中的度量单位划分被度量事物,并以度量单位建立被度量事物与度量工具之间的一一对应关系,最终计算被度量事物所包含的度量单位数量。

6.2 自然数的运算及其含义

定义并构造出自然数后,就可以在自然数上定义各种运算。在自然数的各种运算中,加法是最基本的运算。

加法定义:设有两个有限集 A、B,并且 $A \bigcap B = \varnothing$,则称集合 $A \bigcup B$ 的基数 c 是集合 A 与 B 的基数的和,记为:

$$c = a + b$$

其中,a 称为被加数,b 称为加数,c 称为和,求两数之和 c 的运算称为加法(+)。

在加法的定义中,包含加法的语法和语义,其语法为"$a+b$",运算结果为 c,可使用图表示其语法。加法的语法如图 6.6 所示。

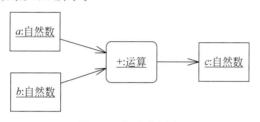

图 6.6 加法的语法

加法的语义是集合 $A \bigcup B$ 的基数 c,如果集合 A 的基数为 3,集合 B 的基数为 2,则按照加法的语法记为 3+2,运算结果为集合 $A \bigcup B$ 的基数 5。

如果集合 A 和 B 是苹果构成的两个集合,则 3+2 中的 3 表示集合 A 中有 3 个苹果,2 表示集合 B 中有 2 个苹果,运算结果表示总共有 5 个苹果。加法运算 3+2 的语义如图 6.7 所示。

除了加法运算外,乘法也是最基本的运算。

乘法的定义:设有 b 个等价有限集 $A_1, A_2, \cdots, A_b$,且 $A_1 \bigcap A_2 \bigcap \cdots \bigcap A_b = \varnothing$,每个集合的基数都是 a,由这 b 个集合构成并集 C,即

$$C = A_1 \bigcup A_2 \bigcup \cdots \bigcup A_b$$

称集合 C 的基数 c 为 a 与 b 的积,记为:

$$c = a \times b$$

其中,a 称为被乘数,b 称为乘数,c 称为积,求两数乘积 c 的运算(×)称为乘法。

自然数乘法的定义中,被乘数 a 和积 c 是集合的基数,而乘数 b 是这些等价集合的个数。在实际应用中,可使用被乘数代表客观事物的数量,但乘数始终是这些等价集合的个数。

要从语法和语义两个维度理解乘法的定义。如果等价有限集 A_i 的基数 a 是集合的元素个数,则积是 b 个等价有限集的元素个数的总和,自然数乘法的语法与加法的语法非常类似,只有运算的符号不同。乘法的语法如图 6.8 所示。

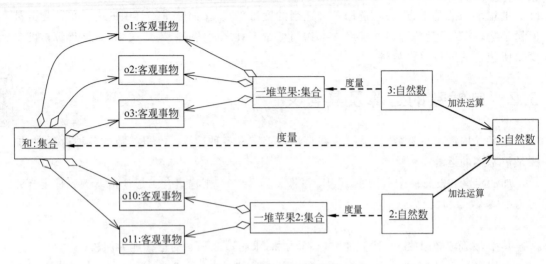

图 6.7 加法 3+2 的语义

四则运算中的减法是加法的逆运算,除法是乘法的逆运算,可根据这个特点理解减法和除法的含义。

在进行四则运算过程中,要求计算出唯一的结果,按照映射(函数)的观点,这就要求将一个自然数或多个自然数映射为一个自然数,即映射必须是多对一映射。这是对所有运算的约束,可用类图表示运算及其约束,如图 6.9 所示。

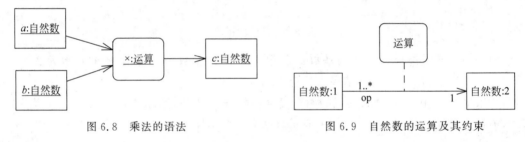

图 6.8 乘法的语法   图 6.9 自然数的运算及其约束

如图 6.9 所示的类图中,类"运算"是一个关联类,关联类的对象是关联中的连接,这些连接可以表示自然数之间的一种映射关系,这个特点非常重要,它是抽象成员函数或运算的理论基础。

在计算机中,只能存储代表自然数的符号,并通过函数实现自然数的运算。按照面向对象程序设计思想,可将自然数封装成一个类"自然数",然后将实现运算的函数作为类"自然数"的成员函数。类"自然数"如图 6.10 所示。

自然数
- value ：自然数的符号
+ 乘法 (自然数 b) ：自然数
+ 加法 (自然数 b) ：自然数

自然数
- value ：自然数的符号
+ operator* (自然数 b) ：自然数
+ operator+ (自然数 b) ：自然数

图 6.10 类"自然数"

如图 6.10 所示的左边类"自然数"中,属性 value 用于存储代表自然数的符号,成员函数"加法"和"乘法"分别实现自然数的"加法"和"乘法"运算。

右边的类"自然数"中,将实现自然数的"加法"和"乘法"运算的两个成员函数的函数名

分别换成了"operator＋"和"operator＊"。使用
运算符命名实现运算的函数,其目的是方便编译
器编译表达式,也方便理解函数的功能。

app
+ main () : void
+ operator* (自然数a,自然数b) : 自然数
+ operator+ (自然数a,自然数b) : 自然数

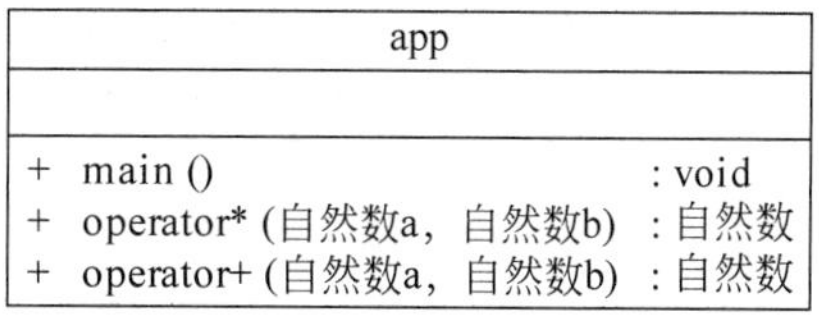

图 6.11 使用普通的函数实现自然数的运算

从理论上讲,除了使用成员函数外,还可使用
普通函数实现自然数的运算,其类图如图 6.11
所示。

实现自然数的运算时,成员函数的原型中,参数要比运算的操作数少一个,这是因为,类
的对象是运算中的一个操作数,不需要通过参数传递。

6.3 定义和重载运算

可参照定义自然数及其运算的原理和方法,先为对象定义运算,然后使用成员函数重载
定义的运算。

例如,人民币用于度量钱的多少,以元角分的格式表示,并规定了元角分的转换规则,即
10 分等于 1 角,10 角等于 1 元。

参照定义自然数及其运算的思路和方法,先将人民币"1 元 2 角 3 分"视为集合 A 的基
数 a,将人民币"5 元 6 角 7 分"视为集合 B 的基数 b,集合 A 和 B 的元素为"分",然后规定
人民币"1 元 2 角 3 分"和"5 元 6 角 7 分"的和为集合 $A \bigcup B$ 的基数 c,记为

$$c = a + b$$

按照元角分的转换规则,c 等于"6 元 8 角 0 分"。

上面定义了人民币的加法,也可定义人民币的乘法。先将"6 元 8 角 0 分"视为 b 个等
价集合 $A_1, A_2, \cdots, A_b$ 共同的基数 a,然后规定"6 元 8 角 0 分"与 b 的积为集合 $A_1 \bigcup A_2$
$\bigcup \cdots \bigcup A_b$ 的基数 c,记为:

$$c = a \times b$$

定义了人民币的加法和乘法后,可用一个类的对象存储人民币中元角分的数值,类的成
员函数实现人民币的加法和乘法运算,其类如图 6.12 所示。

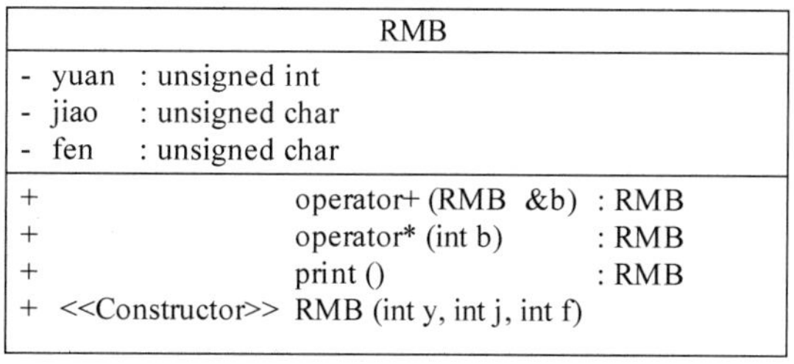

RMB
- yuan : unsigned int
- jiao : unsigned char
- fen : unsigned char
+ operator+ (RMB &b) : RMB
+ operator* (int b) : RMB
+ print () : RMB
+ <<Constructor>> RMB (int y, int j, int f)

图 6.12 人民币及其加法和乘法运算

如图 6.12 所示的类 RMB 具有 3 个属性 yuan、jiao、fen。为了节省内存,将属性 jiao 和
fen 的数据类型设置为 unsigned char。类 RMB 有两个成员函数,分别实现加法和乘法运
算,其函数原型为:

RMB operator ＋(RMB ＆b);

RMB operator ＊(int b);

类 RMB 及其加法和乘法运算的实现代码如例 6.1 所示。

【例 6.1】 人民币及其加法和乘法运算的实现。

```cpp
#include <iostream>
using namespace std;

class RMB
{
public:
    RMB operator + ( RMB &b);
    RMB operator * (int b);
    void print();
    RMB(int y, int j, int f);
protected:
    unsigned int yuan;
    unsigned char jiao;
    unsigned char fen;
};
```

按照人民币元角分的格式存储和输出。

```cpp
RMB::RMB(int y, int j, int f){
    int a, b;
    a = f;
    b = j + a / 10;
    yuan = y + b / 10;
    jiao = b % 10;
    fen = a % 10;
}
void RMB::print(){
    cout << yuan << "元" << (int)jiao << "角" << (int)fen << "分";
}
```

按照人民币加法和乘法的定义,以及元角分的转换规则,编写实现两个运算的成员函数。

```cpp
RMB RMB::operator + ( RMB &b){
    //按照人民币加法的定义及元角分的转换规则,编程实现
    int t1, t2, t3;
    t1 = fen + b.fen;
    t2 = jiao + b.jiao + t1 / 10;
    t3 = yuan + b.yuan + t2 / 10;
    return RMB(t3, t2 % 10, t1 % 10);
};
RMB RMB::operator * ( int b){
    //按照人民币乘法的定义及元角分的转换规则,编程实现
    int y, j, f;
    f = fen * b;
    j = jiao * b + f / 10;
    y = yuan * b + j / 10;
    return RMB(y, j % 10, f % 10);
}
```

使用类 RMB 存储和输出人民币的值,并调用 operator＋()和 operator＊()函数进行加法和乘法运算。

```
void main(){
    RMB r1(1, 2, 3), r2(2, 3, 9);
    cout << "r1:\t";
    r1.print();
    cout << endl << "r2:\t";
    r2.print();

    RMB r3(r1 + r2);
    cout << endl << " r3(r1 + r2):\t";
    r3.print();

    RMB r4 (r1 * 3);
    cout << endl << "r4(r1 * 3):\t";
    r4.print();
}
```

语句 RMB r3(r1＋r2)的语义是,先计算 RMB 对象 r1、r2 之和,得到一个 RMB 对象 R,然后再使用 R 构造一个 RMB 对象。

编译器在编译语句 RMB r3(r1＋r2)时,先按照语句 r1.operator＋(r2)的语义编译其中的"r1＋r2",调用类 RMB 的 operator＋()成员函数,返回一个 RMB 的临时对象 R,然后按照语句 RMB r3(R)的语义继续编译代码,最后生成这条语句的目标代码。

当然,现在的 C++编译器一般会执行返回值优化(Return Value Optimization),省略创建临时对象 R 的步骤,减少调用拷贝构造函数的开销。

编译器在编译语句 RMB r4 (r1 ＊ 3)时,也按照语句 r4.operator＊(3)的语义编译"r1 ＊ 3",同样调用了类 RMB 的 operator＊()成员函数。

例 6.1 程序的输出结果如下。

```
r1:      1 元 2 角 3 分
r2:      2 元 3 角 9 分
r3(r1 + r2):    3 元 6 角 2 分
r4(r2 * 3):     3 元 6 角 9 分
```

6.4 重载常用运算

为了能够像使用变量一样使用对象,面向对象程序设计语言一般都提供了重载运算的方法,但不是所有运算都能够重载,可查阅所使用语言的标准文本了解详细信息。

6.4.1 重载赋值运算

赋值运算是最常用的运算之一,重载赋值运算前需要理解赋值运算的语法和语义,然后按照语法和语义重载赋值运算,其语法和语义如表 6.1 所示。

表 6.1   赋值运算的语法和语义

运算符	名称	结合律	语法	语义或计算序列
=	赋值运算	从右到左	expL＝expR	计算 expL 得到变量 x,计算 expR 得到值 v,按照变量 x 的数据类型所规定的格式将值 v 存储到变量 x 的内存,得到变量 x

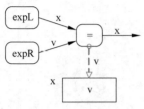

图 6.13   赋值运算语义图

赋值运算的语法为"expL＝expR",语义为"计算 expL 得到变量 x,计算 expR 得到值 v,按照变量 x 的数据类型所规定的格式将值 v 存储到变量 x 的内存,得到变量 x",其语义如图 6.13 所示。

按照赋值运算的语法和语义,赋值运算的基本形式为"x＝v",功能是将值 v 存储到变量 x 的内存,并规定计算结果为变量 x,而不是变量 x 中的值。按照赋值运算的语法,重载赋值运算的成员函数原型应符合如下格式。

$$T\& \; T::operater = (const \; T \; \&v)$$

其中,T 是一个数据类型或类。

例如,将 RMB 对象中的值 v 赋值给另一个 RMB 对象 x,重载赋值运算的成员函数原型为:

$$RMB\& \; RMB::operater = (\; const \; RMB \; \&v)$$

其中,参数 v 的实参是一个 RMB 对象,并且采用传引用方式。成员函数返回一个 RMB 对象的引用,按照赋值运算的语义,返回的是 RMB 对象自己。重载 RMB 赋值运算的成员函数代码,如例 6.2 所示。

【例 6.2】   重载 RMB 的赋值运算。

```
//省略与例 6.1 相同代码和类 RMB 的声明代码
RMB::RMB(){
}
RMB& RMB::operator = (const RMB &v){
    yuan = v.yuan;
    jiao = v.jiao;
    fen = v.fen;
    return * this;
}
```

operator ＝ ()成员函数中,按照 RMB 中规定的格式"元角分"将参数 v 传递来的值存储到当前 RMB 对象的内存,实现了赋值运算的语义。为了创建一个未初始化的对象,声明了一个无参的构造函数。

```
void main(){
    RMB r1(1, 2, 3), r2(2, 3, 9);
    cout << "r1:\t";
    r1.print();
    cout << endl << "r2:\t";
    r2.print();
```

```
    RMB r3,r4;
    r3 = r1 + r2;
    cout << endl << "r3 = r1 + r2:\t";
    r3.print();

    r4 = r1 * 3;
    cout << endl << "r4 = r1 * 3:\t";
    r4.print();
}
```

语句 RMB r3,r4 创建了两个对象,只为这两个对象分配了内存,没有初始化。表达式 r3=r1+r2,先按照语句"r1.operator+(r2)"的语义调用 operator+()成员函数,计算 r1+r2,并返回存储 r1 和 r2 之和的临时对象 R,然后,按照语句"r3.operator=(R)"的语义调用 operator=()成员函数,将临时对象 R 中的属性值分别存储到对象 r3 的内存。

表达式 r4=r1 * 3 中,也调用 operator=()成员函数,将 r1 * 3 的计算结果存储到对象 r4 的内存。

例 6.2 程序的输出结果如下。

```
r1:     1元2角3分
r2:     2元3角9分
r3 = r1 + r2:    3元6角2分
r4 = r1 * 3:    3元6角9分
```

理解赋值运算的语义时,需要区分"变量"和"值",如果运算的操作数或运算结果是"变量",在重载运算的函数中应该采用传引用方式,否则可采用传值方式。

6.4.2 重载类型转换运算

除了使用"元角分"表示人民币的多少外,还可使用一个实数来表示人民币的多少,这就需要在人民币的两种表示方式之间进行转换。两种表示方式之间的转换是类型转换解决的主要问题。

基本数据类型的类型转换分为隐式转换和显式转换两个方式。在面向对象程序设计中,隐式转换可通过构造函数来实现,显式转换一般通过类型转换来实现。

数据类型转换运算,其语法和语义如表 6.2 所示。

表 6.2　类型转换运算的语法和语义

运算符	名称	结合律	语法	语义或运算序列
()	类型转换	从右到左	(type) exp	计算 exp 得到值 v1,将值 v1 的类型显式转换为 type 类型,得到 type 类型的值 v2

语法比较简单,在一个表达式的前面加上数据类型并用括号"()"括起来,其语义为将表达式的值转换为指定的数据类型。类型转换的语义,如图 6.14 所示。

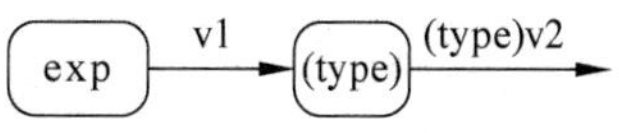

类型转换的基本形式为"(type)a",其中,a 是一个变量,语义为从变量 a 中取出值 v1,然后将值 v1 转换为 type 类型的值 v2,计算结果是 type 类型的值 v2。重载

图 6.14　类型转换的语义

类型转换运算的成员函数原型应符合如下格式。

$$T1::operater\ T2()$$

其中,T1 是转换前的数据类型或类,T2 是转换后的数据类型或类,operater T2()是 T1 的成员函数,不需要指定返回类型,但函数体中必须返回 T2 类型的值。

例如,可重载类型转换运算,将类 RMB 的对象转换为数据类型 double 的值。重载类型转换运算的成员函数原型为:

$$RMB::operater\ double()$$

在类 RMB 中增加重载类型转换运算的成员函数,其类如图 6.15 所示。

RMB
- yuan　: unsigned int - jiao　: unsigned char - fen　: unsigned char
+ 　　　　　　operator double () + 　　　　　　operator =(RMB v)　: RMB& + 　　　　　　operator+(RMB &b)　: RMB + 　　　　　　operator* (int b)　: RMB + 　　　　　　print ()　: RMB + <<Constructor>> RMB (int y, int j, int f) + <<Constructor>> RMB (double d) + <<Constructor>> RMB ()

图 6.15　重载类型转换运算的类 RMB

如图 6.15 所示的类 RMB 中,使用 operater double()成员函数重载转换为 double 的类型转换运算,示例代码如例 6.3 所示。

【例 6.3】　重载类型转换运算。

```
//省略与例6.2相同的代码和类 RMB 的声明代码
RMB::operator double(){
    return double(yuan + (double)jiao / 10 + (double)fen / 100);
}
RMB::RMB(double d){
    int t = (d + 0.005) * 100;    //小数点后3位上四舍五入
    fen = t % 10;                 //取个位
    t /= 10;
    jiao = t%10;                  //取十位
    yuan = t /10;
}
```

重载了 operator double()成员函数,用于从类 RMB 到数据类型 double 的转换,并定义 RMB(double d)构造函数,用于从数据类型 double 到类 RMB 的转换。

```
void main(){
    const double d = 2.34;
    RMB r1(1, 2, 3), r2(d);
    cout << "r1:\t";
    r1.print();
    cout << endl << "r2:\t";
    r2.print();
```

```
    double d1 = 4.56,d2;
    RMB r3,r4;
    r3 = r1 + RMB(d1);
    cout << endl << "r3 = r1 + RMB(d1):\t";
    r3.print();

    d2 = (double)r1 + d1;
    cout << endl << "d2 = (double)r1 + d1:\t";
    cout << d2 <<" = ";
    RMB(d2).print();
}
```

语句 r3＝r1＋RMB(d1)中，先使用实数 d1 构造类 RMB 的一个临时对象 v1，将类型 double 的值 d1 转换为类 RMB 的对象 v1，然后调用 operator＋()成员函数计算 r1＋v1，得到类 RMB 的另一个临时对象 v2，最后调用 operator＝()成员函数将临时对象 v2 中的值赋值给对象 r3。

语句 d2 ＝ (double)r1 ＋ d1 中，先调用类 RMB 的 operator double ()成员函数将对象 r1 转换为一个实数，然后再进行实数的计算。

语句 RMB(d2).print()中，先使用 d2 构造类 RMB 的一个对象，然后调用 print()成员函数按照元角分的格式输出。

例 6.3 程序的输出结果如下。

```
 r1:    1 元 2 角 3 分
 r2:    2 元 3 角 4 分
 r3 = r1 + RMB(d1):    5 元 7 角 9 分
 d2 = (double)r1 + d1:  5.79 = 5 元 7 角 9 分
```

6.4.3 重载增量运算符

自增和自减是程序员非常喜欢的运算，包含前自增、后自增和前自减、后自减 4 个运算，其语法和语义如表 6.3 所示。

表 6.3 自增和自减运算的语法和语义

运算符	名　　称	结合律	语　法	语义或运算序列
＋＋	后自增(后＋＋)	从左到右	exp＋＋	计算 exp 得到变量 x，将 1 加到变量 x，返回原来的值 v
−−	后自减(后−−)	从左到右	exp−−	计算 exp 得到变量 x，将变量 x 减 1，返回原来的值 v
＋＋	前自增(前＋＋)	从右到左	＋＋exp	计算 exp 得到变量 x，将 1 加到变量 x，得到变量 x
−−	前自减(前−−)	从右到左	−−exp	计算 exp 得到变量 x，将变量 x 减 1，得到变量 x

自增和自减的语法中都有表达式 exp，计算 exp 都要得到变量 x，但前自增和前自减两个运算的结果是变量 x，而后自增和后自减两个运算的结果是变量 x 原来的值 v。自增和自减使用方法非常相似，下面以自增为例介绍其语义和重载的方法。

自增运算都是对变量的值增加 1，但前自增"＋＋exp"的运算结果是变量 x，而后自增"exp＋＋"的运算结果是变量 x 原来的值，即增加前的值。前自增运算的语义如图 6.16 所示，后自增运算的语义如图 6.17 所示。

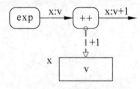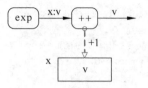

图 6.16　前自增运算的语义　　　　　　图 6.17　后自增运算的语义

自增运算的语法有"＋＋x"和"x＋＋"两种基本形式,其中 x 为变量。重载自增运算的成员函数也有两个,其原型应符合如下格式。

$$T\&\ operator ++ ();\ // 前自增$$

$$T\ operator ++ (int);// 后自增$$

其中,T 是数据类型或类。

例如,先将类 RMB 的自增运算定义为每次增加 1 分,然后使用成员函数重载定义的自增运算。重载前自增和后自增运算的成员函数原型分别为:

$$RMB\&\ operator ++ ();// 前自增$$

$$RMB\ operator ++ (int);// 后自增$$

两个自增运算的运算符是一样的,为了能够重载成员函数,特意规定重载后自增的 RMB operator＋＋()成员函数中多一个类型 int 的参数。重载自增运算的类 RMB,如图 6.18 所示。

RMB
- yuan ： unsigned int
- jiao ： unsigned char
- fen ： unsigned char
+ operator++ () ： RMB&
+ operator++ (int i) ： RMB
+ operator double ()
+ operator= (RMB v) ： RMB&
+ operator+ (RMB &b) ： RMB
+ operator* (int b) ： RMB
+ print () ： RMB
+ \<\<Constructor\>\> RMB (int y, int j, int f)
+ \<\<Constructor\>\> RMB (double d)
+ \<\<Constructor\>\> RMB ()

图 6.18　重载自增运算的类 RMB

根据前面所定义的人民币自增运算,每次增加或减少 1 分,重载自增运算的两个成员函数,示例代码如例 6.4 所示。

【例 6.4】 重载自增运算。

```
//省略与例6.3相同的代码和类RMB的声明代码
RMB& RMB::operator++(){
    int c;
    fen++;
    c = fen / 10;
    fen % = 10;
    jiao += c;
    c = jiao / 10;
    jiao % = 10;
    yuan += c;
```

```
        return * this;              //返回对象(变量)
    }
    RMB RMB::operator++(int){
        RMB rt( * this);            //保存对象原来的值
        int c;
        fen++;
        c = fen / 10;
        fen %= 10;
        jiao += c;
        c = jiao / 10;
        jiao %= 10;
        yuan += c;
        return rt;                  //返回存储原来值的临时对象
    }
```

  重载前自增运算的 operator++()成员函数,采用引用方式返回对象自己,而重载后自增运算的 operator++()成员函数,采用传值方式返回一个存储原来值的中间对象 rt。

  重载自增运算的两个成员函数中,实现"增加1"功能的代码完全一样,可将这些代码封装为一个私有的成员函数,然后 operator++()成员函数中调用这个封装的成员函数,以重用代码。

```
void main(){
    const double d = 2.34;
    RMB r1(1, 2, 3), r2(d);
    cout << "r1:\t";
    r1.print();
    cout << endl << "r2:\t";
    r2.print();

    r1++;
    cout << endl << "r1++:\t";
    r1.print();

    ++r2;
    cout << endl << "++r2:\t";
    r2.print();
    (++r2)++;
    cout << endl << "(++r2)++:\t";
    r2.print();
}
```

  执行表达式 r1++的过程中,调用 operator++(int)成员函数,返回一个存储原来值的临时对象,表达式 r1++执行结束后就回收这个临时对象。

  执行表达式++r2 的过程中,调用 operator++()成员函数,返回对象 r2,而对象 r2 是 main()中的对象,在 main()中都可以再次访问,因此,表达式(++r2)++是正确的。但表达式++(r2++)中,计算 r2++得到一个临时对象,如果再对这个临时对象加1,没有达到对 r2 加1 的目的,因此,表达式++(r2++)是错误的,编译时报错。

  例 6.4 程序的输出结果如下。

```
r1:     1元2角3分
r2:     2元3角4分
r1++:   1元2角4分
++r2:   2元3角5分
(++r2)++:     2元3角7分
```

6.4.4　重载插入和提取运算

计算机的操作系统预先定义了输入设备、输出设备、错误输出设备和日志输出设备4个标准输入/输出设备供程序中使用。默认情况下,标准输入设备映射到键盘,标准输出设备和标准错误输出设备映射到显示器,标准日志输出设备映射到打印机。

C++在 iostream 头文件中预定义了 cout、cin、cerr 和 clog 4个"流"对象,分别对应这4个标准输入/输出设备。cin 是输入流类 istream 的一个对象,输入流类 istream 中定义了提取运算"≫",通过提取运算"≫"实现输入。对象 cout、cerr 和 clog 是输出流类 ostream 的对象,输出流类 ostream 中定义了插入运算"≪",通过插入运算"≪"实现输出。插入和提取运算的语法和语义,如表 6.4 所示。

表 6.4　插入和提取运算的语法和语义

运算符	名称或运算	结合性	语法	语义或运算序列
≪	插入运算 insertion operator	从左到右	cout≪exp	计算 exp,得到 T 类型的值 v,将 v1 按照 T 类型和显示格式转换为字符串 s,在标准输出设备的当前光标处依次显示 s 中的字符,光标自动移到下一个位置,返回 cout 对象
≫	提取运算 extract operator	从左到右	cin≫exp	计算表达式 exp 得到变量 x,按照变量 x 的数据类型从标准输入设备上读取字符串并转换为相应数据类型的值 v1,保存到变量 x,得到 cin

如表 6.4 所示的语法中,使用对象 cout 代表输出流类 ostream 的对象,使用对象 cin 代表输入流类 istream 的对象,以方便理解。实际应用时,可将对象 cout 替换为 cerr、clog 等输出流类 ostream 的对象,可将对象 cin 替换为输入流类 istream 的其他对象。

重载运算时,一般为左操作数的类定义成员函数,并使用这个成员函数重载运算,但插入和提取运算中,左操作数的类是输出流类 ostream 或输入流类 istream。按照职责分工的一般原则,类的使用者不能为其定义成员函数,因此,只能使用普通函数来重载插入和提取运算。

重载插入和提取运算的函数原型格式分别为:

$$\text{ostream\& operator} \ll (\text{ostream\& out, constT\& x})$$
$$\text{istream\& operator} \gg (\text{istream\& in, T\& x})$$

其中,T 是数据类型或类。

例如,重载 RMB 的插入和提取运算,只能使用普通函数来重载,其函数原型分别为:

$$\text{ostream\& operator} \ll (\text{ostream\& out, const RMB\& rmb})$$
$$\text{istream\& operator} \gg (\text{istream\& in, RMB\& rmb})$$

根据元角分的格式重载插入和提取运算的两个函数,示例代码如例 6.5 所示。

【例 6.5】 重载插入和提取运算。

```
//省略与例 6.3 相同的代码和类 RMB 的声明代码
ostream& operator <<(ostream& out, const RMB& rmb){
    out << rmb.yuan << "元" << (int)rmb.jiao << "角" << (int)rmb.fen << "分";
    return out;        //返回输出流对象
}
istream& operator >>(istream& inp, RMB& rmb){
    int y, j, f;
    inp >> y >> j >> f;
    rmb.yuan = y;
    rmb.jiao = j % 10;
    rmb.fen = f % 10;
    return inp;          //返回输入流对象
}
```

重载插入和提取运算后,可以使用插入和提取运算输入输出 RMB 对象的值。

```
void main(){
    const double d = 2.34;
    RMB r1(1, 2, 3), r2(d);
    cout << "r1:\t";
    r1.print();
    cout << endl << "r2:\t"<< r2;
}
```

例 6.5 程序的输出结果如下。

```
r1:    1 元 2 角 3 分人民币
r2:    2 元 3 角 4 分人民币
```

重载插入运算后,不仅可以使用对象 cout 在标准输出设备上输出 RMB 对象的值,也可以使用对象 cerr、clog 分别在错误输出设备、日志输出设备上输出 RMB 对象的值。例如,cerr≪r1,在错误输出设备上输出 RMB 对象 r1 的值;clog≪r2,在错误输出设备上输出 RMB 对象 r2 的值。

6.5 应用举例:货币

视频讲解

除了人民币外,还有很多货币,如卢布、欧元、美元等,这些种货币有自己的表示方法,但都可用元和分来表示,并且 100 分等于 1 元。根据这个特点,可将这些种货币分别定义为一个类,并从中抽象出一个基类 Currency。基类 Currency 包含元和分两个属性,以及重载的运算和公共的成员函数,然后再从这个基类派生出所需的类。例如,从基类 Currency 派生出类 RMB,其类图如图 6.19 所示。

6.5.1 基类 Currency

如图 6.19 所示的基类 Currency 中,除了构造函数和重载的运算外,还包括 input() 和 print() 两个成员函数,这两个函数的职责分别为输入和输出货币的值。基类 Currency 的派

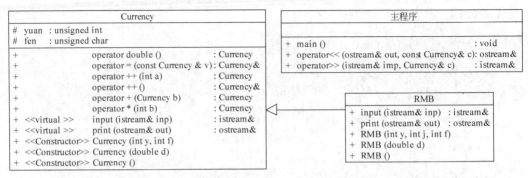

图 6.19　从基类 Currency 派生出类 RMB

生类中可重写这两个成员函数,实现内部存储格式与货币表示形式之间的转换。例如,从基类 Currency 派生的类 RMB 中,重写 input()和 print()两个成员函数,以实现内部的"元分"与外部的"元角分"格式之间的转换。为了实现多态,还将这两个成员函数声明为虚函数。基类 Currency 的代码如例 6.6 所示。

【例 6.6】 类 Currency。

```
# include < iostream >
using namespace std;
class Currency
{
public:
    Currency& operator ++();
    Currency operator ++(int i);
    operator double();
    Currency& operator = (const Currency &v);
    Currency operator + (Currency b);
    Currency operator * (int b);
    Currency(int y, int f);
    Currency(double d);
    Currency();
    virtual ostream& print(ostream& out);
    virtual istream& input(istream& inp);
protected:
    unsigned int yuan;
    unsigned char fen;
};
Currency& Currency::operator++(){
    int c;
    fen++;
    c = fen / 100;
    fen % = 100;
    yuan += c;
    return * this;          //返回对象(变量)
}
Currency Currency::operator++(int){
    Currency rt( * this); //保存对象原来的值
    int c;
    fen++;
    c = fen / 100;
```

```
        fen % = 100;
        yuan += c;
        return rt;              //返回对象原来的值
    }
    Currency::operator double(){
        return double(yuan + (double)fen / 100);
    }
    Currency& Currency::operator = (Currency v){
        yuan = v.yuan;
        fen = v.fen;
        return * this;
    }
    Currency Currency::operator + (Currency b){
        int y, f;
        f = fen + b.fen;
        y = yuan + b.yuan + f / 100;
        return Currency(y, f % 100);
    }
    Currency Currency::operator * (int b){
        int y, f;
        f = fen * b;
        y = yuan * b + f / 100;
        return Currency(y, f % 100);
    }
    Currency::Currency(double d){
        int t = (d + 0.005) * 100;
        fen = t % 100;
        yuan = t / 100;
    }
    Currency::Currency(int y, int f){
        yuan = y + f / 100;
        fen = f % 100;
    }
    Currency::Currency(){
    }
```

与例 6.5 中的类 RMB 比较,类 Currency 中重载的运算没有变化,但因两者的属性不同,改写了重载运算的代码。

```
ostream& Currency::print(ostream& out){
    out << yuan << "元" << (int)fen % 100 << "分";
    return out;
}
istream& Currency::input(istream& inp){
    int y, f;
    inp >> y >> f;
    yuan = y;
    fen = f % 100;
    return inp;
}
```

为了方便重载插入和提取运算时调用,为 input() 和 print() 两个虚函数设计了一个参数,用于接收输入流或输出流的对象。例如,为承担输出职责的 print() 虚函数设计了一个参数 out,用于接收 cout、cerr 等输出流对象,并使用输出流的对象 out 进行输出,其输出格式为"元分"。

6.5.2   派生 RMB

从 Currency 派生 RMB 时,需要按照"元角分"的格式重写 input()和 print()两个虚函数,以及构造函数。类 RMB 的代码如例 6.7 所示。

【例 6.7】 类 RMB 的代码。

```cpp
class RMB :public Currency
{
public:
    virtual ostream& print(ostream& out);
    virtual istream& input(istream& inp);
    RMB(int y, int j, int f);
    RMB(double d);
    RMB();
};

ostream& RMB::print(ostream& out){
    cout << yuan << "元" << (int)fen / 10 << "角" << (int)fen % 10 << "分";
    return out;
}
istream& RMB::input(istream& inp){
    int y, j, f;
    inp >> y >> j >> f;
    yuan = y + (j * 10 + f) /100;
    fen = (j * 10 + f) % 100;
    return inp;
}
RMB::RMB(double d) :Currency(d)
{}
RMB::RMB(int y, int j, int f) : Currency(y, j * 10 + f)
{}
RMB::RMB(){
}
```

类 RMB 主要重写了 Currency 的 input()和 print()两个虚函数,其中,input()函数要求按照"元角分"的格式输入,并将输入的值转换后存储到属性 yuan 和 fen 中,print()函数按照"元角分"的格式输出属性 yuan 和 fen 中的值。

类 RMB 包含 3 个构造函数,其中,RMB(int y, int j, int f)构造函数也将"元角分"格式的数据转换为"元分"格式,并调用基类 Currency 的构造函数实现初始化。

```cpp
ostream& operator <<(ostream& out, Currency& c){
    c.print(out);
    return out;
}
istream& operator >>(istream& inp, Currency& c){
    c.input(inp);
    return inp;
}
```

重载插入和提取运算,其中参数 c 的数据类型为基类 Currency,并调用 input()或 print()虚函数实现输入或输出。当传递的实参为 RMB 的对象时,会按照多态调用 RMB 的 input()或 print()成员函数。

```
void main(){
    const double d = 2.34;
    RMB r1(1, 2, 3), r2(d), r3;
    cout << "r1:\t";
    r1.print(cout);
    cout << endl << "r2:\t" << r2;

    r3 = r2;                    //相同类型的对象可以赋值
    cout << endl << "r3 = r2:\t" << r3;

    r1++;
    cout << endl << "r1++:\t" << r1;

    ++r2;
    cout << endl << "++r2:\t" << r2;

    r3 = (RMB)(r1 + r2);        //需要将基类 Currency 强制类型转换为 RMB
    cout << endl << "r3 = (RMB)(r1 + r2):\t" << r2;

    r3 = (RMB)(r1 * 3);
    cout << endl << "r3 = (RMB)(r1 * 3):\t" << r2;

    cout << endl << "按照元角分的格式输入:" << endl;
    cin >> r3;
    cout << "输出:\t" << r3;
}
```

例 6.7 程序的输出结果如下。

```
r1:     1 元 2 角 3 分人民币
r2:     2 元 3 角 4 分人民币
r3 = r2: 2 元 3 角 4 分人民币
r1++:     1 元 2 角 4 分人民币
++r2:     2 元 3 角 5 分人民币
r3 = (RMB)(r1 + r2):    2 元 3 角 5 分人民币
r3 = (RMB)(r1 * 3):     2 元 3 角 5 分人民币
按照元角分的格式输入:
12345
6
7
输出: 12345 元 6 角 7 分人民币
```

表达式 cout << endl <<"r2:\t"<< r2 中最后计算 cout << r2,编译器会将这个计算转换为函数调用 operator <<(cout,r2),此函数调用中还要按照 r2.print(cout)的语义调用 RMB的 print()成员函数输出 r2。同样,执行 cin >> r3 时也要执行函数调用 operator <<(cin,r3),函数调用中也要调用 RMB 的 input()成员函数。插入和提取运算中的函数调用如图 6.20 所示。

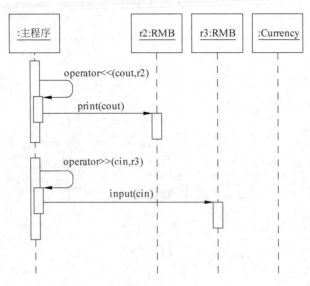

图 6.20　插入和提取运算中的函数调用

表达式 r3＝(RMB)(r1＋r2)中,先计算 r1＋r2,编译器会将这个计算转换为函数调用 r1.operator＋(r2),匹配到基类 Currency 的加法运算,运算后得到基类 Currency 的对象 o。由于对象 o 的类型与对象 r2 的类型不同,在计算赋值运算前需要将 Currency 的对象强制转换为 RMB 的对象,然后才能进行赋值。

6.5.3　派生其他货币

按照定义类 RMB 的方法,可方便地从基类 Currency 派生出其他货币的类。例如,从基类 Currency 派生类 Euro,用于表示欧元,主要重载赋值运算和重写 print()成员函数。重载的赋值运算将基类 Currency 的对象赋值给类 Euro 的对象,实际上只做了一个强制类型转换。重写的 print()成员函数按照欧元的格式输出数据。类 Euro 的代码如例 6.8 所示。

【例 6.8】　从基类 Currency 派生类 Euro。

```
class Euro : public Currency
{
public:
    Euro& operator = (Currency v);
    ostream& print(ostream& out);
    Euro( int y, int f);
    Euro(double d);
    Euro();
};
Euro& Euro::operator = (const Currency &v){
    (Currency)( * this) = v;    // Euro 和 Currency 的数据成员完全相同,强制转换不会出现错误
    return * this;
}
ostream& Euro::print(ostream& out){
    Currency::print(cout);
    cout << "欧元";
    return out;
}
```

```
Euro::Euro(double d) :Currency(d)
{ }
Euro::Euro(int y, int f) : Currency(y, f)
{ }
Euro::Euro(){
}

void main(){
    const double d = 2.34;
    Euro r1(1, 23), r2(d), r3;
    cout << "r1:\t";
    r1.print(cout);
    cout << endl << "r2:\t" << r2;

    r3 = r2;
    cout << endl << "r3 = r2:\t" << r3;

    r1++;
    cout << endl << "r1++:\t" << r1;

    ++r2;
    cout << endl << "++r2:\t" << r2;

    r3 = r1 + r2;
    cout << endl << "r3 = r1 + r2:\t" << r2;

    r3 = r1 * 3;
    cout << endl << "r3 = r1 * 3:\t" << r2;

    cout << endl << "按照元分的格式输入:" << endl;
    cin >> r3;
    cout << "输出:\t" << r3;
}
```

语句 r3＝r1＋r2 和 r3＝r1＊3 中，调用类 Euro 的赋值运算将 Currency 的对象赋值给 Euro 的对象。Euro 和 Currency 对象的数据成员完全相同，对象之间的赋值不会出现错误。

因类 Euro 中没有重写 input()成员函数，执行 cin >> r3 时，调用了 Currency 的 input() 成员函数。

例 6.8 程序的输入/输出结果如下。

```
r1:     1 元 23 分欧元
r2:     2 元 34 分欧元
r3 = r2: 2 元 34 分欧元
r1++:   1 元 24 分欧元
++r2:   2 元 35 分欧元
r3 = r1 + r2:  2 元 35 分欧元
r3 = r1 * 3:    2 元 35 分欧元
按照元分的格式输入:
12345
56
输出: 12345 元 56 分欧元
```

　　重载赋值运算后,类 Euro 的对象进行计算时不再需要强制类型转换,编写的表达式会更加简洁,因此,在基类 Currency 的派生类中最好重载赋值运算。

　　前面根据"人民币是货币、欧元是货币"的常识,封装了一个基类 Currency,然后再派生出类 RMB 和 Euro。按照这种思路,可从基类 Currency 派生出表示其他货币的类。例如,从基类 Currency 派生出类 RUB 和 Dollar,分别表示卢布和美元,只需根据其表示格式重写 input() 和 print() 两个虚函数,其类图如图 6.21 所示。

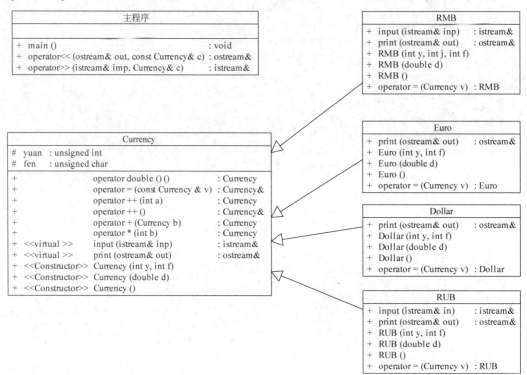

图 6.21　从基类 Currency 派生多个类

　　如图 6.21 所示的类 Currency 中,只重载了少量的运算,还可根据实际需要重载其他常用的运算,完善类 Currency 的功能。例如,为了计算利息可重载货币与一个实数的乘法运算;为了提高计算的精度可使用一个实数存储货币的值,将类 Currency 的属性改为实数,并修改成员函数的代码。在派生类中,可根据实际需要调整输出/输入的格式,重写 input() 和 print() 两个虚函数;针对具体的应用场景编写其中的代码,增加界面的友好性。

6.6　应用举例:R 进制计算机

　　前面以货币为例介绍了从应用中抽象和封装类的思路和实现方法,下面再以 R 进制计算机为例介绍从底层计算中抽象和封装类的思路和实现技术。

6.6.1　自然数及运算的编程实现

　　一个 n 位 R 进制自然数是由如下多项式的系数构成的一个数字串。

$$d_{n-1} \times R^{n-1} + \cdots + d_i \times R^i + \cdots + d_1 \times R^1 + d_0 \times R^0$$

其中，d_i 为 R 个数字中的一个。按照自然数的定义，这 R 个数字只是一个记号，与具体使用哪种记号关系不大，但必须有 R 个不同的记号。

实际上，进制将自然数的四则运算转换为多项式的计算，将自然数的四则运算变成了多项式系数之间的映射（变换），最终提出了四则运算的计算方法。例如，进行加法运算时，应按照"从低位到高位，按位相加"和"逢 R 进一"进行计算，"按位相加"时要使用加法口诀表。进行乘法运算时，应按照"从低位到高位，按位相乘"和"逢几 R 就进几"进行计算，"按位相乘"时要乘法口诀表。

十进制中，加法口诀表定义了 10 以内两个数相加时的映射规则，乘法口诀表定义了 10 以内两个数相乘时的映射规则，映射数量比较少，但可以使用这两张口诀表进行任意两个自然数的四则运算。

因此，假设 R 进制计算机通过硬件提供了数据类型 Bit 及其加法、减法、乘法、除法以及取模 5 个运算。实际上，这些运算都可以通过加法口诀表和乘法口诀表实现。数据类型 Bit 能够存储 R 进制的 R 个记号，用于存储一个 R 进制自然数中一个位上的数字。

按照上述理论设计一台 R 进制的计算机 RComputer，其中，使用数据类型为 Bit 的数组存储一个 bitcount 位的 R 进制自然数，并封装为类 MyNumber。类 MyNumber 如图 6.22 所示。

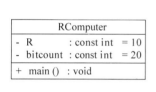
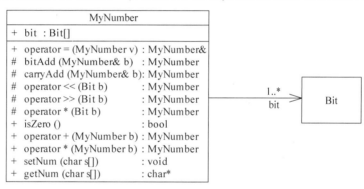

图 6.22 类 MyNumber

如图 6.22 所示的类 MyNumber 中，重载了自然数的赋值运算，声明了位上的 5 个运算或成员函数，重载了自然数的加法和乘法运算，以及判断自然数是否为零的 isZero() 成员函数，最后声明了 setNum() 和 getNum() 两个成员函数，用于自然数的记法与内部存储格式之间的相互转换。R 进制自然数及其运算，示例如例 6.9 所示。

【例 6.9】 R 进制自然数及其运算。

```
# include < iostream >
# include "string.h"
using namespace std;

const int R = 10;                //指定进制
const int bitcount = 20;         //R进制的固定位数

typedef char Bit;                //用一个 char 模拟计算机中的位
class MyNumber
{
public:
```

```
    //按位运算
    MyNumber operator <<(const Bit &b);
    MyNumber operator >>(const Bit &b);
    MyNumber bitAdd(const MyNumber &b);
    MyNumber carryAdd(const MyNumber &b);
    MyNumber operator * (Bit b);

    //赋值运算
    MyNumber& operator = (MyNumber v);

    //自然数据的加法和乘法运算
    bool isZero() const;
    MyNumber operator + (MyNumber b);
    MyNumber operator * (MyNumber b);

    //自然数记法与内部存储之间的转换
    void setNum(const char s[]);
    char * getNum(char s[]);
public:
    Bit bit[bitcount];
};


/ ************************************************ /
/ ***** 移位运算
/ ************************************************ /
MyNumber MyNumber::operator << (const Bit &b){
    MyNumber rt;
    int i = 0, j = 0;
    while (i < b){
        rt.bit[i] = 0;
        i++;
    }
    while (i < bitcount){
        rt.bit[i] = bit[j];
        i++;
        j++;
    }
    return rt;
}
MyNumber MyNumber::operator >> (const Bit &b){
    MyNumber rt;
    int i = 0, j = b;
    while (i < bitcount - b){
        rt.bit[i] = bit[j];
        i++;
        j++;
    }
    while (i < bitcount){
        rt.bit[i] = 0;
        i++;
    }
    return rt;
}
```

参照使用二进制的位运算实现加法运算的思路,使用一个递归函数实现加法运算,先按位相加(不进位),然后再加上进位。

```
/ ************************************************** /
/ ***** 加法运算
/ ************************************************** /
//按位相加但不进位
MyNumber MyNumber::bitAdd(const MyNumber &b){
    MyNumber t;
    for (int i = 0; i < bitcount; i++)
        t.bit[i] = (bit[i] + b.bit[i]) % R; //按位相加,可通过加法口诀表实现
    return t;
}
//计算进位并左移一位
MyNumber MyNumber::carryAdd(const MyNumber &b){
    MyNumber t;
    t.bit[0] = 0;
    for (int i = 0; i < bitcount - 1; i++)
        t.bit[i + 1] = (bit[i] + b.bit[i]) / R;
    return t;
}

//判断一个自然数是否为 0
bool MyNumber::isZero() const{
    bool flag = true;
    int i = 1;
    for (i = 0; i < bitcount; i++){
        if (bit[i]){
            flag = false;
            break;
        }
    }
    return flag;
}
MyNumber MyNumber::operator + (MyNumber b){
    MyNumber sum, carry;
    if (b.isZero())
        return *this;
    sum = bitAdd(b);                          //按位相加但不进位
    carry = carryAdd(b);                      //计算进位并左移一位
    return sum.operator + (carry);           //加进位
}
```

按照"从低位到高位,按位相乘"和"逢几 R 就进几"进行乘法运算,但"按位相乘"时,没有使用乘法口诀表,而直接使用类型 char 的乘法和取模运算,以模拟 R 进制数的"按位相乘"。

```
/ ************************************************** /
/ ***** 乘法运算
/ ************************************************** /
MyNumber MyNumber::operator * (Bit b){
    MyNumber rt;
    Bit c = 0;
```

```
    for (int i = 0; i < bitcount; i++){
        rt.bit[i] = (bit[i] * b + c) % R;    //按位相乘,可通过乘法口诀表实现
        c = (bit[i] * b + c) / R;
    }
    return rt;
}
MyNumber MyNumber::operator * (MyNumber b){
    MyNumber rt, n;
    rt = ( * this) * b.bit[0];
    for (int i = 1; i < bitcount; i++){
        if (b.bit[i]){
            n = ( * this) * b.bit[i];
            rt = rt + (n << i);
        }
    }
    return rt;
}
```

setNum()和 getNum()两个成员函数,实现自然数中的数字与内部存储之间的转换。

```
/ ***************************************************** /
/ ***** 自然数记法与内部存储之间的转换
/ ***************************************************** /
void MyNumber::setNum(const char s[]){
    int i = strlen(s) - 1, j = 0;
    while ((i >= 0) && (j < bitcount)){
        if ((s[i] >= 'A') && (s[i] <= 'Z'))
            bit[j] = (s[i] - 'A' + 10) % R;
        else if ((s[i] >= 'a') && (s[i] <= 'z'))
            bit[j] = (s[i] - 'a' + 10) % R;
        else if (((s[i] >= '0') && (s[i] <= '9')))
            bit[j] = (s[i] - '0') % R;
        else
            bit[j] = 0;
        i-- ;
        j++;
    }
    while (j < bitcount){
        bit[j] = 0;
        j++;
    }
}

const char aph[ ] = "0123456789ABCDEFGHIJKLMNOPQRSTUVWXYZ";
char * MyNumber::getNum(char s[]){
    for (int i = 0; i < bitcount; i++)
        s[i] = aph[bit[bitcount - i - 1]];
    s[bitcount] = 0;
    return s;
}
MyNumber& MyNumber::operator = (MyNumber v){
    for (int i = 0; i < bitcount; i++){
        bit[i] = v.bit[i];
```

```
        }
    return * this;
}
```

使用类 MyNumber 进行 R 进制数的加法和乘法运算。

```
void main(){
    MyNumber a, b, c;
    char Buffer1[30] = "1234";
    char Buffer2[30] = "567";
    char Buffer[30];

    a.setNum(Buffer1);
    b.setNum(Buffer2);

    cout << "按照" << R << "进制相加,结果为:" << endl;
    c = a + b;
    cout << endl << endl;
    cout << a.getNum(Buffer) << endl;
    cout << b.getNum(Buffer) << endl;
    cout << c.getNum(Buffer) << endl;

    cout << "按照" << R << "进制相乘,结果为:" << endl;
    c = a * b;
    cout << endl << endl;
    cout << a.getNum(Buffer) << endl;
    cout << b.getNum(Buffer) << endl;
    cout << c.getNum(Buffer) << endl;
}
```

例 6.9 程序的输出结果如下。

```
按照 10 进制相加,结果为:
00000000000000001234
00000000000000000567
00000000000000001801
按照 10 进制相乘,结果为:
00000000000000001234
00000000000000000567
00000000000000699678
```

将代码中的常量 const int R 修改为 16,const int bitcount 修改为 10,程序将按照 10 位十六进制进行加法和乘法的计算,输出结果如下。

```
按照 16 进制相加,结果为:
0000001234
0000000567
000000179B
按照 16 进制相乘,结果为:
0000001234
0000000567
00006256EC
```

6.6.2　整数及其运算的编程实现

存储整数的核心问题是要解决负数的表示。n 位 R 进制自然数的加法可按照下面的公式进行计算。

$$(x+y) \bmod R^n$$

因此,假设 x、y 是 n 位 R 进制自然数,x 在区间 $[0, R^{n-1}-1]$ 内,如果满足 $(x+y) \bmod R^n=0$,则规定用 R 进制自然数 y 表示整数 $-x$。

例如,3 位二进制整数,总共有 16 个整数,分别用自然数 4、5、6、7 表示整数中的 -4、-3、-2、-1。3 位二进制整数如图 6.23 所示。

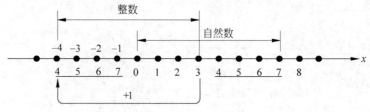

图 6.23　3 位二进制整数

如图 6.23 所示,用 $[0, 2^2-1]$ 中的数表示正数,用 $[2^2, 2^3-1]$ 中的数表示负数。

求 n 位 R 进制负数整数的公式为:

$$-x=R^n-x$$

根据等比数列之和的公式,可得:

$$R^n=1+\sum_{i=0}^{n-1}(R-1)\times R^i$$

将上式代入求 $-x$ 的公式,可得:

$$1+\sum_{i=0}^{n-1}(R-1)\times R^i-\sum_{i=0}^{n-1}x_i\times R^i$$

变形为:

$$1+\sum_{i=0}^{n-1}(R-1-x_i)\times R^i$$

其中的多项式系数 $R-1-x_i$ 就是按位求 $-x$ 的公式。具体计算方法为:先按照公式 $R-1-x_i$ 计算每个位上的值,然后再加 1,就得到 $-x$。

n 位 R 进制中,总共有 R^n 个自然数,其中,自然数 0 表示整数 0,其余的一半用于表示正整数,另一半用于表示负整数。当 R 为偶数时,用 $[1, R^n/2-1]$ 中的自然数表示正整数,用 $[R^n/2, R^n-1]$ 中的自然数表示负整数。当 R 为奇数时,用 $[1, (R^n-1)/2]$ 中的自然数表示正整数,用 $[(R^n-1)/2+1, R^n-1]$ 中的自然数表示负整数。当 R 为偶数时,正整数比负整数少一个。

可根据自然数的范围判断所表示整数的符号,当表示一个整数的自然数小于或等于 $(R^n-1)/2$ 时,这个整数一定是正数或 0,否则,这个整数是负数。

有如下公式:

$$\frac{R^n-1}{2}=\sum_{i=0}^{n-1}\frac{(R-1)}{2}\times R^i$$

其中，等号的右边表示了自然数在每个位上的值。

根据上面的公式，按照从高位到低位的顺序将自然数中的数字与 $(R-1)/2$ 比较，如果自然数中的数字大于 $(R-1)/2$，则这个自然数表示的整数是负数；如果自然数中的数字小于或等于 $(R-1)/2$，则这个自然数表示的整数是正数。自然数中所有位上的数字比较结束后，如果还没有判断出正负，则这个自然数表示的整数是正数。

前面介绍了使用自然数表示整数的方法，按照这种表示方法，可使用一个数组存储自然数中的数字，并将整数封装为类 MyInt，然后将整数上的运算作为职责赋予类 MyInt，并按照整数运算的定义重载运算，增加所需的成员函数。将自然数上的运算作为职责赋予类 MyNumber，并扩展类 MyNumber 运算和成员函数。封装的类 MyInt 和扩展的类 MyNumber 如图 6.24 所示。

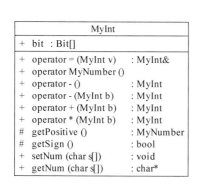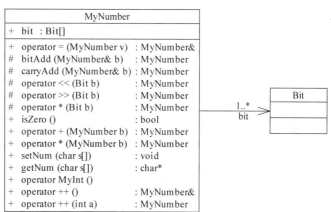

图 6.24 类 MyInt 和扩展的类 MyNumber

如图 6.24 所示，类 MyInt 承担与整数相关的职责，主要重载了赋值、负号、加法、减法、乘法以及类型转换等整数上的运算。类 MyNumber 承担与自然数相关的职责，主要重载了自增运算和类型转换等自然数上的运算。按照这种方法划分这两个类的职责，职责的边界比较清晰，也能够方便代码的重用。类 MyInt 的声明代码如例 6.10 所示。

【例 6.10】 类 MyInt 的声明。

```cpp
class MyNumber;
class MyInt
{
public:
    operator MyNumber();
    //赋值运算
    MyInt& operator = (const MyInt v);
    MyInt& operator ++();
    MyInt operator ++(int a);

    MyInt operator - ();
    bool getSign();
    MyInt operator - (MyInt b);

    MyNumber getPositive();
```

```
    MyInt operator + (MyInt b);
    MyInt operator * (MyInt b);

    //整数的记法与内部存储的转换
    void setNum(const char s[ ]);
    char * getNum(char s[ ]);
    MyInt(){};
    MyInt(char s[ ]);

    bool operator >(MyInt b);
    MyInt operator <<(MyInt b);
public:
    Bit bit[bitcount];
};
```

求−x(负号运算)中要用到加1,为此定义了自然数的两个自增运算,在类 MyNumber 中重载了自增,也重载了自然数到整数的类型转换。按照"需要才扩展"的原则,不断增加类的运算或成员函数,不失为一个好方法。类 MyNumber 的扩展代码如例 6.11 所示。

【例 6.11】 类 MyNumber 的扩展代码。

```
//省略与例 6.9 相同的代码
class MyInt;
class MyNumber
{
public:
    //省略与例 6.9 相同的代码
    MyNumber& operator ++();
    MyNumber operator ++(int a);
    operator MyInt();
    public:
        Bit bit[bitcount];
};
```

前面讨论了判断整数符号的方法,按照此方法编写取符号的成员函数,其代码如例 6.12 所示。

【例 6.12】 取整数的符号。

```
/ *********************************************** /
/ ***** 取整数的符号
/ *********************************************** /
bool MyInt::getSign(){
    bool rt = false;        //正数
    for (int i = bitcount − 1; i >= 0; i-- ){
        if (bit[i] >(R−1) / 2){
            rt = true;      //负数
            break;
        }
        else if (bit[i] <(R−1) / 2){
            rt = false;     //正数
            break;
        }
```

```
    }
    return rt;
}
```

重载自然数到整数的转换和整数到自然数的转换两个运算,实际上没有改变内存中的数据,示例代码如例 6.13 所示。

【例 6.13】　自然数与整数之间的转换。

```
MyInt::operator MyNumber(){
    MyNumber * p;
    p = (MyNumber * )this;
    return * p;              //调用拷贝构造函数构造一个新的对象
}
MyNumber::operator MyInt(){
    MyInt * p;
    p = (MyInt * )this;
    return * p;              //调用拷贝构造函数构造一个新的对象
}
```

按照自增运算的语法和语义重载自然数和整数的自增运算,示例代码如例 6.14 所示。

【例 6.14】　重载自然数和整数的自增运算。

```
/***************************************************/
/***** 自增运算
/***************************************************/
MyNumber& MyNumber::operator++(){
    Bit c = 0;              //进位
    int i = 0;
    bit[i] = (bit[i] + 1 + c) % R;
    c = (bit[i] + 1) / R;
    i++;
    //加进位
    while (i < bitcount&&c){
        bit[i] = (bit[i] + c) % R;
        c = (bit[i] + 1) / R;
        i++;
    }
    return * this;          //返回变量(对象)
}
MyNumber MyNumber::operator++(int a){
    MyNumber rt;
    rt = * this;
    Bit c = 0;              //进位
    int i = 0;
    bit[i] = (bit[i] + 1 + c) % R;
    c = (bit[i] + 1) / R;
    i++;
    //加进位
    while (i < bitcount&&c){
        bit[i] = (bit[i] + c) % R;
        c = (bit[i] + c) / R;
```

```
        i++;
    }
    return rt;                      //返回变量(对象)的值
}
MyInt& MyInt::operator++(){
    MyNumber * p = (MyNumber * )this;
    ( * p)++;                       //使用自然数的自增运算
    return * this;
}
MyInt MyInt::operator++(int a){
    MyInt rt;
    rt = * this;
    MyNumber * p = (MyNumber * )this;
    ( * p)++;                       //使用自然数的自增运算
    return rt;
}
```

语句 MyNumber * p=(MyNumber *)this 中,将指向 MyInt 的指针强制转换为指向 MyNumber 的指针,表达式(* p)++中使用了自然数的自增运算,实际执行函数调用 p-> operator++(0),按照自然数的方法对 MyInt 的变量增加了 1。如果使用表达式

$$((MyNumber) * this)++$$

将 MyInt 变量转换为 MyNumber,再自增加,不会改变 MyInt 变量中的值,这一点需要注意。

因此,重用 MyNumber 的运算或成员函数修改 MyInt 变量的值时,应使用指针而不能使用 MyNumber 和 MyInt 之间的类型转换。

按照赋值和加法的语法和语义重载整数的赋值和加法,示例代码如例 6.15 所示。

【例 6.15】 整数的赋值和加法。

```
/ * * * * * * * * * * * * * * * * * * * * * * * * * * * * * * * * * * * * * * * * * /
/ * * * * 整数的赋值和加法
/ * * * * * * * * * * * * * * * * * * * * * * * * * * * * * * * * * * * * * * * * * /
MyInt& MyInt::operator = (const MyInt v){
    const MyNumber * p = (MyNumber * )&v;
    MyNumber * t = (MyNumber * )this;
    ( * t) = ( * p);
    return * this;
}
MyInt MyInt::operator + (MyInt b){
    MyInt rt;
    const MyNumber * p = (MyNumber * )&b;
    rt = ( * ((MyNumber * )this) + (MyNumber)( * p));
    return rt;
}
```

上述代码通过指针直接使用自然数的赋值和加法实现了整数的赋值和加法。整数的表示和存储方式决定了整数与自然数的赋值和加法完全相同,因此,可以直接使用自然数的赋值和加法。

按照前面介绍的求 $-x$ 的方法,先编程实现负号运算,然后根据公式 $a-b=a+(-b)$,使用整数的加法实现减法。负号和减法示例代码如例 6.16 所示。

【例 6.16】 负号和减法。

```
MyInt MyInt::operator - (){
    MyInt rt;
    for (int i = 0; i < bitcount; i++){
        rt.bit[i] = R - bit[i] - 1;
    }
    rt++;       //加 1
    return rt;
}
MyInt MyInt::operator - (MyInt b){
    MyInt rt;
    rt = ( * this) + ( - b);
    return rt;
}
```

整数的乘法中,先进行符号运算,然后使用自然数的乘法进行数字部分的运算,最后加上符号。乘法运算示例代码如例 6.17 所示。

【例 6.17】 整数的乘法运算。

```
MyNumber MyInt::getPositive(){
    if (getSign())
        return - ( * this);
    else
        return * this;
}
MyInt MyInt::operator * (MyInt b){
    //计算符号
    bool sign;
    if (this - > getSign() == b.getSign())
        sign = false;
    else
        sign = true;
    //使用自然数的乘法计算数值
    MyInt rt;
    rt = getPositive() * b.getPositive();

    //增加符号
    if (sign)
        rt = - rt;
    return rt;
}
```

整数的记法中除了数字部分外,还包含符号部分,因此,需要根据整数的符号确定内部存储的自然数。如果整数 x 是正整数,则内部直接存储其数字部分表示的自然数,如果是负整数,则存储表示 $-x$ 的自然数。整数的记法与内部存储的转换,示例代码如例 6.18 所示。

【例 6.18】 整数的记法与内部存储的转换。

```
void MyInt::setNum(const char s[]){
    MyNumber n;
    if (s[0] == '+'){//处理整数的符号
```

```
            ((MyNumber * )this) -> setNum(s + 1);
        }
        else if (s[0] == '-'){
            n.setNum(s + 1);
            ( * this) = - ((MyInt)n);
        }
        else{
            ((MyNumber * )this) -> setNum(s);
        }
    }
char * MyInt::getNum(char s[]){
    MyInt n;
    if (getSign()){
        s[0] = '-';
        n = - ( * this);
        ((MyNumber * )&n) -> getNum(s + 1);
    }
    else{
        s[0] = '+';
        ((MyNumber * )this) -> getNum(s + 1);
    }
    return s;
}
```

main()中使用类 MyInt 可进行整数的加法、减法和乘法运算。主程序示例代码如例 6.19 所示。

【例 6.19】 主程序。

```
void main(){
    MyInt a, b, c;
    char Buffer1[30] = "1234";
    char Buffer2[30] = "-567";
    char Buffer[30];

    a.setNum(Buffer1);
    b.setNum(Buffer2);

    cout << "按照" << R << "进制相加,结果为:" << endl;
    c = a + b;
    cout << '\t'<< a.getNum(Buffer) << endl;
    cout << "+\t" << b.getNum(Buffer) << endl;
    cout << "----------------------------------------" << endl;
    cout << '\t'<< c.getNum(Buffer) << endl;

    cout << "按照" << R << "进制相减,结果为:" << endl;
    c = a - b;
    cout << '\t'<< a.getNum(Buffer) << endl;
    cout << "-\t" << b.getNum(Buffer) << endl;
    cout << "----------------------------------------" << endl;
    cout << '\t'<< c.getNum(Buffer) << endl;
```

```
        cout << "按照" << R << "进制相乘,结果为:" << endl;
        c = a * b;
        cout << '\t' << a.getNum(Buffer) << endl;
        cout << " * \t" << b.getNum(Buffer) << endl;
        cout << " ----------------------------------------- " << endl;
        cout << '\t' << c.getNum(Buffer) << endl;
}
```

上述代码中只给出了类 MyInt 的代码和对类 MyNumber 的扩展代码,需要从例 6.9 中整合省略的代码才构成完整的程序。

例 6.19 程序的输出结果如下。

```
        按照 10 进制相加,结果为:
                + 0000001234
        +        - 0000000567
        --------------------
                + 0000000666
        按照 10 进制相减,结果为:
                + 0000001234
        -        - 0000000567
        --------------------
                + 0000001801
        按照 10 进制相乘,结果为:
                + 0000001234
        *        - 0000000567
        --------------------
                - 0000699678
```

将代码中将常量 const int R 修改为 8,程序按照八进制进行计算,其输出结果如下。

```
        按照 8 进制相加,结果为:
                + 0000001234
        +        - 0000000567
        --------------------
                + 0000000444
        按照 8 进制相减,结果为:
                + 0000001234
        -        - 0000000567
        --------------------
                + 0000002023
        按照 8 进制相乘,结果为:
                + 0000001234
        *        - 0000000567
        --------------------
                - 0000751204
```

前面采用"按位计算"的方式主要实现了自然数和整数的加法、减法和乘法运算。按照其实现思路,还可实现比较、除法等运算,以及插入和提取运算,扩充 R 进制计算机的功能。

例如,可使用减法实现自然数和整数的比较运算,示例代码如例 6.20 所示。

【例 6.20】 自然数和整数的比较运算。

```
bool MyNumber::operator <(const MyNumber b) const
{
    MyInt * ap,  * bp,t;
    ap = (MyInt * )this;
    bp = (MyInt * )&b;
    t = * bp - * ap;
    return t.getSign();
}
bool MyNumber::operator >(const MyNumber b) const
{
    MyInt * ap,  * bp;
    ap = (MyInt * )this;
    bp = (MyInt * )&b;
    return ( * ap - * bp).getSign();
}
bool MyNumber::operator == (const MyNumber b) const
{
    MyInt * ap,  * bp;
    ap = (MyInt * )this;
    bp = (MyInt * )&b;
    return ((MyNumber)( * ap  - * bp)).isZero();
}
bool MyInt::operator >(MyInt b){
    bool rt;
    MyInt a;
    a = ( * this) - b;
    rt = a.getSign();
    return !rt;
}
```

上面的代码重载小于、大于和等于,可在此基础上重载不等于、大于或等于等其他比较运算。

```
void main(){
    MyInt a, b, c;
    char Buffer1[30] = "1234";
    char Buffer2[30] = " - 567";
    char Buffer[30];

    a.setNum(Buffer1);
    b.setNum(Buffer2);

    cout << a.getNum(Buffer) ;
    if (a > b){
        cout << " > ";
    }
    else{
        cout << " < = ";
    }
    cout << b.getNum(Buffer);
}
```

从自然数和整数的记法及其计算方法的角度,没有"自然数是整数"的逻辑,也没有"整数是自然数"的逻辑,因此,一般不能用继承关系描述它们之间的关系。而整数的记法和计算方法是建立在自然数的基础上,因此,可用一个关联来描述它们之间的关系。读者可在图 6.24 中增加类 MyInt 到 MyNumber 的关联,并改写类 MyInt 的代码。

6.6.3　实数及其运算的编程实现

实数的记法是建立在整数的记法基础上,常见的实数记法有两种,一种是在整数的记法上增加一个小数点,另一种是科学记数法。为了方便计算,计算机上选择了科学记数法,并要求其中的数值部分只能有小数部分,从而提出了浮点数记数法。

R 进制浮点数记数法的一般形式为:

$$\pm 0.d_1 d_2 \cdots d_m \times R^{\pm e_n \cdots e_1 e_0}$$

其中,$\pm 0.d_1 d_2 \cdots d_m$ 为小数部分,表示一个实数的数值(数字),$\pm e_n \cdots e_1 e_0$ 为指数部分,控制小数点在数值中的位置。通过调整指数的大小,能改变小数点在数值中的位置,因此,将这种记法形象地称为浮点数。

按照 R 进制浮点数记数法,能够保证小数点后 1 位 d_1 不能为 0,因此,可使用整数 $\pm d_1 d_2 \cdots d_m$ 来表示其中的小数,并使用这个整数和实数的指数 $\pm e_n \cdots e_1 e_0$ 共同表示一个实数。简而言之,就是用两个整数(整数对)来表示一个实数。表示实数的类 MyReal 如图 6.25 所示。

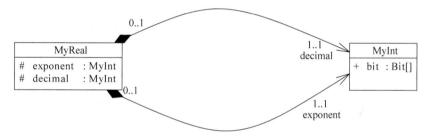

图 6.25　表示实数的类 MyReal

如图 6.25 所示的类 MyReal 包含 decimal 和 exponent 两个属性,其数据类型都是 MyInt,属性 decimal 用于存储实数的小数部分,属性 exponent 用于存储实数的指数部分。

按照 R 进制浮点数记数法,小数点在数值的最左边,因此,属性 decimal 中应该采用"左对齐"的方式存储小数部分的数值,而不采用整数中的"右对齐"方式,这样能方便实数的运算。

例如,$19971400000000 = +1.99714 \times 10^{13} = +0.199714 \times 10^{14}$,属性 decimal 中按照"左对齐"的方式存储小数部分的数值 199714,并在低位补零,其十位浮点数存储格式如图 6.26 所示。

确定了实数的表示和存储方法后,可在类 MyReal 中重载运算,并按照实数的计算方法重载实数的运算。实数运算比较复杂,但基本方法大同小异,下面以加法为例介绍重载实数运算的方法。

例如,计算 123.56＋12345.6。

先按照十进制浮点数记数法将 123.56 转换为 0.12356×10^3,然后用＋12356 和＋3 两个整数表示实数 123.56,并在计算机中存储这两个整数,即数对(＋12356,＋3)。同样,在计算机中存储数对(+12356,+5),用于表示实数12345.6。

　　进行加法运算时,先通过调整指数对齐两个实数的小数点,一般方法是将小的指数调整为大的指数,并移动小数部分的位置。例如,123.56+12345.6中,将被加数 $0.12356×10^3$ 的指数3调整为5,并通过移位将表示小数的整数调整为00123456,得到数对(+0012356,+5),然后再使用整数的加法计算两个实数的小数部分之和。计算实数的小数之和如图6.27所示。

+1997140000	+14

图 6.26　十位浮点数存储格式

```
  0 0 1 2 3 4 5 6 0 0
+ 1 2 3 4 5 6 0 0 0 0
  -------------------
  1 2 4 6 9 0 5 6 0 0
```

图 6.27　计算实数的小数之和

　　计算两个实数的小数部分之和时,左边的零不能省略,需要特别注意。计算123.56+12345.6后,得到数对(+12469056,+5),表示的实数为+12469.056,显然小数右边的零可以省略。

　　按照前面介绍的方法,可重载加法运算,按照使用一个整数对表示实数的方法,重载构造函数。根据需要也对类MyInt进行了扩充,主要增加了整数的移位运算和构造函数。类MyReal如图6.28所示。

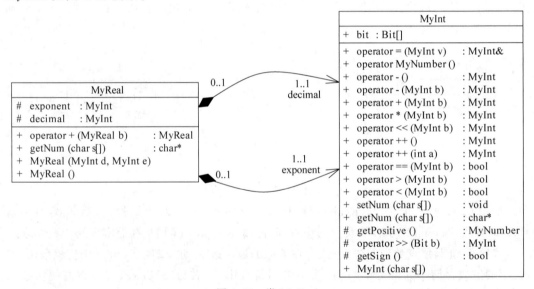

图 6.28　类 MyReal

　　按照如图6.28所示的类图,可编程实现实数的加法运算,类MyReal的代码及类MyInt的主要扩展代码,如例6.21所示。

　　【例6.21】　实数的加法运算。

```
class MyReal
{
public:
    MyReal operator +(MyReal b);
    MyReal(MyInt d, MyInt e);
    MyReal(){};
    char * getNum(char s[]);
```

```
public:
    MyInt decimal;
    MyInt exponent;
};
```

按照实数的记法编写用于输出的 getNum()成员函数。getNum()成员函数中,先输出实数的符号,然后根据指数确定小数点的位置,依次输出整数、小点和小数。

```
MyInt::MyInt(char s[]){
    setNum(s);
}
char * MyReal::getNum(char s[]){
    MyInt zero("0"),dec;
    int i = 0, j = bitcount - 1;
    if (decimal.getSign()){
        s[i++] = '-';
        dec = -decimal;
    }
    else{
        dec = decimal;
    }
    if (exponent.getSign()){
        s[i++] = '0';
        s[i++] = '.';
        while (!(exponent > zero)){
            s[i++] = '0';
            exponent++;
        }
        while (j >= 0){
            s[i++] = aph[dec.bit[j--]];
        }
    }
    else
    {
        MyInt k("0");
        while (!(k > exponent)){
            s[i++] = aph[dec.bit[j--]];
            k++;
        }
        s[i++] = '.';
        while (j >= 0){
            s[i++] = aph[dec.bit[j--]];
            k++;
        }
    }
    s[i] = '\0';
    return s;
}
```

getNum()成员函数中,使用 MyInt 的对象 exponent 和 k 作为控制循环的变量,而没有使用计算机语言中的 int 类型。

在编程中,常常要定义变量(对象)并进行初始化。类 MyInt 中,使用整数的记数方法初始化其对象,构造函数原型为 MyInt(char s[]),其中参数 s 用于传递表示整数的数字串。

类 MyReal 中,按照使用一个整数对表示一个实数的思路,使用两个整数初始化类 MyReal 的对象。构造函数原型为 MyReal(MyInt d,MyInt e),其中,参数 d 传递小数部分,参数 e 传递指数部分。

```cpp
MyReal::MyReal(MyInt d, MyInt e){
    exponent = e;
    bool sign;
    if (sign = d.getSign()){
        d = - d;
    }

    //小数点在左边,小数左对齐
    int i = bitcount - 1, j = bitcount - 1;     //指向最高位
    while (!d.bit[i])                            //跳过高位的零
        i-- ;
    while (i >= 0){                              //小数点后第 1 位非零
        decimal.bit[j] = d.bit[i];
        i-- ;
        j-- ;
    }
    while (j >= 0){                              //后面补零
        decimal.bit[j] = 0;
        j-- ;
    }
    if (sign){
        decimal = - decimal;
    }
}
```

按照实数加法的数值计算方法,先根据指数对齐两个实数的小数点,然后再按照整数加法的数值计算方法相加,其中,没有考虑计算中的溢出,以及计算后的尾数处理和指数调整等问题。

```cpp
MyReal MyReal::operator + (MyReal b){
    MyReal rt;
    MyInt exp, a, dec;
    Bit one = 1;

    //先对齐小数点再相加
    if (exponent > b.exponent){
        exp = exponent;
        a = b.decimal << (b.exponent - exponent);
        dec = a + decimal;
    }
    else{
        exp = b.exponent;
        a = decimal << (exponent - b.exponent);
        dec = a + b.decimal;
```

```
    }

    rt.exponent = exp;
    rt.decimal = dec;
    return rt;
}
```

最后,编写一个 main()函数进行实数的加法运算。

```
void main(){
    MyInt ad("123456"), ae("3"), bd(" - 123456"), be("5"),t;
    char Buffer[30];

    cout << "按照" << R << "进制相加,结果为:" << endl;
    MyReal a(ad,ae), b(bd, be), c;

    c = a + b;
    cout << '\t'<< a.getNum(Buffer) << endl;
    cout << " + \t" << b.getNum(Buffer) << endl;
    cout << " ---------------------------------- " << endl;
    cout << '\t'<< c.getNum(Buffer) << endl;
}
```

例 6.21 程序输出结果如下。

```
按照 10 进制相加,结果为:
        123.4560000
 +     - 12345.60000
      ----------------------------------
       - 12222.14400
```

上述实数示例中,使用 R 进制的整数对表示一个实数,其目的是介绍表示和存储实数的基本原理,与计算机中浮点数的表示方法和存储格式有比较大的区别。后续学习中可按照这个基本原理,并针对二进制计算的特点来理解浮点数的存储格式和计算方法。

小结

本章从自然数的定义及其运算的抽象出发,主要学习了使用自然数进行计数和度量事物特征的基本原理,重点学习定义运算的基本思路和重载运算的编程技术,最后学习了货币和 R 进制计算机两个应用案例。

学习了自然数的基数理论,举例说明了使用自然数进行计数和度量事物特征的基本原理,以及定义运算的方法。希望读者理解数及其运算的抽象思路,掌握定义运算的基本方法,初步树立从四则运算中学习抽象和表达的意识。

学习了定义和重载运算的方法,举例说明了针对具体场景抽象和定义运算的方法,使用函数或成员函数重载运算的编程技术,以及重载赋值、类型转换、自增自减和插入提取等常用运算的编程方法。希望读者能够理解重载运算的实现机制,掌握重载运算的编程方法。

最后以货币和 R 进制计算机为例,分别从高层应用和底层计算两个视角学习了抽象、定义和重载运算的步骤和方法。希望读者能够理解重载运算的作用和应用范围,掌握重载运算在实际应用系统中的编程方法。

练习

1. 按照如图 6.21 所示的类图对例 6.8 程序进行扩展,编程实现其中的类 RUB 和 Dollar,并编写一个主函数验证其正确性。

2. 对例 6.8 程序进行扩展,定义并重载货币到 double 的类型转换、货币与实数的乘法运算,并编写一个主函数验证其正确性。为了提高计算精度,类 Currency 中可使用一个实数来表示货币的值。

3. 设计表示复数的类 Complex,重载复数的加减乘除运算,并编写一个主函数验证其正确性。

4. 2.3 节的示例中声明了表示日期的类 Tdate,请定义并重载类 Tdate 的赋值、加法、减法以及比较运算,并编写主函数验证其正确性。例如,日期 d 加整数 n 得到 n 天之后的日期,日期 d 减整数 n 得到 n 天之前的日期,日期 d_1 减日期 d_2 得到两个日期之间的天数。

5. 3.5 节中声明了表示字符串的类 myString,请定义并重载类 myString 的赋值、加法(连接)运算,并编写一个主函数验证其正确性。

6. 4.3.2 节中声明了类 Number、Real 和 Int 3 个类,请参照例 4.8 中的实现方法重载 3 个类的赋值和加减乘除运算,并编写一个主函数验证其正确性。

7. 6.6 节中 R 进制计算机的功能不完善,请使用"按位比较"方式重载自然数的比较运算,并编写一个主函数验证其正确性。

8. 例 6.21 中实数加法运算的功能不完善,请查阅资料并完善其中的尾数处理、小数点对齐等功能。

9. 请完善 6.6 节中的 R 进制计算机,请先重载自然数的算术运算、关系运算和位运算等基本运算,然后再重载整数的基本运算,最后重载实数的基本运算。

第7章 模板与模板库

　　模板(template)是抽象层次更高、重用性更好的一种编程技术,代表了编程技术的一个主要发展方向。目前,模板已成为主流的编程技术。

　　模板分为类模板(class template)和函数模板(function template)。本书主要介绍类模板。

7.1　类模板

视频讲解

　　类是对某类事物的抽象,用于描述该类事物的共同属性和行为,而类模板是对类的抽象,用于描述多个类的共同属性和行为。

7.1.1　类模板的概念

　　复数在数学中表示为:

$$a + bi$$

其中,a、b 为实数,并规定 i^2 等于 -1。

　　在复数集上定义了加减乘除等运算,其中,加法和减法的公式为:

$$(a_1 + b_1 i) + (a_2 + b_2 i) = (a_1 + a_2) + (b_1 + b_2)i$$
$$(a_1 + b_1 i) - (a_2 + b_2 i) = (a_1 - a_2) + (b_1 - b_2)i$$

　　按照复数的数学表示方法,计算机中可用一个类 Complex 来表示复数,使用类的两个属性分别存储复数的两个分量 a 和 b。

　　如果对精度要求不高,可选择 float 类型存储复数的两个分量,其声明代码如下。

```
class Complex_float {
    float a;
    float b;
};
```

　　如果对精度要求较高,可选择 double 类型存储复数的两个分量,其声明代码如下。

```
class Complex_double {
    double a;
    double b;
};
```

　　上面声明的两个类 Complex_float 和 Complex_double 都表示数学中的复数,但需要分别为两个类编写复数运算的实现代码,能不能找到一种表达方法能够同时声明这两个类,以减少代码编写工作量呢?

针对类似上述问题,面向对象程序设计中提出了类模板(Class Template)的概念,使用类模板描述数据类型不同但计算过程相同的多个类。

使用类模板 Complex 描述复数,其声明代码如下。

```
template < class T > class Complex
{
    T a;
    T b;
};
```

其中,关键字 template 表示声明一个模板,尖括号中是这个模板的参数列表,class T 表示这个模板有一个模板参数 T,class Complex 表示声明的是类模板,类模板名为 Complex。任意的类都可作为实际参数替换参数 T,每次替换都生成一个类的声明代码。

float 类型是一个基本的数据类型,可替换类模板 Complex 中的模板参数 T。在预编译时将类模板代码中的所有参数 T 替换为 float,生成出如下代码。

```
class Complex < float > {
    float a;
    float b;
};
```

上述代码声明了一个类,并将类命名为 Complex < float >,其中,Complex 为类模板名,< float >为模板实参列表。如果有多个实参,用逗号(,)分隔。

如果对精度要求较高,可使用 double 类型替换类模板 Complex 中的模板参数 T,在预编译时生成另一个类 Complex < double >,其声明代码如下。

```
class Complex < double >{
    double a;
    double b;
};
```

类 Complex < float >和 Complex < double >是由类模板 Complex 生成的类,为了与直接声明的类区分,将这种类称为模板类(Template Class)。类 Complex < float >和 Complex < double >都是模板类,是类模板 Complex 的两个不同的模板类。

类模板 Complex 进一步抽象了类 Complex < **float** >、Complex < **double** >等代表复数的类,用于描述这些类的共同属性。

7.1.2　类模板的声明

使用类模板不仅可以描述模板类的属性,还可以描述其成员函数。例如,类模板 Complex 中声明构造函数、析构函数,并重载赋值、加法和减法运算。类模板 Complex 如图 7.1 所示。

如图 7.1 所示的类图中,类 Complex 的右上角显示了模板参数 T,表示 Complex 是一个类模板。模板参数 T,可以作为数据类型在声明中使用。除此之外,其他声明与直接声明类的方法相同。

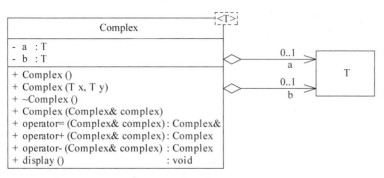

图 7.1 类模板 Complex

按照数学中表示复数的方法,编写构造函数和赋值运算的实现代码,按照复数的加法和减法公式重载 Complex 的加法(+)和减法(一)运算,示例代码如例 7.1 所示。

【例 7.1】 类模板 Complex。

```cpp
//ComplexApp.cpp
# include < iostream >
# include < iomanip >
using namespace std;

template < class T > class Complex//声明一个类模板,有一个模板参数 T
{
public:
    Complex(){};
    Complex(T x, T y)//其中 T 为模板参数,作为数据类型使用
    {
        a = x;
        b = y;
    };
    ~Complex(){};
    Complex(const Complex& complex){
        a = complex.a;
        b = complex.b;
    };
    Complex& operator = (const Complex& complex)
    {
        a = complex.a;
        b = complex.b;
        return * this;
    };
    Complex operator + (const Complex& complex) const
    {
        Complex rt(a, b);
        rt.a += complex.a;
        rt.b += complex.b;
        return rt;
    };
    Complex operator - (const Complex& complex) const
    {
        Complex rt(a, b);
```

```
            rt.a -= complex.a;
            rt.b -= complex.b;
            return rt;
        };
        void diplay() const
        {
            cout << setprecision(10)<< a << " + "<< b << "i";
        }
    private:
        T a; //其中 T 为模板参数,作为数据类型使用
        T b;
    };
```

上述代码声明了一个类模板 Complex,这个类模板有一个模板参数 T,在构造函数 Complex(T x,T y)和属性声明中使用了这个模板参数 T。

```
void f1(){
    float x = 3.0;
    Complex< float > c, a(1.2, 2 + 1/x), b(3.4, 5);
    c = a + b;
    cout << endl << " float:";
    a.diplay();
    cout << " + ";
    b.diplay();
    cout << " = ";
    c.diplay();
}
void f2(){
    double x = 3.0;
    Complex< double > c, a(1.2, 2 + 1 / x), b(3.4, 5);
    c = a + b;
    cout << endl << "double:";
    a.diplay();
    cout << " + ";
    b.diplay();
    cout << " = ";
    c.diplay();
}
void f3(){
    int x = 3;
    Complex< int > c, a(1.2, 2 + 1 / x), b(3.4, 5);
    c = a + b;
    cout << endl << "   int:";
    a.diplay();
    cout << " + ";
    b.diplay();
    cout << " = ";
    c.diplay();
}
void main(){
    f1();
    f2();
    f3();
}
```

fn1()函数中的语句 Complex＜float＞c,a(1.2,2＋1/x),b(3.4,5),先将类模板 Complex 具体化为模板类 Complex＜float＞,然后为其创建 3 个对象 c、a 和 b。

同样,fn2()和 fn3()函数中也具体化了类模板 Complex,分别生成了两个模板类 Complex＜double＞和 Complex＜int＞,并创建了模板类的对象。

例 7.1 程序输出结果如下。

```
float:1.200000048 + 2.333333254i + 3.400000095 + 5i = 4.600000381 + 7.333333015i
double:1.2 + 2.333333333i + 3.4 + 5i = 4.6 + 7.333333333i
int:1 + 2i + 3 + 5i = 4 + 7i
```

分析程序输出结果,3 个模板类的计算精度有较大区别,其中,模板类 Complex ＜double＞的计算精度最高,Complex＜float＞次之,Complex＜int＞最低,从而验证了这 3 个模板类是不同的类。

7.1.3 类模板的具体化和实例化

编译器编译类模板的工作过程非常复杂,但可简单分为具体化和实例化两个过程。类模板到模板类的转换过程称为类模板的具体化,有时也将转换得到的模板类称为类模板的具体类。模板类到对象的转换过程称为类模板的实例化。

例如,编译语句

$$Complex＜float＞c,a(1.2,2＋1/x),b(3.4,5)$$

过程中,先将类模板 Complex 具体化为模板类 Complex＜float＞,然后将模板类 Complex ＜float＞编译为可执行代码,最后创建对象 c、a、b。

生成模板类的方法是将类模板 Complex 代码中的模板参数 T 替换为数据类型 float。为了使语义更明确,使用模板类的类名 Complex＜float＞替换了代码中的类模板名 Complex。模板类 Complex＜float＞的代码如例 7.2 所示。

【例 7.2】 模板类 Complex＜float＞的代码。

```cpp
class Complex＜float＞          //声明 Complex 的一个模板类
{
public:
    Complex＜float＞(){};
    Complex＜float＞(float x, float y){
        a = x;              //使用 float 上的赋值运算
        b = y;
    };
    ~ Complex＜float＞(){};
    Complex＜float＞(const Complex＜float＞& complex){
        a = complex.a;
        b = complex.b;
    };
    Complex＜float＞& operator = (const Complex＜float＞& complex)
    {
        a = complex.a;
        b = complex.b;
        return *this;
    };
```

```
    Complex< float > operator + (const Complex< float > & complex) const
    {
        Complex< float > rt(a, b);    //创建模板类的对象
        rt.a += complex.a;            //使用 float 上的加法运算
        rt.b += complex.b;
        return rt;
    };
    Complex< float > operator - (const Complex< float > & complex) const
    {
        Complex< float > rt(a, b);
        rt.a -= complex.a;            //使用 float 上的减法运算
        rt.b -= complex.b;
        return rt;
    };
    void diplay() const
    {
        cout << setprecision(10)<< a << " + "<< b << "i";
    }
private:
    float a;
    float b;
};
```

如例 7.2 所示,将类模板 Complex 转换为模板类 Complex<float>的过程中,主要做了以下 3 件事情:

(1) 删除了模板声明中的代码"template< class T >",并在类名 Complex 后增加参数列表< float >,其含义为,声明一个具体类 Complex< float >,而不再是一个类模板。

(2) 将属性 a、b 的数据类型替换为 float,其含义为,将类模板的模板参数 T 具体化为 float,要求按照数据类型 float 存储复数的分量。

(3) 在成员函数的代码中将类模板名 Complex 替换为模板类的类名 Complex< float >,将类模板的模板参数 T 替换为具体的数据类型 float,其含义为,定义的成员函数是模板类 Complex< float >的成员函数,并按照数据类型 float 进行复数计算。

通过以上的转换过程,最终生成了模板类 Complex< float >的声明代码和成员函数的实现代码。模板类 Complex< float >的对象使用数据类型 float 存储一复数的分量,使用数据类型 float 上的加法、减法和赋值等运算进行复数的计算。模板类 Complex< float >如图 7.2 所示。

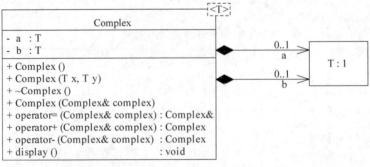

图 7.2　类模板 Complex 的模板类 Complex< float >

总之,先将类模板参数 T 具体化为数据类型 float,然后将成员函数中的加法、减法和赋值等运算具体化为数据类型 float 上的运算,最终生成了一个模板类 Complex < float >。

类模板的模板类也是类,可以按照创建对象的一般过程创建模板类的对象。例如,语句 Complex < float > c,a(1.2,2+1/x),b(3.4,5)的语义是,为模板类 Complex < float >创建 3 个对象 c、a、b。3 个模板类 Complex < float >对象的创建过程,如图 7.3 所示。

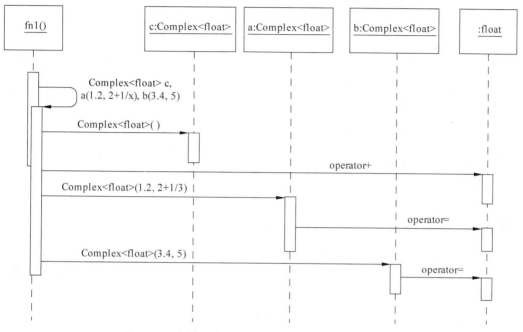

图 7.3　3 个模板类 Complex < float >对象的创建过程

如图 7.3 所示,按照对象的定义顺序依次创建模板类 Complex < float >的 3 个对象。首先为对象 c 分配内存,并执行函数调用 c. Complex < float >(),然后为对象 a 分配内存,并执行函数调用 a. Complex < float >(1.2,2+1/x)初始化对象 a,最后为对象 b 分配内存,并执行函数调用 b. Complex < float >(3.4,5)初始化对象 b。对象 a、b 的内部结构及其初始值如图 7.4 所示。

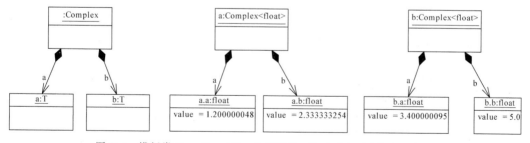

图 7.4　模板类 Complex < float >的对象 a(1.2,2+1/3)和 b(3.4,5)

同样,编译 fn2()和 fn3()函数代码的过程中,编译器也为类模板 Complex 生成了两个模板类 Complex < double >和 Complex < int >,这两个类的对象分别使用数据类型 double 和 int 存储复数的分量并进行复数的计算。两个模板类 Complex < double >和 Complex < int >如图 7.5 所示。

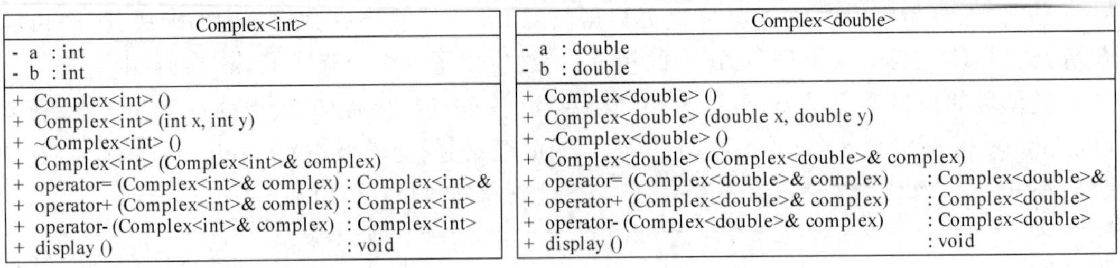

Complex<int>
- a : int
- b : int
+ Complex<int> ()
+ Complex<int> (int x, int y)
+ ~Complex<int> ()
+ Complex<int> (Complex<int>& complex)
+ operator= (Complex<int>& complex) : Complex<int>&
+ operator+ (Complex<int>& complex) : Complex<int>&
+ operator- (Complex<int>& complex) : Complex<int>&
+ display ()   : void

Complex<double>
- a : double
- b : double
+ Complex<double> ()
+ Complex<double> (double x, double y)
+ ~Complex<double> ()
+ Complex<double> (Complex<double>& complex)
+ operator= (Complex<double>& complex)   : Complex<double>&
+ operator+ (Complex<double>& complex)   : Complex<double>
+ operator- (Complex<double>& complex)   : Complex<double>
+ display ()   : void

图 7.5　类模板 Complex 的模板类 Complex<double>和 Complex<int>

编译器生成的两个模板类 Complex<double>和 Complex<int>代码,与例 7.2 中的模板类 Complex<float>的代码非常相似,读者可以按照模板类 Complex<float>代码的生成方法,编写出这两个模板类的生成代码。

7.1.4　类模板的代码重用

顾名思义,类模板是类的模板,一个类模板可以具体化为多个模板类,反过来讲,多个模板类重用了一个类模板的代码,因此,类模板的根本作用就是重用代码。

为了方便重用,一般使用多源文件结构组织程序的代码。重用类模板的代码时,可将类模板的代码存储在头文件中,再使用预编译命令#include 引入该头文件。

例如,针对例 7.1 中的代码,可将类模板 Complex 的代码从 cpp 文件中分离出来,存储到头文件 Complex.h 中,然后,在其 cpp 文件中使用预编译命令#include 引入头文件 Complex.h。

类模板中包含类的模板声明代码和实现代码,可以将实现代码从声明代码中分离,在类的外面定义成员函数。例如,将类模板 Complex 中的实现代码从声明代码中分离,在类的外面定义成员函数。类模板 Complex 的声明代码如例 7.3 所示。

【例 7.3】 类模板 Complex 的声明代码。

```
// Complex_h
#pragma once
#if !defined(__template_Complex_h)
#define __template_Complex_h

#include <iostream>
#include <iomanip>
using namespace std;

template<class T> class Complex
{
public:
    Complex();
    Complex(T x, T y);
    ~Complex();
    Complex(const Complex& complex);
    Complex& operator = (const Complex& complex);
    Complex operator + (const Complex& complex) const;
    Complex operator - (const Complex& complex) const;
    void diplay() const;
```

```
private:
    T a;
    T b;
};
```

上述代码为类模板 Complex 的声明代码,下面的代码为类模板的实现代码,需要按照函数模板的语法定义成员函数,示例代码如例 7.4 所示。

【例 7.4】 类模板 Complex 的实现代码。

```
template < class T > Complex < T >::Complex(){};
template < class T > Complex < T >::Complex(T x, T y){
    a = x;
    b = y;
};
template < class T > Complex < T >:: ~Complex(){};
template < class T > Complex < T >::Complex(const Complex < T > & complex){
    a = complex.a;
    b = complex.b;
};
template < class T > Complex < T > Complex < T >::operator + (const Complex < T > & complex) const
{
    Complex < T > rt(a, b);
    rt.a += complex.a;
    rt.b += complex.b;
    return rt;
};
template < class T > Complex < T > & Complex < T >::operator = (const Complex < T > & complex){
    a = complex.a;
    b = complex.b;
    return * this;
};
template < class T > Complex < T > Complex < T >::operator - (const Complex < T > & complex) const
{
    Complex < T > rt(a, b);
    rt.a -= complex.a;
    rt.b -= complex.b;
    return rt;
};
template < class T > void Complex < T >::diplay() const
{
    cout << setprecision(10)<< a << " + "<< b << "i";
}
typedef Complex < float > Complexfloat;
#endif
```

重用类模板的代码时,使用预编译命令 #include 引入头文件 Complex.h。

头文件 Complex.h 的最后,增加了语句 typedef Complex < float > Complexfloat,其含义为将模板类 Complex < float >定义为数据类型 Complexfloat,后面就可以使用数据类型 Complexfloat 为模板类 Complex < float >定义对象,从而让程序员感觉不到类模板,能够像使用类一样使用模板类。例如,从下面的代码中将 Complexfloat 当作一个类的名称,并为其创建了 3 个对象,代码中看不出类模板的任何痕迹,这样,使用模板类的程序员就不需要了解类模板的知识,从而降低了对程序员的要求。使用类模板 Complex 的示例代码如例 7.5 所示。

【例 7.5】 使用类模板 Complex。

```cpp
// Complexapp1.cpp
# include "Complex.h"                    //引入类模板

# include < iostream >
using namespace std;
void main(){
    Complex < float > c, a(1.2, 2.3), b(3.4, 5);//编译器自动生成一个模板类 Complex < float >
    c = a - b;
    a.diplay();
    cout << " + ";
    b.diplay();
    cout << " = ";
    c.diplay();
}
```

在编译时,编译器执行 #include "Complex.h",先将头文件 Complex.h 中的声明代码和实现代码引入 Complexapp1.cpp,然后将类模板 Complex 具体化为模板类 Complex < float >,生成可执行代码,并存储到目标文件 Complexapp1.obj,最终连接到可执行文件 Complexapp1.exe。

例 7.5 程序输出结果如下。

```
float:1.200000048 + 2.333333254i + 3.400000095 + 5i = 4.600000381 + 7.333333015i
```

需要注意的是,如果将模板类的实现代码从头文件 Complex.h 中分离出来,存储到一个 cpp 文件中,程序也能通过编译,但不会生成模板类 Complex < float > 的实现代码,从而导致连接时因找不到成员函数而报错。

7.1.5　类模板的继承和关联

类模板中可以声明继承关系和关联关系,也可以直接将类模板作为自己的成员。包含继承和关联关系的类模板示例如图 7.6 所示。

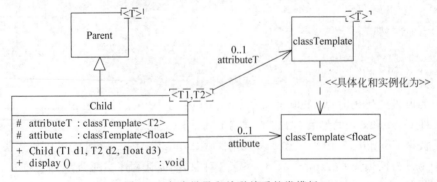

图 7.6　包含继承和关联关系的类模板

如图 7.6 所示的示例中,声明了 3 个类模板 Parent、Child 和 classTemplate,其中类模板 Child 继承于类模板 Parent,表示类模板 Child 的模板类继承于类模板 Parent 的模板类;类模板 Child 关联到 classTemplate,表示类模板 Child 的模板类关联到 classTemplate 的模板类。模板类 classTemplate < float > 是类模板 classTemplate 的一个具体类,类模板 Child 关联到这个模板类,表示类模板 Child 的模板类关联到一个具体的模板类 classTemplate < float >。类模板中声明继承和关联的示例代码如例 7.6 所示。

【例 7.6】 类模板中声明继承和关联。

```cpp
//template.h
#include <iostream>
using namespace std;

template <class T> class Parent
{
public:
    Parent(T d){ parentData = d; };
    void display(){ cout << "Parent:" << parentData << endl; }
protected:
    T parentData;
};
template <class T> class classTemplate
{
public:
    classTemplate(T d){ data = d; }
    void display(){ cout << "classTemplate:" << data << endl; }
protected:
    T data;
};
template <class T1, class T2> class Child : public Parent <T1>
{
public:
    Child(T1 d1, T2 d2, float d3) :Parent <T1> (d1), attributeT(d2), attribute(d3)
    {};
    void display(){
        cout << "Child:" << endl;
        Parent <T1>::display();
        attributeT.display();
        attribute.display();
    }
protected:
    classTemplate <T2> attributeT;
    classTemplate <float> attribute;
};
```

```cpp
// templateApp.cpp
#include "template.h"
int main(){
    Child <char, int> c('a',2,5.5);
    c.display();
    return 0;
}
```

类模板 Child 中有两个模板参数 T1 和 T2,其中,模板参数 T1 传递给了作为父类的类模板 Parent,模板参数 T2 传递给了声明属性 attributeT 的类模板 classTemplate。编译器编译语句 Child<char,int> c('a',2,5.5)时,根据模板参数 T1 的实参 char 生成一个具体类 Parent<char>,并将这个具体类 Parent<char>作为父类,同样,根据模板参数 T2 的实参 int 生成一个具体类 classTemplate<int>,并将这个具体类 classTemplate<int>作为属性 attributeT 的数据类型。

例 7.6 程序中创建了模板类 Child<char,int>的一个对象 c('a',2,5.5),对象的创建和删除的过程与普通类完全相同。程序输出结果如下。

```
Child:
Parent:a
classTemplate:2
classTemplate:5.5
```

视频讲解

7.2　使用模板编程的方法

模板常用于描述基本的数据结构和常用算法,下面以动态数组和冒泡算法为例介绍使用模板编程的方法,以及编程中需要注意的问题。

7.2.1　动态数组类模板

在第 3 章中,学习了关联与连接及其基本的编程实现方法,除了这些基本的编程实现方法外,还有另外一种常见的编程实现方法——使用容器(Container)来存储和管理连接到的多个对象。

例如,3.3.3 节中的汽车示例中,一个汽车有 4 个车轮,一个汽车 Car 的对象对应 4 个车轮 Wheel 的对象。这种情况在实际应用中非常多,可以针对这种情况抽象出一个动态数组 myArray,并使用这个动态数组来管理汽车 Car 的 4 个车轮。使用动态数组 myArray 存储和管理汽车 Car 的 4 个车轮,如图 7.7 所示。

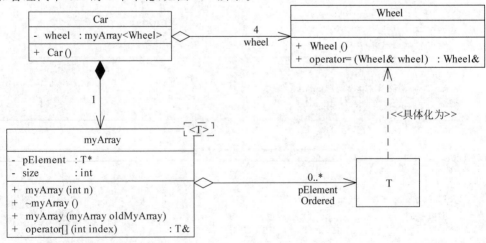

图 7.7　使用动态数组 myArray 存储和管理汽车 Car 的 4 个车轮

如图 7.7 所示，类模板 myArray 组合关联到汽车 Car，成为汽车 Car 的一个成员 wheel，用于存储和管理一个汽车的 4 个车轮。类模板 myArray 包含模板参数 T，模板参数 T 代表数组元素的数据类型。在模板类 myArray < Wheel > 中，模板参数 T 被具体化为 Wheel，从而实现了汽车 Car 到车轮 Wheel 的聚合关联 wheel。

1. 声明类模板 myArray

为了尽可能重用动态数组的代码，将动态数组声明为类模板 myArray。这个类模板的模板类包含两个属性 size 和 pElement，分别存储数组的元素个数和数组的地址。在构造函数中根据元素的数量为数组动态申请内存，析构函数中释放内存。最后声明拷贝构造函数，重载数组元素运算[]。类模板 myArray 的示例代码如例 7.7 所示。

【例 7.7】 类模板 myArray。

```cpp
//myArray.h
template< class T > class myArray
{
public:
    myArray(int n){
        pElement = new T[n];
        if (pElement)
            size = n;
        else
            size = 0;
    }
    ~myArray(){
        if (pElement)
            delete[]pElement;
    }
    myArray(const myArray& oldMyArray){
        for (int i = 0; i < size; i++)
            //使用赋值运算复制数组元素中的数据
            pElement[i] = oldMyArray[i];
    }
    T& operator[](int index){
        return pElement[index];
    };
private:
    T * pElement;
    int size;
};
```

2. 使用类模板 myArray

先引入类模板 myArray，然后使用模板类 myArray < Wheel > 存储和管理汽车 Car 的多个车轮对象，其示例代码如例 7.8 所示。

【例 7.8】 使用模板类 myArray < Wheel > 存储和管理 4 个车轮对象。

```cpp
//CarApp.cpp
# include " myArray.h"              //引入动态数组的类模板

# include < iostream >
```

```
using namespace std;
class Motor
{
public:
    Motor(int sn, float fPower){
        serialNumber = sn;
        power = fPower;
    }
    void print(){
        cout << serialNumber << "," << power;
    }
private:
    int serialNumber;                //产品序列号
    float power;                     //发动机的排量
};

class Wheel
{
public:
    Wheel(){};                       //创建车轮的数组时会调用这个无参的构造函数
    Wheel(int sn, float fSize){
        serialNumber = sn;
        size = fSize;
    }
    void print(){
        cout << serialNumber << "," << size;
    }

    Wheel& operator = (Wheel& t){    //拷贝构造函数中使用赋值运算
        serialNumber = t.serialNumber;
        size = t.size;
        return * this;
    }
private:
    int serialNumber;                //产品序列号
    float size;                      //车轮大小
};
```

上述代码包含类 Motor 和 Wheel 的完整代码,而图 7.7 中只列出需要调整的类及其成员。从功能上讲,需要完善类 Wheel 的代码,①增加无参的构造函数,用于创建车轮的数组;②重载赋值运算,用于数组的拷贝构造函数。

```
class Car{
public:
    Car() :wheel(4){}//通知模板类 myArray<Wheel>为 4 个车轮分配内存
    Motor& set(Motor& depart){
        Motor& rt = * motor;
        motor = &depart;
        return rt;
    }
    Wheel& set(Wheel& depart, int position){
        Wheel& rt = wheel[position];
```

```
            wheel[position] = depart;
            return rt;
        }
        void print(){
            cout << "汽车\t 发动机:";
            motor->print();
            cout << "\t\t 车轮:";
            for (int i = 0; i < 4; i++){
                wheel[i].print();
                cout << "|";
            }
            cout << endl;
        }
private:
        myArray<Wheel> wheel;
        Motor * motor;
};
```

类 Car 的代码中,调整了两点:①属性 wheel 的声明调整为 myArray<Wheel> wheel,表示使用模板类存储和管理类 wheel 的对象;②声明了一个无参的构造函数,其中的代码 wheel(4)通知模板类 myArray<Wheel>为 4 个车轮分配内存。

```
void main(){
    Car car;
    //装配发动机
    Motor * m = new Motor(123,1.6);         //创建一个发动机对象
    car.set(*m);
    //装配 4 个车轮
    for (int i = 0; i < 4; i++){
        Wheel w(201 + i, 10);               //创建了车轮对象,执行 4 次,创建了 4 个
        car.set(w, i);
    }
    car.print();

    delete m;                               //创建发动机对象
}
```

例 7.8 程序输出结果如下。

```
汽车      发动机: 123,1.6        车轮: 201,10|202,10|203,10|204,10|
```

3. 容器的概念

例 7.8 程序中,创建了类 Car 的一个对象 car,对象 car 包含两个成员对象,一个成员对象是类 Motor 的对象 motor,另一个成员对象是类模板 myArray 的对象 wheel。对象 wheel 是一个动态数组,其中存储了类 Wheel 的 4 个对象,并调用模板类 myArray<Wheel>的成员函数管理这些对象。对象 car 的内部结构如图 7.8 所示。

从功能上讲,类模板 myArray 与类 Car、Motor 和 Wheel 等有很大区别。类模板 myArray 的对象没有直接表示客观事物,而是用于存储和管理代表客观事物的对象,就像存储和管理对象的"容器",因此,将专门用于存储和管理对象的类(或类模板)形象地称为容器类,简称

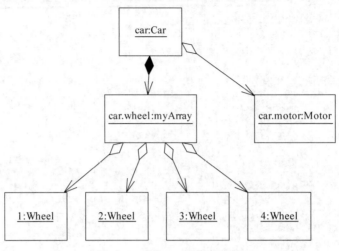

图 7.8   对象 car 的内部结构

容器。

在长期实践过程中,总结出数组、栈、队列、树等经典的数据结构,一般将这些经典的数据结构封装为容器类,然后提供给程序员使用。但在使用过程中,程序员需要理解这些数据结构,掌握其编程实现的基本方法,了解其适用的场景。

7.2.2   冒泡排序模板

容器类用于存储和管理代表客观事物的对象,按照集合观点,容器相当于集合,对象相当于集合中的元素。除存储和管理元素之外,还需要对集合中的元素进行排序,在集合中查找元素,甚至进行集合的并集、交集等各种计算。

1. 函数模板的概念

函数模板是对函数的抽象,用于定义多个函数。例如,声明一个函数模板,用于交换两个对象的值,示例代码如例 7.9 所示。

【例 7.9】 mySwap()函数模板。

```cpp
#include "complex.h"

//交换两个对象值的函数模板
template<class T>
void mySwap(T& a, T& b){
    T temp = a;
    a = b;
    b = temp;
}
void main(){
    int a = 1, b = 2;
    mySwap(a, b);                   //调用函数的原型 mySwap(int, int)

    Complex<int> c(1, 2), d(3, 4); //调用函数的原型 mySwap(Complex<int>, Complex<int>)
    mySwap(c, d);
}
```

main()函数中包含函数调用 mySwap(a，b)和 mySwap(c，d)，编译器会按照匹配到的函数原型 mySwap(int,int) 和 mySwap(Complex < int >,Complex < int >)，并将函数模板 template < class T > void mySwap(T& a,T& b)中的模板参数 T 分别替换为 int 和 Complex < int >,生成 mySwap < int >(int,int) 和 mySwap < Complex < int >>(Complex < int >,Complex < int >)两个模板函数。读者可以参照具体类模板的方法,写出两个模板函数的生成代码。

2. 声明冒泡排序函数模板

冒泡排序算法是一种对数据进行排序的算法。下面介绍该算法的编程实现方法。

例如,使用一个容器(如类模板 myArray)存储和管理需要排序的数据,使用一个函数模板 bubble()描述冒泡排序算法,其函数原型为:

template < class T1,class T2 > void bubble(T1& a,int size,bool(* fp)(T2& a,T2& b))

其中,模板参数 T1 为存储和管理一组数据的类(如模板类 myArray < int >),模板参数 T2 为数据的类型(如 int)。冒泡排序函数模板的示例代码如例 7.10 所示。

【例 7.10】 冒泡排序函数模板。

```
//sort.h
# include < iostream >
using namespace std;

template < class T > bool ascending(T& a, T& b){
    return (a > b ? true : false);
}
template < class T1, class T2 > void bubble(T1& a, int size, bool( * fp)(T2& a, T2& b)) //冒泡排序
{
    int i;
    T2 temp;
    for (int pass = 1; pass < size; pass++){       //共比较 size - 1 轮
        for (i = 0; i < size - pass; i++) {        //一轮比较
            if (fp(a[i], a[i + 1])){
                temp = a[i];
                a[i] = a[i + 1];
                a[i + 1] = temp;
            }
        }
    }
}
template < class T1, class T2 > void print(T1& array, int len){
    for (int i = 0; i < len; i++)
        cout << (T2)array[i] << ",";
    cout << endl;
}
```

3. 复数排序

冒泡排序函数模板中用到了比较运算>,如果使用这个函数模板对复数进行排序,就需要完善复数的类模板 Complex,重载比较运算>。输出数组元素模板中用到插入运算,也在类模板 Complex 中重载了插入运算≪。重载这两个运算的主要代码如例 7.11 所示。

【例 7.11】 重载类模板 Complex 的比较和插入运算。

```
//Complex.h
template<class T> bool Complex<T>::operator>(const Complex<T>& complex) const
{
    bool rt;
    //比较两个复数的模,但没有开平方
    if (a * a + b * b > complex.a * complex.a + complex.b * complex.b)
        rt = true;
    else
        rt = false;
    return rt;
};
template<class T> ostream& operator <<(ostream& out, const Complex<T>& x){
    x.display(out);
    return out;
}
```

使用类模板 myArray 存储和管理数据,使用函数模板 bubble 对其中的数据进行排序,示例代码如例 7.12 所示。

【例 7.12】 复数排序。

```
#include "complex.h"
#include "myArray.h"
#include "sort.h"
#include <iostream>
using namespace std;

typedef Complex<int> ComplexlSpecialization;
void main(){
    float array[] = { 55, 2.5, 6, 4, 32.8, 12, 9, 73.5, 26, 37 };
    int len = sizeof(array) / sizeof(int);              //元素个数

    cout << endl << "**** 数排序 ****" << endl;
    myArray<float> array1(len);
    //初始化数组元素
    for (int i = 0; i < len; i++){
        array1[i] = array[i];
    }
    print<myArray<float>, float>(array1, len);
    cout << "升序排序" << endl;
    bubble<myArray<float>, float>(array1, len, ascending);    //按升序排序
    print<myArray<float>, float>(array1, len);

    cout << endl << "**** 复数排序 ****" << endl;
    myArray<ComplexlSpecialization> array2(len);
    //初始化数组元素
    array2[0] = ComplexlSpecialization(0, array[1]);
    for (int i = 1; i < len; i++){
        array2[i] = ComplexlSpecialization(array[i - 1], array[i]);
    }
    print<myArray<ComplexlSpecialization>, ComplexlSpecialization>(array2, len);
```

```
        cout << "升序排序" << endl;
        bubble < myArray < ComplexlSpecialization > , ComplexlSpecialization >(array2, len,
ascending);
        print < myArray<ComplexlSpecialization>, ComplexlSpecialization>(array2, len);
    }
```

语句 myArray < float > array1(len)的含义为,创建模板类 myArray < float >的一个对象,用于存储和管理类型为 float 的数据,即采用动态数组存储和管理类型为 float 的元素。

语句 bubble < myArray < float >,float >(array1,len,ascending)中,包含两个模板实参 myArray < float >和 float,这两个模板参数分别替换函数模板 template < class T1,class T2 > void bubble(T1 & a,int size,bool(* fp)(T2 & a,T2 & b))中的模板形参 T1 和 T2,实际上指定了被调用函数的原型为:

　　void bubble(myArray < float > & a,int size,bool(* fp)(float & a,float & b))

按照这个函数原型,函数实参 array1 的数据类型应为 myArray < float >,len 的数据类型为 int,ascending 是函数指针,指向原型为 bool ascending(float& a, float& b)的函数。

为了进行数的排序,编译器自动具体化类模板 myArray,得到一个模板类 myArray < float >,具体化函数模板 bubble 和 ascending,分别得到两个模板函数。

同样,为了进行复数的排序,编译器将两个类模板 Complex 和 myArray 分别具体化为模板类 Complex < int >和 myArray < float >,也将两个函数模板 bubble 和 ascending 具体化为模板函数,两个模板函数的原型如下。

bool ascending (Complex < int > & a,Complex < int > & b)

void bubble(myArray < Complex < int >> & a,int size,
　　　　bool(* fp)(Complex < int > & a,Complex < int > & b))

也要将函数模板 print 具体化为两个模板函数,其原型为:

print < myArray < float >,float >()

print < myArray < Complex < int >>,Complex < int >>

例 7.12 程序中,具体化类模板和函数模板,总共得到 3 个模板类,5 个模板函数,输出结果如下。

```
55,2.5,6,4,32.8,12,9,73.5,26,37,

 ******** 数排序 ********
升序排序
2.5,4,6,9,12,26,32.8,37,55,73.5,

 ******** 复数排序 ********
0 + 2i,55 + 2i,2 + 6i,6 + 4i,4 + 32i,32 + 12i,12 + 9i,9 + 73i,73 + 26i,26 + 37i,
升序排序
0 + 2i,2 + 6i,6 + 4i,12 + 9i,4 + 32i,32 + 12i,26 + 37i,55 + 2i,9 + 73i,73 + 26i,
```

7.2.3　编程中需要注意的问题

使用模板的目的是为了实现代码的重用,自然希望前面声明的类模板 myArray 能够管理各种类的对象,也希望函数模板 bubble 能够对不同类的对象进行排序。

1. 出现的问题

为了使用类模板 myArray 存储和管理汽车的 4 个车轮,调整了类 Wheel 的构造函数,特意重载了赋值(=)等运算。为了使用函数模板 bubble()对复数进行排序,专门重载了类 Complex 的大于(>)、插入(≪)等运算。

实际上,如果使用类模板 myArray 存储和管理类 Motor 的对象,也会出现错误。例如,使用类模板 myArray 存储和管理类 Car 的对象,示例代码如例 7.13 所示。

【例 7.13】 存储和管理类 Car 的对象。

```
#include "myArray.h"
void fn(myArray<Car> c){/* 省略代码 */}
void main(){
    int size = 10;
    myArray<Car> array(size);
    for (int i = 0; i < size; i++){
        Car c;
        //省略给对象设置值的代码
        array[i] = c;
    }
    fn(array);    //不能正确传递参数
}
```

函数调用 fn(array)中,通过传值方式传递实参 array,需要调用模板类 myArray<Car>的拷贝构造函数,拷贝构造函数中使用了类 Car 的赋值运算,而类 Car 中没有重载赋值运算,从而导致错误。

如果使用类模板 myArray 存储和管理类 Motor 的对象,因类 Motor 没有无参的构造函数,创建模板类 myArray<Motor>的对象过程中找不到类 Motor 无参的构造函数,会导致不能创建模板类 myArray<Motor>的对象,而报编译错误。

例 7.12 中,使用类模板 myArray 存储和管理基本类型 float 的数据,并使用函数模板 bubble()对其中的数据进行排序,都不会出现上述问题。

使用类模板 myArray 存储和管理基本类型 float 的数据没有问题,但存储和管理自定义的类型就会出现问题,为什么?

这是因为基本类型是为了在计算机上进行计算而专门设计的,计算功能完备,其变量参与计算的能力非常强,保证了在计算过程中一般不会出现问题。

但类 Complex 以及 Car、Motor 和 Wheel 等用户定义的类,计算功能不完备,其对象自我管理能力不够,参与计算的能力不足,在重用这些类的代码时就很容易出现问题。

2. 赋予对象比较完备的能力

设计和实现一个类时,应通过构造函数、拷贝构造函数和析构函数赋予其对象管理内部数据的能力,重载赋值运算,赋予其对象参与计算的基础能力,重载插入和提取运算,以方便使用流类进行输入/输出操作。

> 对象参与计算的能力,是代码重用的前提,也是代码质量的基础。

怎样提高对象的自我管理能力和参与计算的能力? 2.3 节中进行了比较详细的讨论。

设计和实现一个类时,除了保证其对象具有参与计算的基础能力外,还应尽量完善其功能。如类模板 Complex 只实现了少量的几个运算,可以将复数的常用运算增加其中。类模板 myArray 的功能非常简单,远远不能满足实际应用需要。

> 类越基础越底层,其对象参与计算的能力就应越强。

封装并实现功能完备、参与计算能力强大、运行稳定的类,是一件非常繁重的工作。幸好,程序设计语言和开发环境一般以类库或函数库的形式提供了丰富的类和函数,程序员可以在这些类和函数的基础上开发应用程序,从而减少编程工作量,提高开发程序的效率。

7.3　标准模板库

视频讲解

C++ 标准中定义了一个模板库,称为标准模板库(Standard Template Library,STL)。标准模板库提供了常用的数据结构和算法,功能丰富,但也涉及大量编程的基础知识和基本原理,以及海量的技术细节,编程过程中务必学会查阅标准模板库的参考手册,并养成随时查阅的习惯。

下面仅以容器类和流类为例,介绍使用标准模板库编程的基本方法。

7.3.1　容器类

STL 中,将常用的数据结构封装为类模板,程序员根据具体情况选择适当的类模板定义容器,用于管理程序中的对象。常用容器类如表 7.1 所示。

表 7.1　常用容器类

名　　　称	数　据　结　构	头　文　件
字符串(string)	字符数组,C++ 风格的字符串	string
向量(vector)	动态大小的数组	vector
双向队列(deque)	双向队列	deque
栈(stack)	栈	stack
队列(queue)	队列	queue
链表(list)	链表	list
集合(set)	二叉树,无重复元素	set
多重集合(multiset)	二叉树,允许有重复元素	set
映射(map)	二叉树,无重复键值的键值对	map
多重映射(multimap)	二叉树,允许有重复键值的键值对	map

如表 7.1 所示,STL 中的容器类封装了数据结构课程中学习的典型数据结构及其处理算法。这些典型数据结构是从不同应用场景中抽象出来的,每种数据结构只适用一定的应用场景,理解了这些数据结构及其处理算法后,才能针对具体的应用场景选择适合的数据结构,才能从 STL 中的容器类中选择适当的类模板。

从编程的角度讲,使用这些容器类的方法非常类似,下面以字符串(string)和向量(vector)为例介绍容器类模板的使用方法。

1. 字符串 string

字符串 string 是 C++风格的字符串,封装了一个动态字符数组,这一点与 3.5 节中的自定义数据类型 myString 非常类似,但 string 中封装了 insert、delete、copy、replace、find 等操作,功能非常完善,也充分考虑了内存释放、下标越界等问题,安全性非常高。string 与字符之间是一个组合关联,其逻辑结构如图 7.9 所示。

图 7.9　string 与字符之间组合关联的逻辑结构

大多数情况下,string 能满足应用需要,使用也非常方便,因此得到广泛应用。下面介绍 string 的查找、替换、插入、删除以及获取子串的使用方法。

string 提供了查找(find、rfind)和替换(replace)字符串的方法,其中 find 是从左到右查,rfind 则是从右到左查,如果找到则返回找到的第一个字符位置,否则返回−1。示例代码如例 7.14 所示。

【例 7.14】　字符串 string 的查找和替换。

```cpp
#include <iostream>
#include <string>
using namespace std;

//查找
void test01() {
    string str = "I love C++";
    int pos = str.find("ve");
    if (pos == -1) {
        cout << "未找到" << endl;
    } else {
        cout << "pos = " << pos << endl;
    }
    pos = str.rfind("C");
    if (pos == -1) {
        cout << "未找到" << endl;
    } else {
        cout << "pos = " << pos << endl;
    }
}
//替换字符串
void test02() {
    string str = "I love C++";
    str.replace(7, 3, "Java");
    cout << "str = " << str << endl;
}

int main() {
    test01();
    test02();
}
```

例 7.14 程序的输出结果如下。

```
pos = 4
pos = 7
str = I love Java
```

string 提供了插入(insert)和删除(erase)字符串的方法,插入和删除的起始下标都是从 0 开始。示例代码如例 7.15 所示。

【例 7.15】 string 的插入和删除。

```cpp
#include <iostream>
#include <string>
using namespace std;

//字符串插入和删除
void test01() {
    string str = "I love C++";
    str.insert(10, " & Java");        //从 10 号位置开始插入
    cout << str << endl;
    str.erase(7, 6);                  //从 7 号位置开始 6 个字符
    cout << str << endl;
}

int main() {
    test01();
}
```

例 7.15 程序的输出结果如下。

```
I love C++& Java
I love Java
```

string 提供了从字符串中获取想要的子串方法 substr(),示例代码如例 7.16 所示。

【例 7.16】 从字符串中获取子串。

```cpp
#include <iostream>
#include <string>
using namespace std;

//获取子串
void test01() {
    string str = "I love C++";
    string subStr = str.substr(7, 3);
    cout << "subStr = " << subStr << endl;

    string url = "jdbc:mysql://localhost:3306/test";
    int pos1 = url.find("//"), pos2 = url.rfind(":");
    string server = url.substr(pos1 + 2, pos2 - pos1 - 2);
    cout << "server: " << server << endl;
}
```

```
int main() {
    test01();
}
```

例 7.16 程序的输出结果如下。

```
subStr = C++
server: localhost
```

字符串 string 的功能非常强大,从集成开发环境提供的使用手册中一般才能查到 string 的成员函数及其使用方法,以及示例代码。

从随机手册中快速找到所需的资料,也是一种编程能力。

集成开发环境一般提供技术文档和参考手册。顾名思义,参考手册是用于参考的,需要时就从中查找所需的信息,因此,参考手册中包含大量细节信息。例如,有哪些类,每个类有哪些成员,每个成员的数据类型或函数原型,以及使用要求和使用方法,有时也提供示例代码。

技术文档一般只简单介绍紧密相关的技术前景知识,大量使用专业术语,不会对原理进行深入的讨论,目的是让使用者有一个大概的了解。

3.5 节中讨论了 myString 的封装思路以及实现方法,可通过其中的示例理解字符串 string 的实现原理和使用方法。

2. 向量 vector

向量 vector 封装了一个动态数组,不仅能够动态地创建一个数组,还提供了增加元素和减少元素的功能,使用非常方便,效率也很高。向量 vector 以类模板的形式提供,是一个最基本的容器类,与其中的对象构成聚合关联,其逻辑结构如图 7.10 所示。

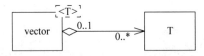

图 7.10   向量 vector 与其中的对象构成聚合关联

例如,使用向量 vector 存储和管理 int 类型的一组数据,示例代码如例 7.17 所示。

【例 7.17】 向量 vector 存储内置数据。

```
# include < iostream >
# include < string >
# include < vector >
using namespace std;

void main() {
    int len = 5;
    vector < int > v(5);        //创建包含 5 个整数的向量

    for (int i = 0; i < len; i++)
        v[i] = i + 1;

    v.push_back( - 1);          //动态追加一个元素
```

```
    cout << "\n 使用迭代器遍历:" << endl;
    for (vector < int >::iterator it = v.begin(); it != v.end(); it++) {
        cout << * it << ",";
    }
    cout << endl;

    cout << "\n 使用下标遍历,没有遍历动态追加的元素:" << endl;
    for (int i = 0; i < len; i++)
        cout << v[i] << ",";
    cout << endl;

    vector < string > v2 = { "可以按照大括号{}的习惯", "初始化", "向量"};
    cout << "\n 创建字符串数组并初始化:" << endl;
    for (vector < string >::iterator it = v2.begin(); it != v2.end(); it++) {
        cout << * it << ",";
    }
    cout << endl;
}
```

语句 vector < int > v(5)创建一个包含 5 个元素的向量 v,语句 v. push_back(−1)在向量 v 的最后动态追加一个元素。

向量 v 的内存有可能在内存中移动,因此,不能直接定义一个指针来访问其中的元素。为了解决这个问题,向量 vector 提供了一个称为迭代器的类模板 vector < T >::iterator,这个类模板的对象也是一个指针,使用这个指针能够安全地访问向量中的元素。

循环语句 for (vector < int >::iterator it=v. begin(); it ! =v. end(); it++)中,代码 vector < int >::iterator it 创建一个指针 it,并使用指针 it 遍历向量的元素。成员函数调用 v. begin()返回第一个元素的首地址,成员函数调用 v. end()返回最后一个元素的尾地址,即 &[6]。

类模板 vector < T >::iterator 的对象是一个指向元素的指针,但当向量的内存发生移动时就会自动调整指针的值,从而保证其指向正确的元素。

最后,使用语句 vector < string > v2 定义一个存储字符串的向量 v2,并按照数组的初始化风格初始化了向量 v2。

例 7.17 程序的输出结果如下。

```
使用迭代器遍历:
1,2,3,4,5, − 1,

使用下标遍历,没有遍历动态增加的元素:
1,2,3,4,5,

创建字符串数组并初始化:
可以按照大括号{}的习惯,初始化,向量,
```

向量 vector,顾名思义,就是为数学中的向量而设计的,数学中一个向量可以作为另一

个向量的元素,向量 vector 的一个对象自然可以作为另一个向量 vector 对象的元素。例如,使用向量 vector 定义一个矩阵,示例代码如例 7.18 所示。

【例 7.18】 使用向量 vector 定义一个矩阵。

```cpp
#include <iostream>
#include <vector>
using namespace std;

//容器嵌套容器
int main() {
    vector<vector<int>> intA;
    int m = 4, n = 5;
    for (int i = 0; i < m; i++){
        vector<int> v;
        for (int j = 0; j < n; j++)
            v.push_back((i + 1) * 10 + j + 1);
        intA.push_back(v);
    }

    for (vector<vector<int>>::iterator it = intA.begin(); it != intA.end(); it++) {
        for (vector<int>::iterator vit = (*it).begin(); vit != (*it).end();
            vit++) {
            cout << *vit << " ";
        }
        cout << endl;
    }
}
```

例 7.18 程序的输出结果如下。

```
11 12 13 14 15
21 22 23 24 25
31 32 33 34 35
41 42 43 44 45
```

7.2 节中讨论了类模板 myArray 的封装思路以及实现方法,也讨论了类模板 myArray 对被管理对象提出的要求,可通过这个示例理解向量 vector 的实现原理和使用方法。

需要注意的是,向量 vector 也对被管理对象提出了要求。例如,使用向量 vector 存储和管理如图 7.7 所示的类 Car 对象,编译下面的代码时,因类 Car 没有明确声明拷贝构造函数而报编译错误,示例代码如下。

```cpp
#include "myArray.h"      //引入动态数组的类模板
#include "Car.h"
#include <vector>
using namespace std;

void main(){
    Car car;
    vector<Car> c;
    c.push_back(car);
```

```
    c[0].print();
}
```

7.3.2　流类

　　"流(Stream)"是针对数据的输入、传输和输出过程中抽象出的一个概念,按照"流"这个概念封装出一系列的类,这些类统称为流类。

　　目前,流类也成为各种面向对象程序设计语言的重要部分。C++标准模板库中,针对标准输入/输出设备、文件、字符串等不同场景提供了多个流类,其中的主要流类及其继承关系如图 7.11 所示。

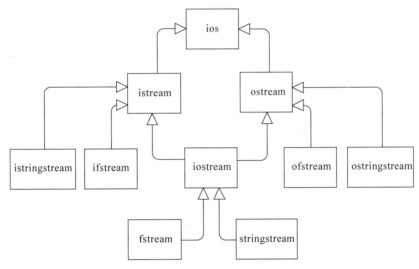

图 7.11　C++标准模板库中的主要流类及其继承关系

　　如图 7.11 所示,类 ios 是基类,派生出输入流 istream 和输出流 ostream,针对文件再派生出输入文件流 ifstream 和输出文件流 ofstream,针对字符串派生出输入串流 ifstream 和输入串流 ofstream。

　　为了同时提供输入/输出功能,采用多重继承方式派生出输入/输出流 iostream,针对文件再派生出文件输入/输出流 fstream,针对字符串派生出文件输入/输出流 stringstream。

1. 标准输入/输出流

　　输入流 istream 和输出流 ostream 是基础性的流类,其头文件为 iostream.h。标准输入/输出流是完全按照面向对象思想设计的,不仅能够提供输入/输出功能,而且能够与类进行无缝对接,能够从标准输入设备中读取数据并直接存储到对象,也能够直接将对象中的数据输出到标准输出设备。

　　例如,类 Student 中,从标准输入设备中读取学号和姓名并存储到对象,将对象中的学号和姓名输出到标准输出设备,示例代码如例 7.19 所示。

　　【例 7.19】　类 Student 中使用流输入/输出数据。

```
// Student.h
#include < string >
```

```
# include < iostream >
using namespace std;
class Student
{
public:
    Student();
    ~Student();
    Student(const Student& oldStudent);
    istream& input(istream& in);
    ostream& output(ostream& out);
private:
    int studentID;
    string name;
};
ostream& operator <<(ostream& out, Student& x);
istream& operator >>(istream& in, Student& x);
```

声明了 istream& input(istream& in)和 ostream& output(ostream& out)两个成员函数,并重载了插入和提取运算。

```
// Student.cpp
# include < string >
# include < iostream >
using namespace std;
# include "Student.h"

Student::Student(){};
Student::~Student(){};
Student::Student(const Student& oldStudent){
    studentID = oldStudent.studentID;
    name = oldStudent.name;
    //grade = oldStudent.grade;
}
Student& Student::operator = (const Student& b){
    studentID = b.studentID;
    name = b.name;
    return * this;
}
ostream& Student::output(ostream& out){
    out << studentID << "\t" << name << endl;
    return out;
}
istream& Student::input(istream& in){
    if (!(in >> studentID))              //判断输入是否正确
        cerr << "读取学号错误!" << endl;
    else if (!(in >> name))
        cerr << "读取姓名错误!" << endl;
    return in;
}
ostream& operator <<(ostream& out, Student& x){
    return x.output(out);
}
```

```
istream& operator >>(istream& in, Student& x){
    return x.input(in);
}
```

重载的插入和提取运算中,调用了 input() 和 output() 两个成员函数,并通过这两个成员函数输入和输出属性的值。

```
//app.cpp
# include "Student.h"
# include < iostream >
using namespace std;
void main(){
    Student s;
    cout << "请输入学号和姓名:";
    if (cin >> s){    //判断输入是否正确
        cout << "输入的学号和姓名:";
        cout << s;
    }
}
```

例 7.19 程序的输入/输出结果如下。

```
请输入学号和姓名:123456 李浩宇
输入的学号和姓名:123456        李浩宇
```

main() 函数中,与输入/输出相关的主要代码为两个表达式 cin >> s 和 cout << s,这两个表达式的执行过程如图 7.12 所示。

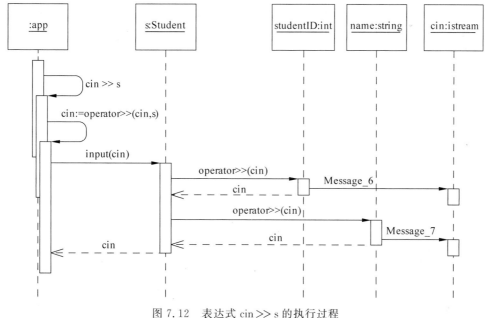

图 7.12　表达式 cin >> s 的执行过程

如图 7.12 所示,执行表达式 cin >> s 的过程中,按照 operator >>(cin,s) 的语义执行 Student 的提取运算,其中,按照 s.input(cin) 的语义调用 Student 的 input() 成员函数。调

用 input()成员函数过程中,先按照 studentID. operator >>(cin)的语义执行 int 的插入运算,以输入学号,再按照 name. operator >>(cin)的语义执行字符串 string 的插入运算,以输入姓名。

输入功能最终由基本类型 int 和字符串 string 的插入运算实现,并将插入运算返回的流对象 cin,最终返回到 main()函数,成为表达式 cin >> s 的计算结果。

在输入/输出过程中,判断输入/输出是否成功,非常重要。可通过提取插入运算返回的流对象判断输入/输出是否成功。例如,Student 的 input()成员函数中,使用 if 语句判断输入是否成功,其条件表达式为!(cin >> s),这个表达式的运算顺序为,先计算 cin >> s 得到 cin,然后再计算!cin。!cin 中的运算!是 istream 的一个运算,并被重载到 istream 的 fail()成员函数,因此,表达式!cin 等价于 cin. fail(),!(cin >> s)等价于(cin >> s). fail()。

同样,istream 还重载了类型转换运算 void * (),表达式(void *)cin 等价于!(cin. fail()),因此,语句 if (cin >> s) 中,条件 cin >> s 等价于(void *)(cin >> s),也等价于!(cin. fail())。

学号是 int 类型,要求输入数字。执行 input()成员函数中的表达式 in >> studentID 时,如果输入字符"dd",则会发生错误,这个错误会保存到实参中的流对象 cin。main()函数中最终接收到流对象 cin,可通过表达式 cin. fail()检测到输入 studentID 时发生的错误。

输入非数字时的输入/输出结果如下。

```
请输入学号和姓名:dd 李浩宇
读取学号错误!
```

2. 文本文件流

C++标准模板库中提供了 3 个类 ifstream、ofstream 和 fstream 用于实现文件操作,统称为文件流类。ifstream 类是从文件中读取数据,ofstream 类是向文件中写入数据,fstream 类既可从文件中读取数据,也可向文件中写入数据。3 个文件流类都在头文件 fstream. h 中声明。

3 个文件流类继承于标准输入流类,其使用方法类似于标准输入流类,但需要自己定义对象。例如,使用文件流从文件中读取学号和姓名,示例代码如例 7.20 所示。

【例 7.20】 从文件中读取学号和姓名。

```cpp
#include <string>
#include <fstream>              //引入文件流类的头文件
using namespace std;

#include "Student. h"
void main(){
    ifstream ifs("student.txt");    //创建一个 ifstream 对象,并打开文件
    if (!ifs){//判断打开文件是否成功
        cerr << "打开文件错误!";
        exit(-1);
    }

    cout << "读取到 int 变量和字符数组" << endl;
    int studendNo;
    char name[10];
    ifs >> studendNo >> name;
```

```
    cout << studendNo << "," << name << endl;

    cout << endl << "读取到 string 对象" << endl;
    string nameString;
    ifs >> studendNo >> nameString;
    cout << studendNo << "," << nameString << endl;

    cout << endl << "读取到 Student 的对象" << endl;
    Student s;
    ifs >> s;
    cout << s;

    ifs.close();              //关闭文件
}
```

语句 ifstream ifs("student.txt")创建 ifstream 的对象 ifs,其中,参数 student.txt 是一个文件名,含义是打开名为 student.txt 的文件,并为这个文件创建一个输入文件流对象 ifs。如果打开文件成功,就可像使用 cin 一样,从文件中读取学号和姓名。使用结束后,需要调用 ifstream 的 close()成员函数关闭这个文件。关闭这个文件过程中,会将内存中的数据返写回文件,并释放内存。

例 7.20 程序的输出结果如下。

```
    读取到 int 变量和字符数组
    202106,李浩宇

    读取到 string 对象
    202107,王宇轩

    读取到 Student 的对象
    202108 张子涵
```

例 7.20 中,只从文件中读取了 3 个学生的数据,功能比较简单。典型应用场景为,先从一个文件中读取数据,然后处理这些数据,最后将处理的结果数据写入另一个文件。从文件读取和写入数据,示例代码如例 7.21 所示。

【例 7.21】 读取和写入文件数据。

```
# include < fstream >
using namespace std;

# include "Student.h"
void main(){
    ifstream ifs("student.txt");      //创建一个 ifstream 对象,并打开文件
    if (!ifs){//判断文件是否打开成功
        cerr << "打开文件错误!";
        exit(-1);
    }

    ofstream ofs("student1.txt");      //创建一个 ofstream 对象,并打开文件
    if (!ofs){//判断文件是否打开成功
```

```
        cerr << "打开文件错误!";
        exit( - 1);
    }

    cout << "读取到 int 变量和字符数组" << endl;
    int studendNo;
    char name[10];
    ifs >> studendNo >> name;
    ofs << studendNo << "," << name << endl;

    cout << endl << "读取到 string 对象" << endl;
    string nameString;
    ifs >> studendNo >> nameString;
    ofs << studendNo << "," << nameString << endl;

    cout << endl << "读取到 Student 的对象" << endl;
    Student s;
    int cnt = 2;
    while (ifs >> s){//判断条件等价于!ofs.fail()
        ofs << s;
        cnt++;
    }
    cout << endl << "成功读取并保存" << cnt << "个学生的信息." << endl;

    ifs.close();          //关闭文件
    ofs.close();          //关闭文件
}
```

语句 ofstream ofs("student1. txt")创建 ofstream 的对象 ofs,含义是打开名为 student1. txt 的文件,并为这个文件创建一个输入文件流对象 ofs。打开文件成功后,就可以像使用 cout 一样使用输入文件流对象 ofs。

例 7.21 程序的输出结果如下。

```
读取到 int 变量和字符数组

读取到 string 对象

读取到 Student 的对象
读取学号错误!

成功读取并保存 33 个学生的信息.
```

student. txt 包含 33 个学生的学号和姓名,但文件的最后增加了几个字母,当读取到这些字母时发生读取错误,这个读取错误最终会返回到 main()函数。循环语句 while (ifs >> s){} 中通过条件 ifs >> s 接收到这个读取错误,并退出循环,结束读取文件数据。

3. 二进制文件流

使用文件流不仅可以存储和读取文本(Text)数据,还可以存储和读取二进制(binary)数据。例如,使用文件流将一个 long 变量内存中的值(二进制串)存储到一个文件,然后再从文件中读取到另一个变量,示例代码如例 7.22 所示。

【**例 7.22**】 使用文件流存取变量内存中的二进制串。

```
void main (){
    long longData = 123;

    //将变量中的二进制串存储到文件
    ofstream ofs("long ", ios::out | ios_base::binary);
    char * a = (char *)&longData;
    ofs << a[0] << a[1] << a[2] << a[3];    //依次插入 4 个字节
    ofs.close();

    //从文件中读取二进制串到变量
    ifstream ifs("long.dat", ios::in | ios_base::binary);
    long i = 0;
    a = (char *)&i;
    ifs >> a[0] >> a[1] >> a[2] >> a[3];    //依次提取 4 个字节
    cout << i;
    ifs.close();
}
```

创建文件流对象时使用了预定义的常量 ios_base::binary,其含义为使用二进制方式存取数据。从文件中存取数据时,依次存取 long 变量的 4 个字节。文件 long.dat 中存储的是代表整数 123 的二进制串,如果按照文本方式打开这个文件,显示"{"(或乱码),但将文件中的数据读取到变量 i,输出变量 i 的值为整数 123。

除了插入和提取运算外,输入/输出流类中还提供了 read()和 write()等成员函数,也可以使用这些成员函数进行文件的输入/输出。例如,使用成员函数存取文件的二进制数据,示例代码如例 7.23 所示。

【**例 7.23**】 使用成员函数存取文件的二进制数据。

```
#include <string>
#include <fstream>
using namespace std;

void main (){
    cout << "二进制方式打开一个文件" << endl;
    ofstream ofs("student.dat", ios::out | ios_base::binary);

    cout << "按照二进制方式写入数据" << endl;
    short studentID = 12345;
    string name = "张三";
    cout << studentID << "," << name << endl;

    char len = name.length() + 1;              //用一个字节存储姓名的长度
    ofs.write((char *)&studentID, sizeof studentID);
    if (ofs)
        ofs.write((char *)&len, sizeof len);    //写入 1 个字节
    if (ofs)
        ofs.write((char *)name.data(), len);
    ofs.close();                                //关闭文件
```

```
        cout << "按照二进制方式读取数据" << endl;
        studentID = 0;
        name = "";
        char * pBuf = NULL;
        ifstream ifs("student.dat", ios::in | ios_base::binary);
        ifs.read((char * )&studentID, sizeof studentID);
        if (ifs)
            ifs.read((char * )&len, sizeof len);    //读取 1 个字节
        if (ifs)
            pBuf = new char[len];
        if (pBuf)
            ifs.read(pBuf, len);
        if (ifs)
            name = string(pBuf);
        cout << studentID << "," << name << endl;
}
```

write()成员函数有两个参数,第一个参数为内存地址,表示写入数据的首地址;第二个参数为字节数,表示写入数据的字节数。read()成员函数也有两个参数,第一个参数表示内存中存储读入数据的首地址,第二个参数为读取的字节数。

例 7.23 程序的输出结果如下。

```
二进制方式打开一个文件
按照二进制方式写入数据
12345,张三
按照二进制方式读取数据
12345,张三
```

4. 字符串流

除了输入/输出外,按照流的方式还可以处理内存中的字符数据。标准模板库中为处理内存中的字符数据主要提供 3 个类 istringstream、ostringstream 和 stringstream,这些处理内存字符数据的类,统称为字符串流类。

使用字符串流类能够按照输入/输出流的方式处理字符串。例如,在一个字符串中提取和插入字符,示例代码如例 7.24 所示。

【例 7.24】 字符串中提取和插入字符。

```
#include <iostream>
#include <sstream>
using namespace std;

void main () {
    cout << "输入串流" << endl;
    istringstream is("I love C++");        //创建一个输入字符串流
    string s;
    while (is >> s) {
        cout << s << endl;
    }
```

```
    cout << "输入串流" << endl;
    ostringstream os(is.str());      //创建一个输出字符串流
    cout << os.str() << endl;
    os.seekp(os.str().size());       //将流的当前位置移到最后
    os << " and Java";               //从当前位置插入
    cout << os.str() << endl;
}
```

语句 istringstream is("I love C++")为字符串"I love C++"创建一个字符串流对象 is,循环语句 while (is >> s){}中的表达式 is >> s,从字符串流对象 is 中提取单词并存储到 string 的对象 s。

语句 ostringstream os(is.str())创建一个输出字符串流 os,然后将 os 的当前位置移到最后,再使用插入运算将字符串" and Java"插入到 os 中。

例 7.24 程序的输出结果如下。

```
输入串流
I
love
C++
输入串流
I love C++
I love C++and Java
```

7.4 应用举例：持久化对象

计算机关机后,内存中的数据会丢失,内存中的对象也随之消失,针对这种情况提出了持久化(Persistence)对象的概念。持久化对象是指将对象中的内存数据转储到能长久存储数据的硬件设备或逻辑设备上,如转储到硬盘中的文件或另一台计算机上的数据库,甚至采用云存储方式存储到云端。

长久存储数据的设备多种多样,具体存储方法千变万化,归根结底可分为文本和二进制两种存储方式。下面以学生 Student 为例,介绍按照这两种方式持久化对象的基本方法。

为了按照文本和二进制两种方式持久化学生 Student 的对象,可用 3 个类 StudentBase、Student 和 StudentB 共同描述学生的特征和行为,其中 StudentBase 作为基类,负责存储和处理对象中的数据;Student 和 StudentB 作为派生类,分别按照文本和二进制方式持久化对象。描述学生的 3 个类及其继承关系如图 7.13 所示。

如图 7.13 所示的类 StudentBase,是一个抽象类,其中声明了 input()和 output()两个纯虚函数,用于输入/输出对象中的数据。派生类 Student 和 StudentB 中分别按照文本和二进制方式实现数据的输入/输出。

7.4.1 输入/输出对象中的数据

为了在持久化对象中使用输入/输出流,重载了基类 StudentBase 的插入和提取两个运算,这两个运算中分别调用 input()和 output()纯虚函数。派生类 Student 再重写这两个函数,并

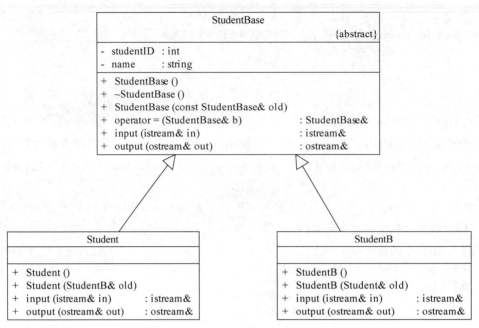

图 7.13 描述学生的 3 个类及其继承关系

按照文本方式实现输入/输出对象中的数据。使用文本流输入/输出对象中的数据,示例代码如例 7.25 所示。

【例 7.25】 使用文本流输入/输出对象中的数据。

```cpp
// Student.h
# include < string >
# include < iostream >
using namespace std;

/ ********************* StudentBase ********************** /
class StudentBase
{
public:
    StudentBase();
    ~StudentBase();
    StudentBase(const StudentBase& old);
    StudentBase& operator = (const StudentBase& b);
    virtual istream& input(istream& in) = 0;
    virtual ostream& output(ostream& out) = 0;
protected:
    int studentID;
    string name;
};
ostream& operator <<(ostream& out, StudentBase& x);
istream& operator >>(istream& in, StudentBase& x);

/ ********************* Student ********************** /
class Student :public StudentBase
{
```

```
public:
    Student();
    Student(const Student& old);
    virtual istream& input(istream& in);
    virtual ostream& output(ostream& out);
protected:
};
```

```
// Student.cpp
#include < string >
#include < iostream >
using namespace std;
#include "Student.h"

/ ******************* StudentBase ********************* /
StudentBase::StudentBase(){};
StudentBase::~StudentBase(){};
StudentBase::StudentBase(const StudentBase& old){
    studentID = old.studentID;
    name = old.name;
}
StudentBase& StudentBase::operator = (const StudentBase& b){
    studentID = b.studentID;
    name = b.name;
    return * this;
}
ostream& operator <<(ostream& out, StudentBase& x){
    return x.output(out);
}
istream& operator >>(istream& in, StudentBase& x){
    return x.input(in);
}


/ ******************* Student ********************* /
Student::Student(){};
Student::Student(const StudentB& old) :StudentBase(old){};
istream& Student::input(istream& in){
    if (!(in >> studentID))   //判断条件等价于 in.fail()
        cerr << "读入学号错误!" << endl;
    else if (!(in >> name))
        cerr << "读入姓名错误!" << endl;
    return in;
}
ostream& Student::output(ostream& out){
    out << studentID << "\t" << name << endl;
    return out;
}
```

input()成员函数负责从输入流 in 中提取数据,并赋值给对象中的数据成员 studentID 和 name,输入对象的数据。output()成员函数负责从对象中取出数据,并插入到输入流 out 中,输出对象的数据。

7.4.2　以文本方式持久化对象

通过重载插入和提取两个运算,实现了输入/输出对象中的数据,然后就可以使用输入/输出流持久化学生 Student 的对象。例如,使用输入/输出流持久化向量中的 Student 对象,先从一个文件中将学生信息逐个读取到 Student 的对象,并增加到一个向量中,然后再将处理后的 Student 对象逐个存储到一个文件。按照文本方式持久化了 Student 对象,示例代码如例 7.26 所示。

【例 7.26】　按照文本方式持久化 Student 对象。

```cpp
//app.cpp
# include < string >
# include < iostream >
# include < fstream >
# include < vector >
using namespace std;
# include "Student.h"

int readData(vector < Student > &st, const char * pFile = "student.txt"){
    ifstream ifs(pFile);

    Student s;
    int cnt = 0;
    while (ifs >> s){//判断条件等价于!ofs.fail()
        st.push_back(s);
        cnt++;
    }
    ifs.close();        //关闭文件
    return cnt;
}
int writeData(vector < Student > &st, char * pFile = "student.txt"){
    ofstream ofs(pFile, ios::out | ios_base::binary);
    int cnt = 0;
    for (vector < Student >::iterator it = st.begin(); it != st.end(); it++) {
        if (!(ofs << * it))
            break;
        cnt++;
    }
    ofs.close();        //关闭文件
    return cnt;
}
void main(){
    vector < Student > st;
    int cnt = 0;
    cnt = readData(st);
    cout << "读取了" << cnt <<"条数据"<< endl;

    cnt = writeData(st,"student.dat");
    cout << "保存了" << cnt << "条数据" << endl;
}
```

readData()函数中,表达式 ifs >> s 中的提取运算>>,在 StudentBase 中被重载,执行这个表达式时,最终调用 Student 的 input()成员函数,将学号和姓名从文件中分别读入到对象的 studentID 和 name。

writeData()函数中,也使用重载的插入运算<<将学号和姓名输出到文件,但最终也是由 Student 的 output()成员函数实现。

例 7.26 程序的输出结果如下。

```
读入学号错误!
读取了 33 条数据
保存了 33 条数据
```

7.4.3　以二进制方式持久化对象

为了以二进制方式持久化对象,需要先重写 StudentB 的 input()和 output()两个成员函数,其中使用二进制流输入/输出对象中的数据,示例代码如例 7.27 所示。

【例 7.27】　使用二进制流输入/输出对象中的数据。

```cpp
// Student.h
/ ********************* StudentB ********************* /
class StudentB :public StudentBase
{
public:
    StudentB();
    StudentB(const Student& old);
    virtual istream& input(istream& in);
    virtual ostream& output(ostream& out);
};
```

```cpp
// Student.cpp
/ ********************* StudentB ********************* /
StudentB::StudentB() {};
StudentB::StudentB(const Student& old) :StudentBase(old){};

istream& StudentB::input(istream& in){
    char len = 0;                          //用 1 个字节存储姓名的长度
    char * pBuf = NULL;

    in.read((char * )&studentID, sizeof studentID);
    if (in)
        in.read((char * )&len, sizeof len);    //读取 1 个字节
    if (in)
        pBuf = new char[len];
    if (pBuf)
        in.read(pBuf, len);
    if (in)
        name = string(pBuf);
    return in;
}
ostream& StudentB::output(ostream& out){
    char len = name.length() + 1;          //用 1 个字节存储姓名的长度
```

```
        out.write((char * )&studentID, sizeof studentID);
        if (out)
            out.write((char * )&len, sizeof len);        //写入1个字节
        if (out)
            out.write((char * )name.data(), len);
        return out;
}
```

为了重用例 7.26 中的 readData()和 writeData()两个函数,可将其修改为函数模板,然后通过这两个函数调用 StudentB 的 input()和 output()两个成员函数,最终以二进制方式持久化向量中的所有 StudentB 对象,示例代码如例 7.28 所示。

【例 7.28】 以二进制方式持久化对象。

```
//app.cpp
# include < string >
# include < fstream >
# include < iostream >
# include < vector >
using namespace std;

# include "Student.h"
template < class T >
int readData(vector < T > &st, char * pFile = "student.txt"){
    ifstream ifs(pFile);

    T s;
    int cnt = 0;
    while (ifs >> s){//判断条件等价于!ofs.fail()
        st.push_back(s);
        cnt++;
    }
    ifs.close();            //关闭文件
    return cnt;

}
template < class T >
int writeData(vector < T > &st, char * pFile = "student.txt"){
    ofstream ofs(pFile, ios::out | ios_base::binary);
    int cnt = 0;
    for (vector < T >::iterator it = st.begin(); it != st.end(); it++) {
        if (!(ofs << * it))
            break;
        cnt++;
    }
    ofs.close();            //关闭文件
    return cnt;
}

void main(){
    vector < Student > st;
    int cnt = 0;
```

```
        cnt = readData(st);
        cout << "从文本文件读取了" << cnt <<"条数据"<< endl;

        vector < StudentB > stb;
        for (vector < Student >::iterator it = st.begin(); it != st.end(); it++)
            stb.push_back(StudentB( * it));

        cnt = writeData(stb,"studentb.dat");
        cout << "保存了" << cnt << "条数据到二进制文件" << endl;

        cnt = readData(stb, "studentb.dat");
        cout << "从二进制文件读取了" << cnt << "条数据" << endl;
}
```

　　main()函数中,先将学生信息从文本文件 studentb. txt 中读取到类型为 vector < Student > 的向量 st,然后复制到类型为 vector < StudentB >的向量 stb,再将向量 stb 的元素逐个输出到 二进制文件 studentb. dat,最后从二进制文件 studentb. dat 中读入数据。

　　例 7.28 程序的输出结果如下。

```
读入学号错误!
从文本文件读取了 33 条数据
保存了 33 条数据到二进制文件
从二进制文件读取了 33 条数据
```

小结

　　本章从编程角度学习了类模板和模板类的概念,重点学习了使用类模板的主要编程技术 和基本编程方法,认识了标准模板库,主要学习了标准模板库中的容器类和流类,最后学习了 持久化对象应用案例。

　　学习了类模板和模板类的概念,以及具体化模板类和实例化对象的步骤及其方法,举例说 明了类模板的声明、继承、关联以及重用等基本编程技术。希望读者能理解具体化模板类和实 例化对象的原理,掌握具体化模板类的方法,以及使用类模板编程的基本技术。

　　以动态数组和冒泡算法为例学习使用模板编程的方法,并讨论了编程中需要注意的问题。 希望读者了解类模板和函数模板的实现方法,能够读懂模板库的技术文档和参考手册。

　　认识了标准模板库,学习了标准模板库中的容器类和流类,举例说明了其使用方法。希望 读者对容器类和流类有一个整体的认识,并能够掌握字符串 string、向量 vector 以及文件流、字 符串的使用方法。

　　最后,以持久化对象为例学习了使用模板库进行编程的一般步骤和方法。希望读者初步 掌握使用模板库开发软件的基本方法。

练习

　　1. 参考 7.1.3 类模板的具体化和实例化中的方法,写出模板类 Complex < double >的声明代码和实现代码,并上机调试通过。

2. 完善模板 Complex 的功能,重载复数的乘法(＊)、除法(/)算术运算,重载复数的相等运算(＝＝)。

3. 参考 7.2.2 节中的方法,使用函数模板对数组中的复数按照降序进行排序。函数模板的原型如下。

template＜class T＞void bubble(T a[],int size,bool(＊fp)(T& a,T& b))

template＜class T＞bool descending(T& a,T& b)

template＜class T＞void print(T& array,int len)

4. 使用类模板 myArray 存储和管理如图 3.23 所示的汽车类 Car、车轮类 Wheel 和发动机类 Motor 的对象,并根据各自的职责完善每个类的构造函数、析构函数和拷贝构造函数,以及重载需要的运算。

5. 在网上查阅 XML 标准文本或 JSON 资料,并从中选择一种,按照其中规定的数据格式及含义,重载课程成绩管理中学生 Student 和教学班 TeachingClass 的提取和插入运算。

6. 使用向量 vector 存储矩阵,并实现矩阵的加法、减法、乘法和转置运算。

7. 先在 MSDN 中查找链表 list 的资料,然后按照5.1节中的步骤和方法,选用 list 存储和管理小孩,重新编程实现。

第8章 课程成绩管理应用案例

课程成绩是评估学习效果和教学效果的重要依据之一。下面以课程成绩管理为例介绍面向对象程序开发的主要步骤和基本方法。

8.1 场景分析

管理课程成绩的过程中,主要涉及教师、学生和教学管理教师 3 类人员,每类人员对拟开发的课程成绩管理系统(编写的程序)有不同的期望。但可总结为,教师期望录入成绩,学生期望查询成绩,教学管理教师期望对成绩进行统计分析,以评价教师的教学效果和学生的学习效果。

教师、学生和教学管理教师在处理课程成绩过程中,还要从教务系统中获取教师、学生和课程,以及课程安排等基础数据,因此,还涉及学校的教务系统。

教师、学生和教学管理教师的期望决定了拟开发的课程成绩管理系统需要做哪些事情,不做哪些事情,而课程成绩管理系统期望从教务系统装入哪些数据,这也决定了拟开发系统需要做的事情。

实际上,这些期望反映了相关人员使用成绩管理系统的根本目的,也反映了客观事物所起的主要作用,因此,可从这些期望中获取系统需求,推导出系统功能,确定课程成绩管理系统的系统边界。课程成绩管理系统的相关人员及其期望,如图 8.1 所示。

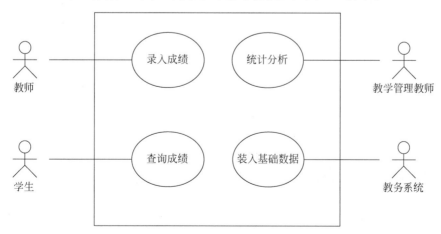

图 8.1 课程成绩管理系统的相关人员及其期望

如图 8.1 所示,矩形表示课程成绩管理系统的系统边界。学生、教师和教学管理教师是课程成绩管理系统的用户,而不是课程成绩管理系统的组成部分,应放在矩形外面。课程成绩管理系统是为了满足用户的期望而开发的,为了满足用户的期望而所做的事情构成了课程成绩管理系统的功能,应放在矩形内部。

课程成绩是对课程学习成果的评价,自然涉及学校课程的组织实施场景。分析课程的组织实施场景,会发现大量概念(或术语)。除学生、教师、教学管理教师外,还有教学班、课程、课程成绩、任课教师、教授课程、成绩表、修读学生、考试、考试成绩、选课、及格、不及格、录入、查询等众多概念,应深入理解和分析这些概念及其相互关系,排除不相关的概念,合并相同的概念,删除重复术语等,最终找到课程成绩管理中涉及的主要概念及其相互关系,并表示出来。课程成绩管理系统涉及的主要概念及其相互关系,如图 8.2 所示。

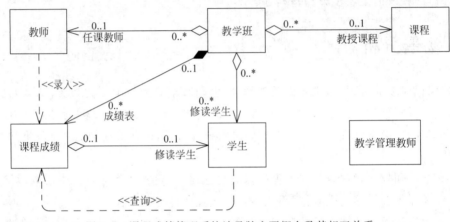

图 8.2   课程成绩管理系统涉及的主要概念及其相互关系

如图 8.2 所示,学校以教学班的形式组织课程教学(教学班处于图的中心位置)。每个教学班讲授一门课程,安排一名教师授课,这名教师称为任课教师(或主讲教师)。每个教学班有多个学生听课,这些学生称为修读学生。课程教学结束后,每名任课教师给本教学班中的每名修读学生评定一个课程成绩,形成这个教学班的成绩表,并录入到课程成绩管理系统。

每名学生能够查询所有已修读课程的成绩,并形成自己的课程成绩表。教学管理教师也是教师(至少不是学生),每名教学管理教师能够查询每个教学班的任课教师和教授的课程,也能够进行统计分析,评价学生的学习效果和教师的教学效果。

对应用领域有深入理解,才能概念清晰,逻辑简明。

学习编程过程中,应克服功利化倾向,脚踏实地,循序渐进,在自己熟悉的场景中选择适合的示例,而不要过度追求高大上的项目。

8.2   教师录入成绩的视图

课程成绩管理系统中,主要涉及学生、教师、教学管理教师三类人员,每类人员使用课程成绩管理系统的目的不同,关注的重点也不同。

教师使用课程成绩管理系统的根本目的是录入成绩,主要关心课程成绩和取得成绩的学生,也关心教学班及其学生。为了减少干扰,突出重点,应站在任课教师的视角,从图8.2中去掉不涉及的事物,并按照与录入成绩的紧密程度调整图的布局。教师录入成绩时的视图,如图8.3所示。

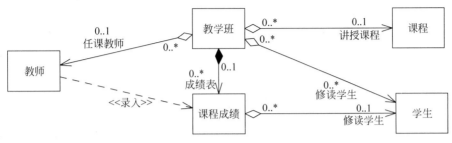

图 8.3 教师录入成绩时的视图

按照面向对象思想,先将如图8.3所示的概念视为类,将概念的外延包含的事物视为类的对象,然后根据概念的内涵抽象出类的属性。

根据概念的内涵抽象出属性,是非常困难的事。实际上,任何人在短期内都不可能完成,但庆幸的是,在长期的教学组织管理过程中,前人早已总结抽象出所需的属性。例如,学生的属性可从注册信息中找到,教师的属性可从教师人事信息中找到,课程的属性可在培养方案中找到,教学班的属性可从学校的教学安排资料中找到。

> 阅读理解组织管理资料,是开发信息系统的第一步。

8.3 属性的抽象和关联的表示

教学组织管理中,早已为学生、教师、教学班、课程总结抽象出很多属性,其中,学号、教师编号、教学班编程、课程编号等"编号"类的属性,其属性值用于唯一标识对象,也可使用这些属性表示类之间的关联。为了简明,只为每个类选择了少量的属性作为示例,为每个代表客观事物的类选择了一个属性用于标识类中的对象。学生和教师的3个聚合关联拟使用标识属性来实现,将这3个聚合关联调整为一般关联。对象的标识和关联的表示,如图8.4所示。

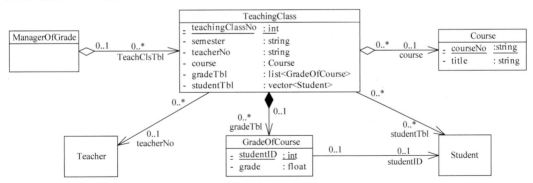

图 8.4 对象的标识和关联的实现

如图8.4所示,TeachingClass代表教学班,包含4个属性,其中teachingClassNo存储教学班编号,用于标识其对象;semester存储开设学期,并使用教师编号teacherNo表示到教师 Teacher 的关联；对象成员 course 表示到课程 Course 的聚合关联 course。

GradeOfCourse 代表课程成绩，包含成绩 grade 属性，并使用学生编号 studentID 表示到学生 Student 的关联。

一个教师可给多个教学班上课，为此专门设计了一个类 ManagerOfGrade，用于管理这些教学班。类 ManagerOfGrade 有一个到 TeachingClass 的聚合关联 TeachClsTbl，其类型是一对多关联。TeachingClass 到 GradeOfCourse 的组合关联 gradeTbl 也是一对多，需要为这两个一对多关联选择适当的容器。

教师录入成绩时，需要对课程成绩表中的课程成绩进行增删改查，可为组合关联 gradeTbl 选用适合增删改查的容器 list。

在录入成绩前，教学班已确定，一般不需要对教学班进行插入、修改和删除操作，可为聚合关联 TeachClsTbl 选用 vector 作为管理教学班的容器。录入成绩时，应检查取得成绩的学生是否为本教学班的学生，也可选用 vector 作为管理修读学生的容器，为了提高查询效率，也应按照学生的学号排序。

按照划分职责的常识，每个类的对象都应该管理自己的数据，除此之外，还应该维护到其他对象的连接。学生、教师和课程负责管理自己的数据，课程成绩负责管理成绩并维护到学生的关联。教学班负责管理教学班号和学期，维护到教师和课程的关联，特别地，还要负责对课程成绩表中的课程成绩提供增删改查等维护操作。

视频讲解

8.4　多对一关联的逻辑实现

第3章中介绍了多对一关联和多对多关联的实现方法。下面进一步介绍逻辑上实现关联的另一种方法，即使用标识属性实现关联的方法。

图 8.4 中总共有 6 个关联，每个关联都用一个箭头表示了关联的方向(导航)，一般应按照与箭头相反的方向编写类的代码，并实现从这个类发出的关联。

按照上述原则，可先编写 3 个类 Teacher、Course 和 Student，再依次编写 GradeOfCourse 和 TeachingClass，最后编写 ManagerOfGrade。

下面以 GradeOfCourse 为例，介绍使用标识属性实现多对一关联和一对一关联的方法。多对一和一对一关联的右边都是 1，因此从左到右方向的实现方法是一样的，编程实现关联时可不区分是多对一还是一对一。

课程成绩 GradeOfCourse 包含两属性 grade 和 studentID，grade 存储一个学生的成绩，studentID 存储这个学生的学号，用于连接到一个学生 Student 对象。因此，除了赋予其对象参与计算的能力外，课程成绩 GradeOfCourse 还有两个职责：①负责管理成绩 grade；②负责维护到一个学生 Student 对象的连接，即实现到学生 Student 的一对一关联。

为了实现到学生 Student 的一对一关联，先为学生 Student 定义 getStudentID() 和 setStudentID() 两个成员函数，用于存取标识属性 studentID 的值；重载比较运算，用于对学生的对象进行排序；重载类型转换 int，用于按 studentID 查找学生的一个对象。

7.4 节的示例中，为学生 Student 抽象了一个基类 StudentBase，可在这个基类中定义成员函数和重载运算。学生 StudentBase 中排序和查找所需的运算和成员函数，如例 8.1 所示。

【例8.1】　学生 StudentBase 中排序和查找所需的运算和成员函数。

```
//省略后面的头文件

/***** 使用成员函数访问标识属性 *****/
int StudentBase::getStudentID(){ return studentID; }
void StudentBase::setStudentID(int newStudentID){studentID = newStudentID;}

/***** 重载比较运算:用于排序 *****/
bool StudentBase::operator == (const StudentBase& b) const{return studentID ==
b.studentID;}
bool StudentBase::operator > (const StudentBase& b) const{return studentID > b.studentID;}
bool StudentBase::operator < (const StudentBase& b) const{return studentID < b.studentID;}

/***** 重载类型转换 int:用于按 studentID 查找 *****/
StudentBase::operator int(){
    return studentID;
}
```

例8.1的代码中,将属性 studentID 的比较运算当成 Student 对象的比较运算,这是因为属性 studentID 是学生的标识属性,使用它的值能够唯一确定 Student 的一个对象,查找排序中属性 studentID 的作用等价于 Student 对象。

为类的每个属性封装两个成员函数用于存取属性值,是一种常用方法。采用这种方法,在成员函数中可以封装校验功能,还能够封装关联的实现代码。

例如,在课程成绩 GradeOfCourse 中,为属性 grade 封装 getGrade() 和 setGrade()两个成员函数。如果采用百分制评定成绩,成绩的分数应该为 0~100,可在 setGrade()中增加校验功能,检查分数是否为 0~100。

在课程成绩 GradeOfCourse 中,属性 studentID 的作用是表示一个学生,可为存取学生 Student 对象封装 getStudent() 和 setStudent()两个成员函数,其原型为:

```
Student getStudent(vector < Student > & StudentTbl)
void setStudent(Student& newStudent, vector < Student > & StudentTbl)
```

其中,参数 StudentTbl 为一个容器,用于存储和管理学生 Student 的对象。通过这两个成员函数实现了存取连接的学生对象,示例代码如例8.2所示。

【例8.2】　课程成绩 GradeOfCourse 中存取连接的学生对象。

```
#include < algorithm >                 // For sort()
//省略后面的头文件

/***** 使用成员函数访问属性 *****/
float GradeOfCourse::getGrade(void){ return grade; }
void GradeOfCourse::setGrade(float newGrade){//增加检验功能
    if (newGrade > 100 || newGrade < 0){
        grade = -1;
        cerr << "成绩超出范围:" << newGrade << endl;
    }else
    grade = newGrade;
}
```

```
Student GradeOfCourse::getStudent(vector < Student > & StudentTbl){
    vector < Student >::iterator it = find(begin(StudentTbl), end(StudentTbl), studentID);
    if (it == StudentTbl.end()){
        cerr << "没有连接到学生,创建失败!!:" << studentID << endl;
        Student * p = NULL;
        return (* p);
    }
    else
        return * it;
}
void GradeOfCourse::setStudent(int newStudentID, vector < Student > & StudentTbl){
    vector < Student >:: iterator it = find (begin (StudentTbl), end (StudentTbl),
newStudentID);
    if (it == StudentTbl.end()){
        studentID = 0;          //没有找到学生
        cerr << "没有连接到学生,创建失败!!" << newStudentID << endl;
    }
    else
        studentID = newStudentID;
}
void GradeOfCourse::setStudent(Student& newStudent, vector < Student > & StudentTbl){
    vector < Student >::iterator it = find(begin(StudentTbl), end(StudentTbl), newStudent.
getStudentID());
    if (it == StudentTbl.end()){
        cerr << "没有找到学生:" << newStudent.getStudentID() << endl;
        studentID = 0;
    }
    else
        studentID = newStudent.getStudentID();
}
```

getStudent()成员函数的功能为:从容器StudentTbl中取出属性studentID对应的学生Student对象。在setStudent()成员函数中,使用容器StudentTbl中的元素验证属性studentID的值是否对应到一个学生对象。

函数调用find(begin(StudentTbl),end(StudentTbl),studentID)中,将studentID与StudentTbl中的学生对象逐个进行比较(==),其中会调用例8.1中重载的类型转换运算,即operator int()。

实际上,getStudent()和setStudent()两个成员函数封装了课程成绩GradeOfCourse到学生Student的多对一关联,这个多对一关联对课程成绩GradeOfCourse的使用者透明,编程更加方便。

例如,一个容器中存储一个教学班中所有学生的基本信息,使用这两个成员函数能方便地管理这个教学班中学生的成绩,其实现代码如例8.3所示。

【例8.3】 管理教学班中学生的成绩。

```
# include < algorithm >        // For sort()
# include < functional >       // For greater < int >( )
//省略后面的头文件

void main(){
```

```
        vector < Student > st;
        int cnt = readData(st);
        cout << "成功读取" << cnt << "个学生的信息" << endl;

        cout << "对学生信息按学号降序排序" << endl;
        sort(st.begin(), st.end(), greater < Student >());

        GradeOfCourse gc1, gc2;
        cout << endl << "创建 GradeOfCourse 对象及其连接" << endl;
        gc1.setStudent(st[0], st);
        gc1.setGrade(67);
        cout << "创建对象:" << gc1 << endl;

        cout << "取出连接的 Student 对象" << endl;
        Student s1 = gc1.getStudent(st);
        if (NULL == &s1)//判断是否连接到一个 Student 对象
            cout << "没有连接到学生!!" << endl;
        else
            cout << s1 << endl;

        cout << "创建 GradeOfCourse 对象及其连接" << endl;
        Student s2;
        s2.setStudentID(123);
        gc2.setStudent(s2, st);
}
```

语句 sort(st.begin(),st.end(),greater < Student >())的功能是对学生信息按学号降序排序。greater < Student >()是头文件 functional 中声明的模板函数,其中使用 Student 中重载的大于运算(>)比较两个学生 Student 对象。

执行语句 gc1.setStudent(st[0],st)的过程中,调用了 find()函数,由于 st 中的对象已经排序,查找时采用折半查找算法,与不排序相比,效率明显提高。

例 8.3 中只给出了主要代码,还需要按照封装学生 Student 的思路,为 GradeOfCourse 定义成员函数和重载运算,程序才能运行,其输出结果如下。

```
读入学号错误!
成功读取 33 个学生的信息
对学生信息按学号降序排序

创建 GradeOfCourse 对象及其连接
创建对象:202159            67

取出连接的 Student 对象
202159 文杰

创建 GradeOfCourse 对象及其连接
没有找到学生:123
```

在前面的示例中,通过定义大量成员函数和重载运算,最终给 Student 和 GradeOfCourse 的对象赋予了自我管理的能力和参与计算的能力。按照其中的思路和方法,也要为课程、课程成绩和教学班定义成员函数和重载运算。

关联的箭头不仅表示类之间的访问顺序,也表示了类之间的依赖关系,而依赖关系表示类之间的层次。

> 一般采用自顶向下的顺序进行分析设计,采用自底向上的顺序进行编码实现。

使用标识属性实现多对一关联的思路和方法,并按照类之间的依赖关系,能够实现图 8.4 中的另外两个多对一关联。

8.5　一对多关联的逻辑实现

前面介绍了使用标识属性实现多对一关联和一对一关联的方法,下面以 TeachingClass 为例介绍使用容器实现多对多和一对多关联的方法。

教学班 TeachingClass 包含教学班编号 teachingClassNo、开设学期 semester 两个属性,并使用教师编号 teacherNo 实现到教师 Teacher 的关联,对象成员 course 实现到课程 Course 的关联 course。

TeachingClass 还要负责维护到 Student 和 GradeOfCourse 的两个关联,这两个关联的类型都是一对多,选择 list 存储管理 GradeOfCourse 的对象,选择 vector 存储管理 Student 的对象,代码如下。

$$list < GradeOfCourse > gradeTbl;$$
$$vector < Student > studentTbl;$$

按照 TeachingClass 的职责,设计了对课程成绩表进行增删改查的成员函数,对学生表进行查找的成员函数。TeachingClass 的属性和成员函数,如图 8.5 所示。

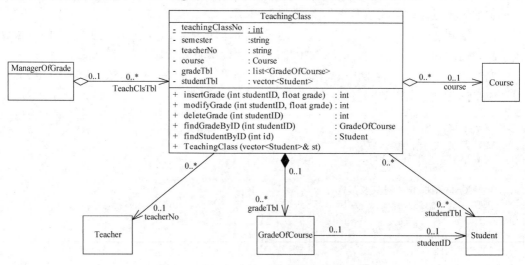

图 8.5　TeachingClass 的属性和成员函数

按照 8.4 节中的思想和方法,为 TeachingClass 定义构造函数、析构函数、拷贝构造函数,重载所需的运算,定义存取属性的成员函数。教学班中维护课程成绩表的主要代码,如例 8.4 所示。

【例 8.4】　教学班 TeachingClass 中维护课程成绩表的主要代码。

```cpp
// TeachingClass.cpp
TeachingClass::TeachingClass(vector < Student > & st) : gradeTbl(0), course(){
    studentTbl = st;
}
int TeachingClass::insertGrade(int studentID, float grade){
    GradeOfCourse gc;
    if (gc.setStudent(studentID, * studentTbl))
        return 1;
    else if (gc.setGrade(grade))
        return - 1;
    else {
        gradeTbl.push_back(gc);
        gradeTbl.sort();
        return 0;
    }
}
int TeachingClass::modifyGrade(int studentID, float grade){
    deleteGrade(studentID);
    return insertGrade(studentID, grade);
}
int TeachingClass::deleteGrade(int studentID){
    int rt = 0;
    list < GradeOfCourse >::iterator it = find(gradeTbl.begin(), gradeTbl.end(), studentID);
    if (!(NULL == * it)){
        gradeTbl.erase(it);
        rt = 1;
    }
    return rt;
}
list < GradeOfCourse > & TeachingClass::getGradeTble(void){
    return gradeTbl;
}
GradeOfCourse TeachingClass::findGradeByID(int studentID){
    list < GradeOfCourse >::iterator it = find(gradeTbl.begin(), gradeTbl.end(), studentID);
    if (NULL == * it)
        return * it;
    else{
        GradeOfCourse * p = NULL;
        return * p;
    }
}
```

编写 TeachingClass 后，可以模拟录入一个教学班学生成绩的场景，编写主函数，示例代码如例 8.5 所示。

【例 8.5】　录入一个教学班的学生成绩。

```cpp
//app.cpp
void main(){
    vector < Student > st;
    int cnt = readData(st);
    cout << "成功读取" << cnt << "个学生的信息" << endl;
    //cout << "对学生信息按学号降序排序" << endl;
```

```
        sort(st.begin(), st.end(), greater<Student>());

        cout << endl <<"录入 5 个学生成绩" << endl;
        TeachingClass tc(st);
        for (int i = 0; i < 5; i++)
            tc.insertGrade(st[i].getStudentID(), 80 + i * 2);

        cout << "录入两个错误的成绩" << endl;
        tc.insertGrade(st[6].getStudentID(), -10);
        tc.insertGrade(1234, 60);

        cout << endl << "删除一个学生的成绩" << endl;
        tc.deleteGrade(st[3].getStudentID());

        cout << "教学班中的学生成绩" << endl;
        cout << tc;
    }
```

例 8.5 程序输出结果如下。

```
读入学号错误!
成功读取 33 个学生的信息

录入 5 个学生成绩
录入两个错误的成绩
成绩超出范围: -10
没有连接到学生,创建失败!!1234

删除一个学生的成绩
教学班中的学生成绩
202106 80
202107 82
202108 84
202113 88
```

8.6　录入成绩的实现

编程实现录入成绩的功能前,还需要深入分析教师录入成绩的场景,提炼出使用课程成绩管理系统录入成绩的主要步骤。

教师使用课程成绩管理系统录入成绩过程中,会涉及全校的教师信息和课程信息,以及教学班信息,因此,类 ManagerOfGrade 中一般应管理这些信息。

教师使用课程成绩管理系统录入成绩时,一般先选择一个教学班,然后再录入这个教学班中所有学生的成绩。教师录入学生成绩的主要过程,如图 8.6 所示。

如图 8.6 所示,类 ManagerOfGrade 需要为教师提供录入学生成绩的相关服务,也要负责管理全校的教师、课程和教学班的数据。

在提供服务过程中,先针对每个服务进行任务分解,然后再将分解后的任务委托给相应的类来承担。例如,针对录入学生成绩,分解出录入一个教学班学生成绩的任务,并

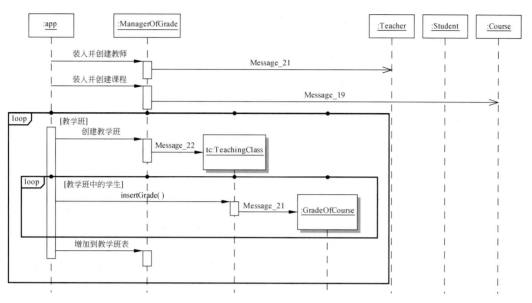

图 8.6 教师录入学生成绩的主要过程

将这个任务委托给类 TeachingClass 来承担。成绩管理 ManagerOfGrade 的主要代码，如例 8.6 所示。

【例 8.6】 成绩管理 ManagerOfGrade 的主要代码。

```cpp
// ManagerOfGrade.h
class ManagerOfGrade
{
public:
    //省略其他成员函数
    int readTeacher(char * pFile = "teacher.txt");
    int readCourse(char * pFile = "course.txt");
    int readStudent(char * pFile = "Student.txt");

    TeachingClass createTeachingClass(char * cNo, char * cTitle, char * pFile = "student.
txt");
    int addTeachingClass(TeachingClass tc);
private:
    template < class T1, class T2 > int read(T1 &st, char * pFile){
        ifstream ifs(pFile);

        T2 s;
        int cnt = 0;
        while (ifs >> s){//判断条件等价于!ofs.fail()
            st.push_back(s);
            cnt++;
        }
        ifs.close();          //关闭文件
        return cnt;
    }
    template < class T > int write(T &st, char * pFile){
        ofstream ofs(pFile, ios::out | ios_base::binary);
```

```
        int cnt = 0;
        for (T::iterator it = st.begin(); it != st.end(); it++) {
            if (!(ofs << * it))
                break;
            cnt++;
        }
        ofs.close();                    //关闭文件
        return cnt;
    }
    //省略其他属性
    list < TeachingClass > TeachClsTbl; //教学班表
    vector < Student > studentTbl;       //全校学生信息表
    vector < Course > courseTbl;         //全校所有课程信息表
    vector < Teacher > teacherTbl;       //全校教师信息表
};
```

createTeachingClass()成员函数负责创建一个 TeachingClass 的对象,并返回这个对象,其 3 个参数分别传递课程编号、课程名和文件名,文件中存储了该教学班中所有学生信息。addTeachingClass()成员函数负责将 TeachingClass 的一个对象增加到教学班表 TeachClsTbl 中。

readTeacher()、readCourse()和 readStudent()三个成员函数负责装入教师、课程和学生的数据,其中 read()和 write()是两个成员函数。

```
// ManagerOfGrade.cpp
int ManagerOfGrade::readStudent(char * pFile){
    return read < vector < Student >, Student >(studentTbl, pFile);
}
int ManagerOfGrade::readTeacher(char * pFile){
    return read < vector < Teacher >, Teacher >(TeachClsTbl,pFile);
}
int ManagerOfGrade::readCourse(char * pFile){
    return read < vector < Course >, Course >(courseTbl, pFile);
}
TeachingClass ManagerOfGrade::createTeachingClass(char * cNo, char * cTitle, char * pFile){
    vector < Student > st;
    int cnt = readData(st);
    cout << "成功读取" << cnt << "个学生的信息" << endl;
    //cout << "对学生信息按学号降序排序" << endl;
    sort(st.begin(), st.end(), greater < Student >());

    TeachingClass tc(st);

    Course c;
    c.setCourseNo(cNo);
    c.setTitle(cTitle);
    tc.setCourse(c);
    return tc;
}
int ManagerOfGrade::addTeachingClass(TeachingClass tc){
    TeachClsTbl.push_back(tc);
    return TeachClsTbl.size();
}
```

使用类 ManagerOfGrade 可以录入多个教学班的学生成绩。例如，录入两个教学班的学生成绩，示例代码如例 8.7 所示。

【例 8.7】 录入两个教学班的学生成绩。

```
void loadInitData(ManagerOfGrade& mg){
    cout << "装入教师、课程和学生数据" << endl << endl;
    mg.readCourse("course.txt");
    mg.readTeacher("teacher.txt");
    mg.readStudent("student.txt");
}
void editGrade(ManagerOfGrade& mg){
    cout << "创建一个教学班" << endl;
    TeachingClass tc = mg.createTeachingClass("A1110011", "高等数学", "student.txt");
    cout << endl << "录入 5 个学生成绩" << endl;
    int id[] = { 202106, 202107, 202108, 202109, 202113 };
    float gd[] = { 77, 73, 74, 89, 94 };
    for (int i = 0; i < 5; i++)
        tc.insertGrade(id[i], gd[i]);
    cout << "增加到教学班表" << endl;
    mg.addTeachingClass(tc);

    cout << endl << "创建另一个教学班" << endl;
    tc = mg.createTeachingClass("A2130840", "编程", "student.txt");
    cout << endl << "录入 4 个学生成绩" << endl;
    int id1[] = { 202106, 202107, 202108, 202109 };

    float gd1[] = { 88, 70, 84, 81 };
    for (int i = 0; i < 4; i++)
        tc.insertGrade(id1[i], gd1[i]);
    cout << "增加到教学班表" << endl;
    mg.addTeachingClass(tc);
}
void main(){
    ManagerOfGrade mg;
    loadInitData(mg);
    editGrade(mg);

    cout << endl << "学生:202106 成绩表" << endl;
    vector<GradeOfStudent> gsTbl = mg.findByStudent(202106);
    for (vector<GradeOfStudent>::iterator it = gsTbl.begin(); it != gsTbl.end(); it++)
        cout << it->courseNo << "\t" << it->title << "\t" << it->grade << endl;
}
```

例 8.7 程序输出结果如下。

```
装入教师、课程和学生数据

创建一个教学班
读入学号错误!
成功读取 33 个学生的信息

录入 5 个学生成绩
```

增加到教学班表

创建另一个教学班
读入学号错误!
成功读取 33 个学生的信息

录入 4 个学生成绩
增加到教学班表

前面从分析设计和编码实现两个层次介绍了编写实际应用程序的一般思路和核心方法,读者可沿着这个思路,不断扩展成绩管理 ManagerOfGrade 的功能,编写出能够实际使用的程序。

8.7 学生查询成绩

学生查询成绩的编程实现比较简单,可为类 ManagerOfGrade 定义一个 findByStudent()成员函数,其中,使用一个循环找到已修读课程的成绩,主要过程如图 8.7 所示。

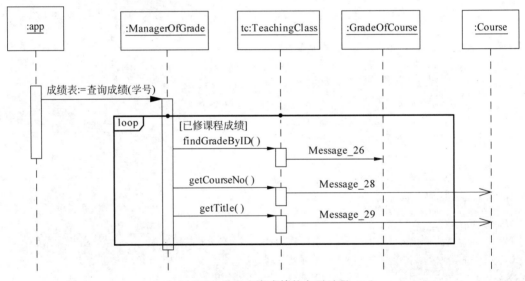

图 8.7　学生查询成绩的主要过程

按照成绩表的格式声明一个结构 GradeOfStudent,调用 findByStudent()成员函数得到一个学生的成绩表 vector＜GradeOfStudent＞。学生查询成绩的主要代码如例 8.8 所示。

【例 8.8】 学生查询成绩的主要代码。

```cpp
// ManagerOfGrade.cpp
//查询学生成绩
struct GradeOfStudent{
    string courseNo;
    string title;
    float grade;
};
```

```
vector<GradeOfStudent> ManagerOfGrade::findByStudent(int id){
    vector<GradeOfStudent> gsTbl;
    for (list<TeachingClass>::iterator it = TeachClsTbl.begin(); it != TeachClsTbl.end();
it++) {
        GradeOfCourse gc = it->findGradeByID(id);
        if (NULL == gc){
            GradeOfStudent gs;
            gs.grade = gc.getGrade;
            gs.courseNo = it->getCourseNo();
            gs.title = it->getTitle();
            gsTbl.push_back(gs);
        }
    }
    return gsTbl;
}
```

```
//省略 loadInitData()和 editGrade()两个函数代码
void main(){
    ManagerOfGrade mg;
    loadInitData(mg);
    editGrade(mg);

    cout << endl << "学生:202106 成绩表" << endl;
    vector<GradeOfStudent> gsTbl = mg.findByStudent(202106);
    for (vector<GradeOfStudent>::iterator it = gsTbl.begin(); it != gsTbl.end(); it++)
        cout << it->courseNo << "\t" << it->title << "\t" << it->grade << endl;
}
```

例 8.8 程序输出的学生成绩表如下。

学生:202106 成绩表		
A1110011	高等数学	77
A2130840	编程	88

还可以扩展例 8.8 程序的功能。例如,输出一个学生的平均成绩,标出成绩最高的课程和不及格的课程。

8.8　进一步努力方向

前面的课程成绩管理案例,主要编程实现了录入成绩和查询成绩中的基本功能,相当于开发了一个简单的原型系统。如果想投入实际应用,还需要做很多事情,也需要继续学习其他理论知识和编程技术。

8.8.1　数据准备

首先需要为调试准备数据,一般应从真实的应用场景中整理出所需要的数据。为了调试课程成绩管理,从真实数据中整理出一张课程成绩,课程成绩表包含 33 条数据,但消除了如姓名等敏感信息,其格式如表 8.1 所示。

表 8.1　部分课程成绩表

学号	姓名	A5004 大学英语	A1001 高等数学	A3018 软件工程导论	A3084 编程
202106	李浩宇	84	77	88	88
202107	王宇轩	71	73	84	70
202108	张子涵	81	74	82	84
202109	刘梓豪	80	89	87	81
202113	陈皓轩	80	94	86	84

本书附带的电子资料中包含课程成绩表,课程成绩表以 Excel 格式提供,可以从这张表中提取所需数据,并生成 teacher. txt、course. txt、student. txt 等文本文件。

8.8.2　持久化对象的标准

实际应用中,有很多交换数据和存储数据的标准,这些标准中规定数据的格式及其含义,重载提取和插入运算时应该按照这些标准规定的格式和含义来存储或交换数据。

例如,以文本文件存储数据时,可选择 XML 标准,存储图像数据时可选用一种图像格式。在网页中传输文本数据时可选择 JSON 格式,在网络传输层上传输数据时需要按照传输层协议中规定的格式提取和输出数据。

读者可以查阅 XML 标准文本或 JSON 资料,按照其中规定的数据格式及含义,重载课程成绩管理中的提取和插入运算。

8.8.3　设计模式和基于框架的开发

在实际应用中,选择适当的软件设计模式(Software Design Pattern)及其开发框架(Development Framework),对提高软件质量和开发效率有明显作用。

持久化对象和课程成绩管理两个示例,虽然它们的功能不完整,很难投入实现应用,但其中介绍了数据访问层和业务逻辑层中常用的基本技术和编程方法,这些基本技术和编程方法有助于理解设计模式,有助于理解开发框架的实现原理。只有掌握了这些基本技术和编程方法,才能够快速理解框架涉及的设计模式,读懂框架开发的文档,学会基于框架开发实际应用程序。

> 理解设计模式及其实现原理,才能学会基于框架的开发。

课程成绩管理示例中,用户只能采用控制台方式进行输入和输出,界面非常不友好。读者可在此基础上扩展功能,选择一种更加友好的界面方式。例如,选择图形界面,使用 MFC 来实现,也可以选择 Web 方式,使用 ASP. NET 来实现,甚至课程成绩管理的示例代码改写为 Java 代码,使用 Struts 框架来实现界面。

管理和持久化内存中的(实体)对象已成为实际应用程序的公共功能,并形成了很多成熟的框架,如商业软件 ADO. NET,基于 Java 的开源框架 Spring、Hibernate 等,这类框架非常多,实际应用开发中可根据需要选用。但建议在学习框架开发前先学会基本的编程技术和方法,或者学习框架开发过程中,专门安排两个月时间系统学习本书中介绍的基本编程技术和方法。

8.8.4　代码自动化

在实际开发过程中,会发现集成开发环境会自动生成大量的程序代码,如果使用快速开发环境,生成的代码会更多。

实际上,代码自动生成,一直是软件工程学科追求的目标。目前很多集成开发环境都能够生成部分代码,但在界面层和数据访问层上应用更充分。例如,开发一个 Web 应用程序时,大多数的网页设计软件都能够生成页面的大部分代码,程序员只需要将精力集中到编写业务逻辑的代码上,大多数基于框架的集成开发环境也能生成数据访问层的代码,实现内存对象与数据库中数据的交换。

除了集成开发环境外,建模工具软件也能生成程序的框架代码。例如,课程成绩管理示例中,根据类及其关联可以直接生成类的声明代码,存取属性的成员函数代码,甚至生成从容器中存取对象的代码。实际上,课程成绩管理示例中很多通用功能的代码是使用建模软件 PowerDesigner 生成的,特定业务功能的代码才人工编写。

> 地基打得深,房子才能修得高。

实际上,模板是一种代码生成技术,也是编程技术的重点发展方向。如果想进一步了解代码自动生成的基本原理,可查阅模型驱动框架(Model Driven Architecture,MDA)。如果希望了解代码自动生成的理论基础,可以进一步学习形式化方法。

8.8.5　分析统计

按照统计学的观点,每张试卷只是对学习内容的一次抽样,不能准确反映一个考生对知识的掌握程度,更不能反映考生的能力水平,但会更多地反映出哪些知识没有掌握,哪些能力没有培养起来,因此,可根据考试中发现的问题明确继续努力的方向或重点。

仅通过一次考试成绩来评价学生的学习效果,没有实际意义,而应该在经过每门课程的所有学习环节的前提下,再按照统计学的基本原理和方法,分析统计所有学生多年的课程成绩才有实际意义。这个要求导致分析统计非常复杂,计算工作量也非常大。

针对上述情况,产生了大数据和智能化技术,使用这些技术可以更充分地分析数据,发现其中隐藏的知识,以支持管理者的判断和决策。

> 可以不做,但不能不会做,更不能搞错努力方向。

统计学中的基本原理和方法,以及相关的编程技术是大数据和智能化的基础,读者可以针对分析统计课程成绩的需求,先学习统计方面的基本原理和方法,然后使用本书中的编程技术实现所需的统计方法。

8.9　程序员的成才之路

当你完成本书的学习时,是否能成为一名编程的专家呢?答案当然是否定的!但在编程领域已经有了一个良好的开始,已经比较好地掌握了编程所需的基本知识和基本原理,在抽象和计算两方面得到了较好的编程训练,能够针对实际应用场景设计并实现比较复杂的程序,具备了自学编程的能力,达到了程序员的基本要求,也为未来成为优秀软件工程师打下坚实的基础。

如果想成为合格的程序员,还需要自学其他编程技术并进行大量的编程训练。学习和训练的最好方法是大量阅读设计方案和程序并开发一个投入实际应用的软件。编程开源区、开发环境中都有很多经典的设计方案和程序代码,可供读者选择,但在学习时,需要从抽象和计算两方面理解。

如果想成为优秀的程序员或软件工程师,还需要深入学习分析设计方面的理论知识和计算机系统、计算机网络等方面的软硬件技术,进一步培养抽象思维,提高概念思维和逻辑思维的能力;进一步学习软件建模、代码自动生成、软件质量保障等软件工程理论、方法和技术;进一步学习应用领域的知识,以及大数据智能化相关的新技术和新方法。

小结

本章以课程成绩管理为例学习了面向对象程序开发的主要步骤和基本方法,希望读者对所学习的基本原理、基本技术和编程方法有一个整体的认识,知道它们在面向对象程序开发中的作用和应用范围。

课程成绩管理是一个包含复杂工程问题的典型案例,但只针对课程成绩管理的实际应用场景,设计了一个简单的原型系统,实现了部分功能。这个案例可作为编程训练的案例,使用前面所学的知识和技术进一步细化设计,并编程实现;也可在后续学习中作为案例,不断完善其功能,并使用新学习的开发知识和技术优化、完善其设计,最终开发出一个可以投入实际应用的软件。

练习

1. 结合就读学校的具体情况,完善课程成绩管理的功能,并参照本章介绍的步骤和方法编程实现。

2. 查阅就读学校选课的管理文件,并根据规定的选课流程,设计一个选课程序,并编程实现。具体要求和方法可参考第 3 章练习 8。

运算符表

C++中的运算符如表 A.1 所示。

表 A.1　C++中的运算符

运算符	名称或含义	结合性	语　法	语义或运算序列
::	作用域	None	::var; object::xx; namespace::name	指明 var 为全局变量; 指明是对象 object 中的 xx; 指明是命名空间中的 name
.	成员选择(对象)	从左到右	exp.xx	计算 exp 得到对象 ob,得到 ob 的成员 xx
->	成员选择(指针)	从左到右	exp->xx	计算 exp 得到指向对象的指针 p,得到指针 p 指向的对象的成员 xx
[]	数组下标	从左到右	exp1[exp2]	计算表达式 exp1 得到数组 A,计算表达式 exp2 得到整数 i,得到下标为 i 的元素 A[i]
()	函数调用	从左到右	type expf(exp1, exp2,…)	先计算 expf 得到函数 f,然后调用函数 f,调用结束后再返回到调用点继续执行。 调用函数的过程分为进入函数调用、执行函数体和退出返回三个步骤。 **进入函数调用**:为返回值创建 type 类型长度的临时存储空间 R(如果是 void 类型,即没有返回值的情况则不需要此步骤);保护现场,将返回地址等重要参数压入栈中保存;传递参数,在栈区依次为形参(变量)s1,s2,…,sn 分配指定类型的存储空间,将实参 exp1,exp2,…,expn 的计算结果分别传递给形参 s1,s2,…,sn。 **执行函数体**:从函数体中第一行语句开始执行函数体;通过 return 语句将返回值赋值给临时变量 R,并跳转到退出返回。 **退出返回**:按照分配时的相反顺序回收形参(变量),即先回收变量 sn,最后回收变量 s1;恢复现场,重新读取被保存的返回地址等参数,回收这部分内存空间,并返回到调用点继续执行。 **返回到调用点继续执行**:从临时变量 R 中取出函数的返回值,继续执行完包含函数调用的语句。执行完这条语句后,回收临时变量 R

运算符	名称或含义	结合性	语　法	语义或运算序列
++	后自增	从左到右	exp++	计算 exp 得到变量 x,将 1 加到变量 x,返回原来的值 v
--	后自减	从左到右	exp--	计算 exp 得到变量 x,变量 x 减 1,返回原来的值 v
sizeof	取长度	从右到左	sizeof(exp)	计算 exp 得到 x,取出 x 的类型 t,得到类型 t 的存储空间大小
++	前自增	从右到左	++exp	计算 exp 得到变量 x,将 1 加到变量 x,得到变量 x
--	前自减	从右到左	--exp	计算 exp 得到变量 x,变量 x 减 1,得到变量 x
~	取反	从右到左	~exp	计算 exp 得到整型类型值 v1,对 v1 取反得到 v2
-	减号	从右到左	-exp	计算 exp 得到数值类型的值 v1,对 v1 取负得到 v2,即 -v1
+	正号	从右到左	+exp	计算 exp 得到数值类型的值 v1
&	取地址	从右到左	&exp	计算 exp 得到一个变量 x,取出变量 x 的首地址
*	取内容	从右到左	*exp	计算 exp 得到一个指针 p,取出 p 对应的变量 x
new	新建对象	从右到左	new exp	在堆区创建一个 type 类型的对象 ob,返回一个指向对象 ob 的指针 p
delete	删除对象	从右到左	delete exp	计算 exp 得到对象 ob,释放对象 ob 的内存
!	逻辑非	从右到左	!exp	计算 exp 得到 bool 类型的值 b,如果 b 等于 true,则返回 false,否则返回 true
()	类型转换	从右到左	(type)exp	计算 exp 得到值 v1,将值 v1 的类型显式转换成 type 类型,得到 type 类型的值 v2
*	乘法	从左到右	exp1 * exp2	计算 exp1 得到值 v1,计算 exp2 得到值 v2,v1 乘以 v2 得到值 v3
/	除法	从左到右	exp1/exp2	计算 exp1 得到值 v1,计算 exp2 得到值 v2,v1 除以 v2 得到值 v3
%	取模	从左到右	exp1%exp2	计算 exp1 得到整数类型的值 v1,计算 exp2 得到整数类型的值 v2,v1 除以 v2 取余数得到整数类型的值 v3
+	加法	从左到右	exp1+exp2	计算 exp1 得到值 v1,计算 exp2 得到值 v2,v1 加 v2 得到值 v3
-	减法	从左到右	exp1-exp2	计算 exp1 得到值 v1,计算 exp2 得到值 v2,v1 减 v2 得到值 v3
<<	插入	从左到右	cout << exp	计算 exp,得到 T 类型的值 v,将 v1 按照 T 类型和显示格式转换为字符串 s,在标准输出设备的当前光标处依次显示 s 中的字符,光标自动移到下一个位置,返回 cout 对象

运算符	名称或含义	结合性	语　法	语义或运算序列
>>	提取	从左到右	cin >> exp	计算表达式 exp 得到变量 x,按照变量 x 的数据类型从标准输入设备上读入字符串并转换为相应数据类型的值 v1,保存到变量 x,得到 cin
<<	左移	从左到右	exp1 >> exp2	计算 exp1 得到整型值 v1,计算 exp2 得到整型值 v2,将值 v1 按照二进制形式向左移动 v2 位,得到整型值 v3
>>	右移	从左到右	exp1 >> exp2	计算 exp1 得到整型值 v1,计算 exp2 得到整型值 v2,将值 v1 按照二进制形式向右移动 v2 位,得到整型值 v3
>	大于	从左到右	exp1>exp2	计算 exp1 得到值 v1,计算 exp2 得到值 v2,计算 v1>v2 得到 bool 类型的值
<	小于	从左到右	exp1<exp2	计算 exp1 得到值 v1,计算 exp2 得到值 v2,计算 v1<v2 得到 bool 类型的值
<=	小于或等于	从左到右	exp1 <= exp2	计算 exp1 得到值 v1,计算 exp2 得到值 v2,计算 v1<=v2 得到 bool 类型的值
>=	大于或等于	从左到右	exp1 >= exp2	计算 exp1 得到值 v1,计算 exp2 得到值 v2,计算 v1>=v2 得到 bool 类型的值
==	等于	从左到右	exp1 == exp2	计算 exp1 得到值 v1,计算 exp2 得到值 v2,计算 v1==v2 得到 bool 类型的值
!=	不等于	从左到右	exp1! = exp2	计算 exp1 得到值 v1,计算 exp2 得到值 v2,计算 v1! =v2 得到 bool 类型的值
&	按位与	从左到右	exp1&exp2	计算 exp1 得到整数类型的值 v1,计算 exp2 得到整数类型的值 v2,将 v1 与 v2 按位相与得到值 v3
^	位异或	从左到右	exp1^exp2	计算 exp1 得到整数类型的值 v1,计算 exp2 得到整数类型的值 v2,将 v1 与 v2 按位相异或得到值 v3
|	按位或	从左到右	exp1|exp2	计算 exp1 得到整数类型的值 v1,计算 exp2 得到整数类型的值 v2,将 v1 与 v2 按位相或得到值 v3
&&	逻辑与	从左到右	exp1&&exp2	计算 exp1 得到 bool 类型的值 b1,若 b1 值为 false,exp1&&exp2 的结果为 false,否则,计算 exp2 得到 bool 类型的值 b2,计算 b1&&b2 得到 bool 值 b3,exp1&&exp2 的结果为 bool 值 b3
||	逻辑或	从左到右	exp1||exp2	计算 exp1 得到 bool 类型的值 b1,若 b1 值为 true,则 exp1||exp2 的结果为 true,否则,计算 exp2 得到 bool 类型的值 b2,计算 b1||b2 得到 bool 值 b3,exp1||exp2 的结果为 bool 值 b3
? :	条件运算	从右到左	expf ? exp1:exp2	计算 expf 得到 bool 值 b,若 b 为 true,计算 exp1 得到变量 x1 或值 v1;若 b 为 false,计算 exp2 得到变量 x2 或值 v2

运算符	名称或含义	结合性	语　　法	语义或运算序列
=	赋值	从右到左	expL＝expR	计算 expL 得到变量 x,计算 expR 得到值 v,将值 v 转换为变量 x 的类型规定的存储格式,并存到变量 x 的内存,得到变量 x
* =	相乘赋值	从右到左	expL * ＝expR	计算 expL 得到数值类型的变量 x,计算 expR 得到数值 v1,将数值 v1 乘到变量 x,得到变量 x
/=	相除赋值	从右到左	expL/＝expR	计算 expL 得到数值类型的变量 x,计算 expR 得到数值 v1,变量 x 除以数值 v1,得到变量 x
%=	余数赋值	从右到左	expL％＝expR	计算 expL 得到整型变量 x,计算 expR 得到整型值 v1,对变量 x 按值 v1 取模,得到变量 x
+=	相加赋值	从右到左	expL＋＝expR	计算 expL 得到数值类型的变量 x,计算 expR 得到数值 v1,将数值 v1 加到变量 x,得到变量 x
－=	相减赋值	从右到左	expL－＝expR	计算 expL 得到数值类型的变量 x,计算 expR 得到数值 v1,从变量 x 减去数值 v1,得到变量 x
<<=	左移后赋值	从右到左	expL <<＝expR	计算 expL 得到整型变量 x,计算 expR 得到整数值 v,将变量 x 中的值向左移动 v 位,得到变量 x
>>=	右移后赋值	从右到左	expL >>＝expR	计算 expL 得到整型变量 x,计算 expR 得到整数值 v,将变量 x 中的值向右移动 v 位,得到变量 x
&.=	按位与后赋值	从右到左	expL&.＝expR	计算 expL 得到整数类型的变量 x,计算 expR 得到整数类型的值 v,用值 v 对变量 x 的值进行按位与,得到变量 x
|=	按位或后赋值	从右到左	expL|＝expR	计算 expL 得到整数类型的变量 x,计算 expR 得到整数类型的值 v,用值 v 对变量 x 的值进行按位或,得到变量 x
^=	按位异或后赋值	从右到左	expL^＝expR	计算 expL 得到整数类型的变量 x,计算 expR 得到整数类型的值 v,用值 v 对变量 x 的值进行按位异或,得到变量 x
throw	抛出异常	从右到左	throw expR	抛出异常
,	逗号	从左到右	exp1,exp2	先计算 exp1 得到变量 x1 或值 v1,再计算 exp2 得到变量 x2 或值 v2,最后的计算结果为变量 x2 或值 v2

　　按照从高到低的顺序排列,用加粗的表格线区分不同优先级的运算,相邻两条加粗表格线之间的运算有相同的优先级。

参 考 文 献

［1］ 张力生,等. C/C++程序设计导论——从计算到编程(微课视频版)［M］.北京:清华大学出版社,2022.

［2］ Bjorner D. 软件工程 卷1:抽象与建模［M］.刘伯超,等译.北京:清华大学出版社,2016.

［3］ Bjorner D. 软件工程 卷2:系统与语言规约［M］.刘伯超,等译.北京:清华大学出版社,2016.

［4］ Knuth D E. 计算机程序设计艺术 卷1:基本算法［M］.3版.李佰民,等译.北京:人民邮电出版社,2016.

［5］ Knuth D E. 计算机程序设计艺术 卷2:半数值算法［M］.3版.巫斌,等译.北京:人民邮电出版社,2016.

［6］ Gomaa H. 软件建模与设计:UML、用例、模式和软件体系结构［M］.彭鑫,等译.北京:机械工业出版社,2014.

［7］ 吕云翔,赵天宇. UML面向对象分析、建模与设计——微课视频版［M］.2版.北京:清华大学出版社,2021.

［8］ Mala J D,Geetha S. UML面向对象分析与设计［M］.马恬煜,译.北京:清华大学出版社,2018.

［9］ 耿祥义,张跃平. Java面向对象程序设计——微课视频版［M］.3版.北京:清华大学出版社,2020.

［10］ Forouzan B A,Gilberg R F. C++面向对象程序设计［M］.汪红,等译.北京:机械工业出版社,2020.

图书资源支持

感谢您一直以来对清华版图书的支持和爱护。为了配合本书的使用,本书提供配套的资源,有需求的读者请扫描下方的"书圈"微信公众号二维码,在图书专区下载,也可以拨打电话或发送电子邮件咨询。

如果您在使用本书的过程中遇到了什么问题,或者有相关图书出版计划,也请您发邮件告诉我们,以便我们更好地为您服务。

我们的联系方式:

清华大学出版社计算机与信息分社网站: https://www.SHUIMUSHUHUI.com/

地　　　址: 北京市海淀区双清路学研大厦 A 座 714

邮　　　编: 100084

电　　　话: 010-83470236　010-83470237

客服邮箱: 2301891038@qq.com

QQ: 2301891038（请写明您的单位和姓名）

资源下载: 关注公众号"书圈"下载配套资源。

资源下载、样书申请

书圈

图书案例

清华计算机学堂

观看课程直播